DAS ORIGINAL

TRIUMPH TR

DAS ORIGINAL

TRIUMPH TR

TR2 TR3 TR3A TR4 TR4A TR5 TR250 TR6

Bill Piggott

Fotos von Paul Debois

HEEL

IMPRESSUM

HEEL Verlag GmbH
Gut Pottscheidt
53639 Königswinter
Tel.: 02223 9230-0
Fax: 02223 923026
E-Mail: info@heel-verlag.de
Internet: www.heel-verlag.de

Deutsche Ausgabe:
4. Auflage: © 2011 Heel Verlag GmbH
Erstauflage: 1992

Englische Originalausgabe:
Motorbooks an imprint of
MBI Publishing Company
400 First Avenue North, Suite 300
Minneapolis, MN 55401
USA
© 1991 Bill Pigott, Paul Debois
Englischer Originaltitel: The Original Triumph TR

Deutsche Übersetzung: SFT, Peter Schönborn, Hünstetten
Lektorat: Joachim Hack
Satz: Fotosatz Hoffmann, Ruppichteroth-Winterscheid
Titelfoto: © Andreas Beyer

Printed in China

ISBN 978-3-86852-436-9

Inhalt

Vorwort

Das vorliegende Werk zu schreiben erwies sich als umfangreichere und mühevollere Aufgabe als ursprünglich geplant, die jedoch nicht minder Spaß machte. Viele Fahrzeuge der TR-Baureihe, angefangen von den ersten TR 2 bis hin zu den letzten TR 6, die speziell für den US-Markt gebaut wurden, weisen Ähnlichkeiten mit anderen Modellen dieser Gattung auf, und bei einigen Wagen können sogar manche Bauteile von anderen TR übernommen werden. Aufgrund dieser Ähnlichkeiten bot es sich geradezu an, alle TR nicht in mehreren Bänden, sondern gemeinsam in einem einzigen Buch abzuhandeln, auch wenn die Zahl der unter dieser Bezeichnung gebauten Fahrzeuge die aller zuvor in dieser Buchreihe vorgestellten Modelle weit überschreitet und die Bauzeit insgesamt 23 Jahre betrug.

Berücksichtigt man diese Tatsache im Zusammenhang mit den unvermeidlichen Platzeinschränkungen, so muß man zwangsläufig zu dem Schluß kommen, daß manche Änderungen nicht detailliert genug behandelt werden können; dies betrifft insbesondere die Modelle der letzten Baujahre, für die zusätzliche Sicherheits- und Abgasbestimmungen erfüllt werden mußten. Wer sich über jedes einzelne Detail seines Wagens ausführlich informieren will, sollte daher lieber zu den neu aufgelegten Teilekatalogen und Werkstatthandbüchern greifen. Selbst wenn akribisch genau geführte Aufzeichnungen vorhanden wären, was leider nicht der Fall ist, wäre ein Buch, das sämtliche jemals eingeführten Änderungen enthält, nicht nur ausgesprochen umfangreich, sondern auch extrem langweilig. Ich habe mich aus diesem Grund bemüht, im vorliegenden Werk nur die grundlegenden Änderungen zu erwähnen, die einem TR-Besitzer am ehesten dabei helfen, sein Fahrzeug in den bestmöglichen Originalzustand zu versetzen.

Wie bereits häufig von Kennern der Materie erwähnt wurde, gibt es so etwas wie ein absolut originales Automobil eigentlich gar nicht, sondern nur Fahrzeuge, die einen besseren Originalzustand als andere aufweisen. Technische Änderungen flossen mitunter aufgrund von äußeren Umständen oder Lieferengpässen buchstäblich über Nacht in die Serie ein. Der Begriff „Originalität" ist unter diesem Aspekt gar nicht so leicht zu definieren, und selbst in den seriösesten Markenclubs gibt dieses Thema Anlaß zu heißen Diskussionen.

Wir ließen unsere Kontakte zum TR-Register spielen und bemühten uns, für unsere Fotos Fahrzeuge aufzustöbern, die sich im Originalzustand befanden, d. h. die noch keine größeren Restaurierungsarbeiten über sich hatten ergehen lassen müssen, auch wenn dies im Einzelfall bedeutete, daß die betreffenden Wagen mit neu aufgebauten Modellen, die auf Concours-Veranstaltungen Pokale einheimsen, bei weitem nicht mithalten können. Natürlich war es unmöglich, zum Zeitpunkt der Fotoarbeiten ausschließlich Fahrzeuge in einem solchen Zustand zusammenzubringen, so daß es sich bei einigen der abgebildeten TR um restaurierte Objekte handelt; wie haben uns jedoch in jedem Fall bemüht, nur Wagen auszuwählen, deren Zustand dem Original weitgehend entspricht. Abweichungen hiervon sind jeweils in den Bildunterschriften vermerkt.

An dieser Stelle möchte ich mich aufs herzlichste bei unserem Fotografen Paul Debois bedanken, dem es gelang, trotz des manchmal widrigen Wetters eine hervorragende Bilderkollektion zusammenzustellen. Für die Fotos aus anderen Quellen werde ich mich im einzelnen bedanken.

Ich möchte keineswegs behaupten, daß dieses Buch alles Wissenswerte über die TR-Modelle enthält oder daß es absolut fehlerfrei ist. Das Thema, mit dem ich mich hier befaßt habe, ist äußerst komplex, und wer Ansatzpunkte für Kritik mit der Lupe sucht, wird vermutlich fündig werden. Zahlreiche Triumph-Kenner, die an späterer Stelle im einzelnen genannt werden, haben mir wertvolle Informationen gegeben. Ich möchte allerdings betonen, daß eventuelle Fehler in diesem Werk ganz allein auf mein Konto gehen. Dieses Buch enthält als erstes Werk seiner Art detaillierte Angaben, die für TR-Besitzer, die ihren Wagen restaurieren wollen, sehr wertvoll sein dürften.

Die hier enthaltenen Informationen, die teilweise noch nie zuvor veröffentlicht wurden, stammen aus vielen unterschiedlichen Quellen.

Die größte Hilfe bei meiner Arbeit war der British Motor Industry Heritage Trust. Ich möchte den Mitarbeitern dieser Institution und insbesondere dem Archivar Anders Clausager dafür danken, daß mir ihre Tür immer offenstand, daß ich ungestört in ihren Unterlagen stöbern durfte und daß sie unendlich Geduld mit mir hatten. Clausagers Hilfe hinsichtlich Farbpaletten und Produktionszahlen war von unschätzbarem Wert sowie eine große Erleichterung bei der Zusammenstellung dessen, was hoffentlich die bisher akkuratesten Details dieser Aspekte der TR-Geschichte sind.

Wer sich mit einem derart komplexen Thema befaßt, muß lernen, daß man bei einer solchen Arbeit niemals kategorisch sein darf, und weitere Nachforschungen könnten durchaus zu dem Schluß gelangen, daß selbst die hier veröffentlichten Informationen nicht endgültig sind. Aber besteht denn die Faszination dieses Themas nicht zum Teil gerade darin, daß nichts wirklich definitiv ist? Den Personen, die damals, vor 30 oder 40 Jahren, diese Autos entwarfen oder bauten, dürfte es wohl niemals in den Sinn gekommen sein, daß sich nach so langer Zeit jemand bis ins letzte Detail für alle jemals vorgenommenen Änderungen interessiert, und dies dürfte wohl die Erklärung dafür sein, daß über diese Änderungen oft nicht so genau Buch geführt wurde wie wir uns dies heute wünschen. Wie auch immer, der BMIHT hat die Unterlagen, die heute noch vorhanden sind, auf beispielhafte Weise zusammengetragen, konserviert und Dritten zugänglich gemacht.

Obwohl ich inzwischen mehr als ein Jahrzehnt lang Hauptarchivar beim TR-Register bin, habe ich von Berufs wegen weder mit der Schriftstellerei noch mit dem Restaurieren von Automobilen zu tun. Folglich mußte ich für das vorliegende Buch die Hilfe unzähliger Personen in Anspruch nehmen, denen ich an dieser Stelle mein herzliches Dankeschön aussprechen möchte.

Entsprechend der bei früheren Werken aus dieser Reihe eingesetzten Erfolgsformel wurde ein eintägiges Seminar angesetzt, bei dem acht TR-Experten die Fotos betrachteten, bewerteten und auswählten sowie über die Originalitätsaspekte im besonderen und über die TR-Baureihe im allgemeinen diskutierten. Zu diesen Personen, die ihre wertvolle Zeit so großzügig geopfert haben, gehörten Roger Ferris, Alec Pringle, Ian Gibson, Peter und Keith Wigglesworth, Neil Hawtin, Ian Cornish und Anders Clausager. Das Manuskript des Abschnitts über die TR 2/3/3A/3B wurde außerdem von Ian Gibson, dessen Kenntnisse über diese Typen meiner Meinung nach unübertroffen sind, korrekturgelesen und ergänzt. Für die TR 4/4A/5/6 wurde diese Aufgabe von Roger Ferris (Leiter der Abteilung für TR 4/4A beim TR-Register) und Peter Wigglesworth (langjähriger TR-Teileexperte bei Cox & Buckles Spares und derzeit bei Moss Motor) übernommen. Herzlichen Dank, Gentlemen! Neil Hawtin bzw. Roger Ferris lieferten weiterhin wertvolle Informationen über die Typen TR 6 bzw. TR 4/4A.

Meinen Dank möchte ich auch den folgenden TR-Besitzern aussprechen, die uns bereitwillig erlaubten, ihre Fahrzeuge abzulichten: Tom Davenport (schwarzer TR 2 mit langen Türen), John Hopwood (roter TR 2 mit kurzen Türen), Ken Rawson (TR 3), Peter Claxton (roter TR 3A), Martin King (grüner TR 3A) David Price (roter TR 4), Derek Pollock (grüner TR 4), Ken Westwood (TR 4A), David Bishop (TR 4 Dove und TR 250), David Tomlin (TR Italia), Andy Mitchell (TR 5), Tony James (blauer TR 6) und Eric Barrett (roter TR 6). Weiterhin gilt mein Dank auch den Personen, die zwar meine Anfrage nach Originalfahrzeugen positiv beantworteten, deren Wagen wir jedoch leider nicht abbilden konnten, sowie Geoff und Sheila Mansfield vom Northern TR Centre, die uns die in ihren Ausstellungsräumen gezeigten Fahrzeuge sofort bereitwillig für Fotoarbeiten zur Verfügung stellten.

Auch den Mitarbeitern des stets hilfsbereiten, freundlichen und überaus rührigen Büros des TR-Registers, das von Rosy Good geleitet wird, gebührt mein Dank, ebenso Ginny Soden (Herausgeber der Clubzeitschrift), Keith Wigglesworth (Clubarchivar) und Peter Wigglesworth, der mir einmalige Unterlagen zur Verfügung stellte.

Alle TR-Fans stehen außerdem tief in der Schuld von Graham Robson für dessen unschätzbare Forschungsarbeiten. Herzlichen Dank auch an Geoffry Goodall und Glen Hewett von Protek Engineering, die uns beide innerhalb kürzester Zeit ihre Fahrzeuge zum Ablichten überließen.

Herzlichen Dank Mark Hughes, dem Herausgeber dieser Buchserie, für seine Geduld, seine verständnisvolle Unterstützung und seinen Rat. Er und der Verleger Charles Herridge hatten zum einen den Mut und das Vertrauen, dieses Projekt in meine Hände zu legen, zum anderen haben sie mich nie unter Termindruck gesetzt, wenn die unvorhergesehene Länge des Manuskripts für Verzögerungen sorgte.

Obwohl das Buch wesentlich länger wurde als ursprünglich geplant, waren Charles' Schreiben in dieser Angelegenheit nie unfreundlich, sondern stets eine willkommene Erfrischung.

Sollte ich den einen oder anderen bei dieser Danksagung vergessen haben, möchte ich mich hierfür in aller Form entschuldigen. Last not least bedanke ich mich bei meiner Sekretärin und guten Freundin Liz Coupe, die meine doch recht schwierig zu lesende Handschrift mit großer Geduld entzifferte und mein Manuskript abtippte, sowie bei meiner Freundin Karen Nadin für das Korrekturlesen und für ihre ermutigenden Worte, wenn ich nicht mehr weiterkam.

Schließlich möchte ich bei dieser Gelegenheit darauf hinweisen, daß innerhalb dieses Werks die Bezeichnung „TR 5" mit der US-Version „TR 250" gleichzusetzen ist. Unter „TR 6" sind sowohl die Einspritz- als auch die Vergaserversionen zu verstehen, und das für „TR 3A" Gesagte gilt auch jeweils für „TR 3B", sofern im Text nichts Gegenteiliges vermerkt ist. Was die Abschnitte über Produktionszahlen und -änderungen hinsichtlich der TR 2/3/3A betrifft, so finden sich hier teilweise andere Angaben als in meinem früheren Werk „TR 2/3/3A Super Profile", das im britischen Haynes-Verlag erschienen ist. Diese Abweichungen erklären sich durch die Tatsache, daß ich inzwischen über zusätzliche Unterlagen und Informationen verfüge; die im vorliegenden Werk enthaltenen Angaben sind daher im Zweifelsfall als die zutreffenden anzusehen.

Zu guter Letzt möchte ich der Hoffnung Ausdruck verleihen, daß dieses Buch dazu beitragen kann, daß noch weitere Exemplare der TR-Baureihe gerettet, restauriert und vor allen Dingen gefahren werden. Der TR ist damals wie heute ein *Fahr*zeug, und zwar in größerem Maß als viele seiner Zeitgenossen. Wird ein solcher Wagen mit Verstand restauriert, stellt er ein sicheres, schnelles Transportmitel dar, und noch dazu eines, das seinem Fahrer oder seiner Fahrerin viel Spaß bereitet – möge dies noch lange so bleiben!

Bill Piggott

Nottingham, im April 1991

Die TR – gestern und heute

Der äußerst originale TR 2 von Tom Davenport ist ein sehr früher Langtürer mit der Kommissionsnummer TS 477. Der Wagen hat immer noch die schwarze Originallackierung und die „Geranium"-Innenausstattung, die jedoch zu einem leicht lachsfarbenen Pink verblaßt ist. Man kann Tom praktisch als Erstbesitzer ansehen.

Die TR-Baureihe fand ihren bescheidenen Ursprung darin, daß das Fahrwerk einer weit verbreiteten Vorkriegslimousine mit einem schwerfälligen Motor kombiniert wurde, der eigentlich für den Antrieb von Traktoren vorgesehen war. Wenn man diese Worte liest, hören sie sich an wie eine plumpe Untertreibung, und doch wurde Anfang 1952 ein entsprechender Prototyp zusammengebaut.

Die Leitung von Standard-Triumph oblag in der Nachkriegszeit Sir John Black, einem Industriellen der traditionellen, selbstherrlichen Art. Er wußte genau, was er wollte, und hätte es am liebsten schon vorgestern gehabt! Sir John wollte in seinem Automobilprogramm einen Sportwagen, und was Sir John sagte, war Gesetz. William Lyons hatte seinen Jaguar XK 120, und Nuffield verdiente mit der T-Baureihe von MG gutes Geld, doch Blacks erster Versuch, auf dem lukrativen Sportwagenmarkt Fuß zu fassen, hatte zum Triumph 1800/2000 Roadster geführt. Dieser Wagen entsprach ganz der Tradition der *boulevardiers* der Vorkriegszeit – tolle Fassade, aber nichts dahinter. Es handelte sich hierbei gewiß um ein achtbares und interessantes Fahrzeug, aber keineswegs um einen Sportwagen. Erfolg bei sportlichen Veranstaltungen war ihm kaum beschieden, und Gewinn brachte er auch nicht ein; Black versuchte daraufhin, die Morgan Motor Company aufzukaufen, was ihm jedoch nicht gelang.

Wie jeder weiß, stellte Morgan zu dieser Zeit bereits Sportwagen im traditionellen Stil her, doch obwohl diese Firma für ihre Fahrzeuge Motoren des Standard Vanguard verwendete, kam es nicht zu einem Vertragsabschluß. Somit erfolgte bei Standard-Triumph ein zweiter Anlauf zur Produktion einer eigenen Konstruktion. Das Ergebnis dieser Bemühungen nannte sich „TRX" Roadster und wurde auch als „Bullet" bekannt. Leider war dieses Ungetüm ebensowenig ein echter Sportwagen wie der vorherige Roadster, so daß das Projekt schon recht bald zu Grabe getragen wurde. Anfang 1952 war Black seinem Ziel nicht näher als im Jahre 1946.

Ken Rawlings, ein rennbegeisterter Amateur, zeigte Black den richtigen Weg und baute einen Sportwagen, für den er hauptsächlich Teile von Standard-Triumph verwendete, unter anderem einen Vanguard-Motor. Obwohl es meines Wissens nach keinen Beweis dafür gibt, daß die Firmenleitung von Standard-Triumph sich von diesem Wagen beeinflussen ließ oder überhaupt von ihm wußte, schlug sie 1952 dennoch genau dieselbe Richtung ein und ließ einen Vanguard-Motor in ein leichtes Fahrwerk einpflanzen, über das eine zweisitzige Karosserie gestülpt wurde. Da keine Großserie geplant war, mußten die Fertigungs- und Montagekosten kosten naturgemäß niedrig gehalten werden. Wo immer es möglich war, sollten Teile aus eigener Fertigung eingesetzt werden, und die Karosserieform war möglichst einfach, d.h. ohne allzu viele Rundungen zu halten, um übermäßig hohe Kosten für Fertigungswerkzeuge zu vermeiden. Harry Webster, Chefkonstrukteur bei Standard-Triumph, erhielt weitreichende Vollmachten zum Bau des neuen Triumph-Sportwagens, und für das Styling zeichnete Walter Belgrove verantwortlich. Viel Zeit für die Verwirklichung des Projekts stand den beiden nicht zur Verfügung, denn Sir John wollte den Prototyp bereits im Oktober 1952 auf der Earls Court Motor Show ausstellen.

John Hopwoods fast originalgetreuer TR 2 von 1955 hat nicht allzu viele Meilen auf dem Zähler. Wie anhand der vielen Zusatzteile wie Rückfahrscheinwerfer, Aufkleber, Gepäckträger oder Polsterung am Haltegriff unschwer zu erkennen ist, nimmt John häufig an klassischen Rallies teil. Man beachte die 37 Zentimeter auseinanderliegenden Wischerarmbefestigungen. Wischerblätter und Hauptscheinwerfer sind nicht original.

Für das Fahrwerk griff man auf die überarbeitete Version eines Standard „Flying Nine" zurück. Hinterachse sowie Vorderradaufhängung stammten vom Mayflower, einer Triumph-Limousine. Der Vanguard-Motor wurde leicht modifiziert und erhielt zwei SU-Vergaser. Um die Kraftübertragung kümmerte sich ein Vanguard-Getriebe, allerdings mit vier Gängen. Die zweisitzige Karosserie mit verschraubten Außenblechen wurde zwar eigens angefertigt, wies aber traditionelle Sportwagenmerkmale wie tief ausgeschnittene Türen und ein Ersatzrad auf dem geschwungenen Heck auf.

Als der Prototyp 1952 auf dem Earls Court dem Publikum präsentiert wurde, war er ein absolutes Unikat und hatte wegen der fehlenden Zeit kaum einen Probelauf absolvieren können. Sein Debüt stand leider im Schatten des atemberaubend schönen Healey 100, der nicht nur fahrbereit, sondern sogar schon von der Zeitschrift *Autocar* getestet worden war. Der Triumph erhielt zwar einige Aufmerksamkeit, und mehrere Bestellungen trudelten bereits während der Ausstellung ein, aber als Hit der 52er Earls Court Motor Show konnte man ihn gewiß nicht bezeichnen. Nachdem die Fachpresse nach der Messe den Prototyp probefahren durfte und sich etwas zurückhaltend äußerte, bot Sir John Ken Richardson, Versuchsingenieur und Testfahrer bei BRM, eine Fahrt im neuen Triumph-Sportwagen an.

Richardson konnte eine Niete auf Anhieb erkennen und brachte dies im Fall des Triumph auch deutlich zum Ausdruck. Überraschenderweise verdaute Sir John die Kritik recht gut und machte Richardson den Vorschlag, zu Triumph-Standard zu stoßen und den Pseudosportwagen nach seinen Vorstellungen zu überarbeiten. Wie schnell und erfolgreich diese Modifikation durchgeführt wurde, ist schon oft genug erzählt worden. Kurzum, Richardson sah einen wesentlich steiferen Rahmen vor, verbesserte die Bremsanlage und entwickelte den Motor konsequent weiter. Das Fahrzeugheck wurde ebenfalls geändert und erhielt einen Kofferraum mit Klappe; das Ersatzrad wanderte unter den Kofferraum und wurde hinter einer eigenen Abdeckung versteckt. Außerdem erfolgten natürlich noch weitere kleine Änderungen. Das Endergebnis nannte sich TR 2; von diesem Fahrzeug wurden Anfang 1953 drei Prototypen gebaut. Bei einem von ihnen wurden angeblich Teile des ursprünglichen Modells verwendet, das somit der Nachwelt verlorenging. Der TR war nun ein ernstzunehmender Sportwagen, erreichte eine Spitzengeschwindigkeit von knapp 160 km/h, legte eine gute Beschleunigung an den Tag, und all dies bei recht moderatem Benzinverbrauch. Richardsons Team hatte die gesamte Entwicklungsarbeit in der unglaublich kurzen Zeit von nur fünf Monaten geleistet.

Das derart überarbeitete Fahrzeug wurde im März 1953 auf dem Genfer Salon zum ersten Mal der Öffentlichkeit präsentiert. Im Mai desselben Jahres gab Sir John Black sein OK für die Teilnahme an den berühmten Hochgeschwindigkeitsläufen im belgischen Jabbeke, wo der TR 2 unter offizieller Aufsicht eine Geschwindigkeit von gut 200 km/h erzielte – zur damaligen Zeit ein wahrlich atemberaubender Wert für ein fast serienmäßiges Automobil mit 2-Liter-Motor. Mit dem nun geweckten Interesse der Öffentlichkeit konnte die Produktion leider nicht Schritt halten, da Fertigungspläne und Ersatzteilversorgung allzu hastig über den Haufen geworfen werden mußten, um der unerwarteten Nachfrage Rechnung tragen zu können. Die ersten beiden Serienfahrzeuge rollten im Juli 1953 vom Band; während der folgenden Monate lief die Produktion allerdings recht schleppend an, so daß bis zum Ende des Jahres nur knapp über 300 Fahrzeuge dieses Typs ausgeliefert werden konnten.

Der TR 2 war nun ebenso schnell wie sein direkter Rivale Austin-Healey und dabei sogar noch sparsamer und vor allem wesentlich billiger. In der ersten Hälfte des Jahres 1954 war die Nachfrage so groß, daß Triumph viele Kunden auf die Warteliste setzen mußte. Die meisten TR 2 gingen ins Ausland, so daß Interessenten im Herkunftsland kauften, was gerade verfügbar war, ohne hierbei groß bei Farbe oder Ausstattung wählen zu können. Der überragende Sieg von Johnny Wallwork bei der RAC-Rallye im März 1954 sowie weitere Erfolge bei dieser äußerst bedeutenden Veranstaltung überzeugten auch den letzten Zweifler, daß Triumph ein „Allround"-Sportwagen zu einem erschwinglichen Preis gelungen war. Renneinsatz, Rallyeteilnahme, Wochenendausflüge, Urlaubsfahrten, Brötchenholen – der TR 2 absolvierte all dies absolut souverän. Bis Ende 1954 war dieses Fahrzeug zum Wunschtraum fast aller ambitionierten Rallyefahrer geworden, und die Verkaufszahlen stiegen ins Unermeßliche. Endlich war Sir John Blacks Traum vom gewinnbringenden Triumph Wirklichkeit geworden, selbst wenn die Ironie des Schicksals es so wollte, daß Black selbst bis dahin die Firma bereits verlassen hatte.

Die Entwicklung wurde auch weiterhin vorangetrieben, nicht nur was die Serienfahrzeuge

Ken Rawson ist der Zweitbesitzer dieses herrlich originalen späten TR 3. Die Lackierung entspricht meiner Ansicht nach haargenau dem British Racing Green; bei vielen Wagen fällt dieser Farbton zu dunkel aus. Die Verdeckabdeckung paßt zwar nicht zur Innenausstattung, könnte aber dennoch original sein, da nicht immer eine genaue Anpassung erfolgte.

betraf, sondern auch hinsichtlich der Fertigung von Wettbewerbsteilen. Die Firma hatte eine hervorragende Entwicklungsabteilung unter Leitung von Ken Richardson, der nach Erledigung seines ursprünglichen Auftrags bei Triumph geblieben war. Es wurden mehrere Werksrenner gebaut, zunächst für Straßenrennen *und* für Rallies; nach 1956 konzentrierte man sich jedoch ganz auf den Rallyesport und konnte auf diesem Gebiet große Erfolge verbuchen. 1954 räumten sechs TR 2 bei der TT in ihrer Klasse alles ab, was es zu gewinnen gab, die Teilnahme in Le Mans, bei der Alpenrallye sowie bei der Mille Miglia wurde ebenfalls mit Lorbeeren belohnt, und 1956 traten die Werks-TR bei allen Veranstaltungen als Favoriten an. Lassen wir es hier bei den genannten Erfolgen bewenden, denn die Siegesgeschichte des TR 2 ist an anderer Stelle detailliert nachzulesen. Begnügen wir uns damit, anzumerken, daß der TR zwischen 1954 und 1960 das unbestreitbar erfolgreichste Rallyeauto und wohl auch das erfolgreichste Wettbewerbsfahrzeug „von der Stange“ war, das sich eigentlich fast jeder leisten konnte. Vor allem im Ausland war man von diesem Wagen so angetan, daß 1960 bereits 90 % der Produktion von der Insel exportiert wurden, wobei insbesondere in den USA enorme Stückzahlen abgesetzt werden konnten.

1954 mußten die ursprünglich angebauten langen Türen kürzeren Versionen weichen, so daß man endlich direkt neben dem Bordstein parken konnte, und auch ein formschönes Hardtop wurde werksseitig angeboten. Ein Jahr später, 1955, erschien der leicht modifizierte TR 3, und 1956 hatte der TR als erstes Serienauto der Welt serienmäßig Scheibenbremsen an den Vorderrädern. Der TR 3 blieb zwei Jahre lang, bis September 1957, im Triumph-Programm; zu jener Zeit war der Chefdesigner dieser Firma der Ansicht, daß es Zeit für ein Facelifting sei, vor allem angesichts des großen Exporterfolgs in den Vereinigten Staaten. Jenseits des Atlantiks erwartete man automatisch, daß ein auch noch so erfolgreiches Automobil einmal pro Jahr eine sichtbare Formänderung erfuhr, und sei es auch nur, um den Nachbarn damit ärgern zu können.

Diese Politik führte zum Bau des TR 3A mit breitem Kühlergrill, der dem Wagen zu einer Art Grinsen verhalf. Es folgten zwar noch weitere Änderungen, doch von der Substanz her war der Wagen seinem Vorgänger so ähnlich, daß es heute nicht ganz einfach ist, nur anhand des Innenraums zu sagen, ob man in einem TR 2 von 1953 oder in einem TR 3A von 1960 sitzt. Die technische Entwicklung erfuhr beträchtliche Unterstützung durch das Rennprogramm des Werks und wurde weiter vorangetrieben, bis der TR zum

Dieser von Grund auf restaurierte TR 3A gehört Peter Claxton und ist in der Farbe Signal Red lackiert. Beachtenswert die typischen Stoßstangen mit den zugehörigen Hörnern sowie der neue Kühlergrill und das neue Frontblech.

Der glückliche Besitzer dieses überaus originalen TR 4 heißt Derek Pollock. Der Farbton heißt Conifer Green, auch bekannt als „Triumph Racing Green". Der Wagen hat zwei in seine Bauzeit passende Zusatzscheinwerfer und korrekt lackierte Räder mit je 60 Speichen. Das „Surrey"-Hardtop war ein beliebtes Zubehörteil, da es einen perfekten Kompromiß zwischen offenem Roadster und geschlossener Limousine darstellte.

wohl zuverlässigsten, robustesten und wettbewerbsfähigsten Sportwagen der späten Fünfziger avanciert war. Die Verkaufszahlen stiegen jedes Jahr stetig an; das beste Absatzjahr war 1959/60.

Glücklicherweise war sich die Firmenleitung von Triumph darüber im klaren, daß dieses Wachstum nicht unbegrenzt weitergehen konnte, und erkannte den Trend zu zivilisierteren Sportwagen mit Luxusausstattung wie Kurbelfenster oder Faltverdeck. Der Auftrag für das Karosseriestyling des TR 3A-Nachfolgers wurde an Michelotti in Italien vergeben. Die einzigen Neuerungen in bezug auf die Mechanik waren eine Zahnstangenlenkung und die Anhebung des Hubraums auf 2138 ccm.

Der Zeitpunkt für die Vorstellung des neuen TR erwies sich als äußerst günstig gewählt, da die britische Fahrzeugindustrie 1961 einige Rückschläge einstecken mußte und die Verkaufszahlen für die TR-Modelle zum ersten Mal nicht mehr stiegen, sondern sanken. Michelotti hatte inzwischen eine sehr attraktive und moderne Karosserie für den späteren TR 4 entworfen, deren besonderer Clou in einem durchdachten Hardtop mit abnehmbarem Mittelteil bestand. Dieses neue Blechkleid hatte derart klassische Linien, daß auch heute noch die Serie TR 4/4A/5 eine zeitlose Schönheit aufweist, die den funktionaleren früheren TR-Modellen eher abging. Aufgrund der neuen Karosserie war der TR 4 schwerer als sein Vorgänger, was durch den größeren Motor nicht kompensiert werden konnte. Dies schien sich allerdings nicht unbedingt auf die Verkaufszahlen niederzuschlagen, denn während des ersten Produktionsjahrs gab es für TR-4-Interessenten wieder einmal eine Warteliste. Die ersten TR 4 wurden fast alle in die USA exportiert, so daß Fahrzeuge dieses Typs in Großbritannien selbst erst im Frühjahr 1962 zur Verfügung standen. Zeitgenössische Testberichte enthielten positive Kommentare zu der neuen Lenkung und der neuen Karosserie, so daß der TR 4 im nachhinein als Erfolg in jeder Beziehung gewertet werden muß.

In den frühen 60er Jahren ließen die Wettbewerbsaktivitäten von Triumph etwas nach, auch wenn 1962 ein Werksteam mit vier speziell überarbeiteten TR 4 auf die Beine gestellt wurde, das drei Jahre lang erfolgreich am Renngeschehen teilnahm. 1964 schien allerdings das Potential des Vierzylindermotors ausgeschöpft zu sein (obwohl so mancher Fahrer in den 80er Jahren mit diesem Triebwerk schier ungeahnte Erfolge erzielen konnte!), so daß der TR 4 als nicht mehr wettbewerbsfähig genug erachtet wurde. Ab diesem Jahr verabschiedeten sich die TR nach und nach endgültig vom Rennsport – die neue Generation von Rallyegewinnern rekrutierte sich aus modifizier-

David Prices völlig neu aufgebauter TR 4 in „Signal Red" verfügt über ein schwarzes Surrey-Hardtop.

Dieser späte TR 4A in „Royal Blue" gehört Ken Westwood. Der Wagen befindet sich in exzellentem Originalzustand und hat erst rund 160 000 Kilometer auf dem Buckel.

Andy Mitchells TR 5 befindet sich in einem hervorragenden Zustand. Das Fahrzeug ist in „New White" lackiert und hat ein weißes Hardtop sowie eine schwarze Innenausstattung.

ten Limousinen. Allerdings darf man nicht vergessen, daß in den USA auch später noch TR-Modelle (insbesondere TR 6) erfolgreich bei Rennen eingesetzt wurden.

Gegen Mitte der 60er hatten Komfort und technischer Fortschritt auch bei den traditionellen Sportwagen Einzug gehalten, so daß die Triumph-Techniker beschlossen, endlich etwas gegen das Versetzen der Hinterräder zu unternehmen, das lange Zeit Anlaß zu Klagen über die Hinterachse gegeben hatte. Das Ergebnis dieser Bemühungen präsentierte sich in Form des TR 4A, der über eine hintere Einzelradaufhängung mit Schraubenfedern und Schräglenkern verfügte – eine Konstruktion, die wesentlich durchdachter war als die für den billigeren Triumph Spitfire verwendete Lösung. Parallel hierzu erhielt der TR 4A zwar auch eine neue Karosserie, bei der Mechanik bediente man sich allerdings aus dem Teileregal für den Vorgänger. Obwohl die neue Hinterradaufhängung auf Tester einen durchaus positiven Eindruck machte und zweifellos zum besseren Handling und Komfort beitrug, war diese Konstruktion nicht nur kompliziert, sondern auch teuer. Aus diesem Grund liefen auch TR 4A-Modelle mit konventioneller Radaufhängung vom Band, die jedoch nur in den USA parallel zu den Versionen mit Einzelradaufhängung angeboten wurden.

Nachdem das Fahrverhalten des TR verbessert war, nahmen sich die Techniker bei Triumph nun den vergleichsweise kraftlosen Motor vor. Der TR 4A von 1965 gab eine Leistung ab, die nicht wesentlich höher lag als beim zwölf Jahre älteren TR 2, und dem einst überaus schnellen Spitzensportwagen mit enormer Beschleunigung zeigten Mitte der 60er Jahre viele Limousinen ihr Heck. Im Rückblick könnte man den TR 4A als eine Art Übergangslösung bezeichnen, die nicht mehr den Verkaufserfolg ihrer Vorgänger erzielen konnte. Es war offensichtlich, daß sofortige Rettungsmaßnahmen ergriffen werden mußten, um den Verkauf wieder anzukurbeln, und hierfür brachte Triumph ein weiteres „Übergangsmodell" auf den Markt, den TR 5, der im Herbst 1967 vorgestellt wurde.

Dieses Fahrzeug verfügte über einen Sechszylindermotor mit 2,5 Litern Hubraum und Einspritzanlage von Lucas und war somit das erste britische Serienauto mit Kraftstoffeinspritzung; das Triebwerk gab eine Leistung von 150 PS ab. Bei Triumph war man wohl der Meinung, daß die „alte" Karosserie auch dem neuen Modell gut zu Gesicht stünde, so daß in bezug auf das Blech alles beim alten blieb. Am Motor konnte nun wirklich niemand mehr über mangelnde Leistung klagen, denn der TR 5 war einer der schnellsten Wagen seiner Preisklasse. Aufgrund der strengen amerikanischen Abgasvorschriften konnte die Einspritzversion nicht auf dem US-Markt angeboten werden; aus diesem Grund entwickelte man den TR 250 mit Vergasermotor und einer Leistung, die kaum höher lag als beim TR 4A.

Während in Europa Sportwagen traditioneller Bauweise in hartem Konkurrenzkampf mit modifizierten Limousinen lagen, bestand in den Vereinigten Staaten eine rege Nachfrage nach offenen Zweisitzern. Bei Triumph kam man daher zu dem Schluß, daß das TR-Konzept über genügend Potential verfügte, um eine neue Karosserie zu rechtfertigen, die zwangsläufig erforderlich war. Bekanntermaßen erhielt die deutsche Firma Karmann den Auftrag, ein neues Kleid für den TR 4/4A/5 zu schneidern, und dies bei weitgehender Beibehaltung der Grundstruktur. Karmann kam mit dem unglaublich eng gesteckten Zeitrahmen erstaunlich gut zurecht und stellte den TR 6 auf die Beine, bei dem der Mittelteil einschließlich

Dieser originale TR 250 in „Signal Red" gehört David Bishop. Diese in Großbritannien kaum anzutreffenden Fahrzeuge wurden als Linkslenker gebaut und hauptsächlich in die USA exportiert. Alle TR 250 zeigten den silberfarbenen, reflektierenden Zierstreifen quer über die Frontnase. Die vorderen Blinker sind, gemäß amerikanischen Zulassungsnormen, mit einer roten Streuscheibe versehen.

Tony James' hervorragender TR 6 in „Sapphire Blue" wirkt besonders vor gräflichem Hintergrund.

Eric Barretts wunderschöner TR 6 im Farbton „Pimento Red" ist absolut original und hat seit seiner Geburt erst 25 000 Meilen zurückgelegt. Das Hardtop war schon von Anfang an montiert, und wir sehen den Wagen hier in einem malerischen Ambiente. Man kann auf diesem Bild sehr gut den statischen Negativsturz der hinteren Radaufhängung erkennen. Man beachte den schwarzen Spoiler, der bei Fahrzeugen der CR-Serie unterhalb der vorderen Stoßstange montiert wurde.

Windschutzscheibe und Türen sowie die innere Struktur sehr geschickt übernommen wurden. Kotflügel, Motorhaube, Kofferraumdeckel, Front- und Heckbleche sowie Zierteile hatte man hingegen neu ausgelegt. Als Ergebnis präsentierte sich ein hübsches, modern aussehendes Automobil, dessen Produktion im Spätjahr 1968 anlief und das den TR 5/250 nach nur 15 Monaten Bauzeit ablöste. Mit seiner ausgezeichneten Motorleistung und dem der Zeit entsprechenden Styling konnte der TR 6 mit Kraftstoffeinspritzung in Europa sehr gut verkauft werden. Die schwächere Vergaserversion für den amerikanischen Markt verkaufte sich sogar noch besser, obwohl dem Motor wegen der immer strengeren US-Abgasvorschriften mehr und mehr der Hals zugeschnürt wurde.

Der TR 6 blieb länger als jedes andere TR-Modell im Programm, wurde jedoch in seinen letzten Produktionsjahren immer mehr zu einem Anachronismus, und auch die Verkaufszahlen sanken zum Schluß immer tiefer. Bei Triumph sah man daher keinen Grund, noch weitere Mittel in ein Konzept zu investieren, dessen Zeit offensichtlich abgelaufen war, so daß die TR-Familie schließlich ausstarb. Die letzten TR 6 mit Einspritzmotor liefen im Februar 1976 vom Band, während die US-Magerversionen noch bis Juli 1976 ausgeliefert wurden.

Blickt man heute zurück, wäre den TR wahrscheinlich besser damit gedient gewesen, wenn man die Produktion Anfang der 70er Jahre, also noch bevor sie viel von ihrer Kraft einbüßen mußten, hätte auslaufen lassen. Aber wer will einem Unternehmen schon einen Vorwurf machen für den Versuch, möglichst viel Profit aus Fahrzeugen zu schlagen, die mehr als 20 Jahre lang zu den erfolgreichsten Sportwagen der Welt zählten?

Beim Anblick der heutigen TR-Szene kann man eigentlich nur sagen, daß sie sehr gesund und rührig ist. Während der letzten Jahre sind TR-Modelle stetig im Wert gestiegen. Man kann gewiß darüber streiten, ob dies ein Vorteil oder eher ein Nachteil ist, aber zweifellos wird hierdurch eine Restaurierung kosteneffektiver, was wiederum dazu geführt hat, daß sich eine beträchtliche Anzahl von Firmen auf den Vertrieb von TR-Teilen oder auf den Wiederaufbau ganzer Fahrzeuge spezialisiert hat. Die Teileversorgung, insbesondere für die Modelle mit Steckscheiben, ist ausgezeichnet. Man kann sogar ohne allzu große Übertreibung behaupten, daß es heutzutage möglich ist, nur mit Hilfe von Ersatzteilen einen in allen wesentlichen Punkten neuen TR 3A zusammenzubauen!

Welch ein Unterschied im Vergleich zu 1970! Damals waren die frühen TR-Modelle nichts anders als ausgediente Sportwagen, die von mittellosen Studenten und ähnlichen Zeitgenossen bis zum endgültigen Zusammenbruch bewegt wurden, und Teile hierfür spendeten in der Regel andere, ähnliche Wagen. In jenem Jahr wurde das TR-Register ins Leben gerufen, um den TR-Freunden Unterstützung zu bieten und um mögliche Ersatzteilquellen zu erschließen. Der Erfolg dieser Organisation, die heute zu den weltweit größten Clubs für einen bestimmten Wagentyp zählt, ist einer der Hauptgründe für die derzeitige Renaissance der TR-Reihe.

Auch in der TR-Rennszene ist man sehr aktiv, nicht zuletzt, weil die vom TR-Register veranstalteten Rennen, an denen nur TR-Modelle teilnehmen dürfen, jedes Jahr wahre Zuschauerströme anziehen und somit sichergestellt ist, daß diese Wagen immer noch für ihren ursprünglichen Zweck eingesetzt werden – die Teilnahme an sportlichen Veranstaltungen zu einem bezahlbaren Preis. Selbst die Sechszylinder-Modelle, die seinerzeit kaum in Großbritannien bei Rennen bewegt wurden, haben sich als siegesträchtige Fahrzeuge erwiesen.

Zusammenfassend kann man sagen, daß es heutzutage relativ problemlos möglich ist, jeden beliebigen TR praktisch in den Neuzustand zu versetzen. Wer sich mit dem Gedanken an ein solches Projekt trägt, sollte jedoch wissen, daß dieses Unterfangen in jedem Fall ein teures Vergnügen wird, denn selbst bei den derzeit hohen Preisen, die für toprestaurierte TR-Modelle bezahlt werden, übersteigen die Kosten für die Restaurierung meist den zu erzielenden Wiederverkaufserlös.

Triumph TR 2/3/3A

Fahrwerk

Bekanntermaßen erwies sich der ursprüngliche Rahmen des Prototypen als äußerst unzureichend, da er in punkto Steifigkeit doch viel zu wünschen übrig ließ. Im Winter 1952/53 wurde das Fahrwerk daher erheblich verstärkt, während die übrigen zahlreichen Fehler des TR durch Neukonstruktionen verbessert oder aufgrund von in Versuchsfahrten gemachten Erfahrungen ausgemerzt werden konnten.

Das Fahrwerk, das schließlich in der Serienproduktion eingesetzt wurde, besteht aus zwei sich über die gesamte Länge erstreckenden Seitenträgern aus Stahlprofilen (75x90 mm), bei denen die Schmalseiten unten bzw. oben liegen. Diese beiden Träger sind vorne durch ein Querrohr mit kleinerem Querschnitt sowie etwa 30 Zentimeter weiter hinten durch einen Querträger mit einem ähnlich großen Profil wie die Seitenträger miteinander verbunden. An dieser Stelle befinden sich auch jeweils die Türme der Vorderradfederung, die an ihren Oberseiten durch einen weiteren Rohrquerträger miteinander verbunden sind, der zur Erleichterung des Motorwechsels ausgebaut werden kann. Die inneren Befestigungspunkte der Querlenker befinden sich zu beiden Seiten der Federtürme, und von der Oberseite dieser Türme aus nach hinten verlaufen links und rechts jeweils Versteifungsstreben, mit denen das Vorderteil der Karosserie verschraubt wird.

Die beiden Seitenträger verlaufen vorne parallel und spreizen sich knapp hinter den Federtürmen nach außen, so daß die breiteste Stelle des Rahmens kurz hinter seinem vorderen Drittel und somit in etwa parallel zur vorderen Spritzwand liegt. Direkt hinter dieser Stelle sind rohrförmige Rahmenausleger befestigt, die durch die Hauptträger des Fahrwerks hindurch zu der kreuzförmigen Strebe verlaufen, die den mittleren Teil des Rahmens bildet. Von diesen Rahmenauslegern befinden sich jeweils zwei auf einer Seite, wobei die hinteren etwas kürzer sind als die vorderen. Die Innenschweller der Karosserie werden mit flachen Platten verschraubt, die am oberen Ende der Ausleger angeschweißt sind. Zwischen den Auslegern wiederum liegen jeweils im Rahmenlängsträger die Aufnahmen für den Wagenheber.

Im Bereich der Hinterachse verengt sich der Rahmen etwas. Kurz vor der Achse ist auf beiden Längsträgern je ein nach oben weisender Flansch zur Aufnahme des Hebelarms der hinteren Stoßdämpfer angeschweißt. Diese Flansche mußten bei Anlauf der Produktion zweimal verstärkt werden, wobei Versteifungsrippen einem eventuellen Bruch vorbeugen sollten. Die erste grundlegende Änderung erfolgte ab TS 4310; zur selben Zeit wurden zusätzliche Knotenbleche vor dem Rahmenkreuz verwendet. Die Vorderkanten der hinteren Blattfedern sind an Bolzen befestigt, die durch die Seitenträger verlaufen; diese Auslegung hatte man gewählt, um die Bolzen nach innen ausziehen zu können und somit den Austausch der Blattfedern ohne umfangreiche Karosseriearbeiten zu ermöglichen. Leider hat der rostige Zahn der Zeit dieser Überlegung der Konstruktionsabteilung allzuoft einen Strich durch die Rechnung gemacht, wodurch zahlreichen TR 2-Besitzern eine teure Erfahrung nicht erspart blieb.

Die Hinterachse verläuft oberhalb der Seitenträger, was die Radbewegung stark einschränkt und zur oft kritisierten schlechten Straßenlage beiträgt. Direkt hinter den Aufnahmen für die hinteren Stoßdämpfer hört die Verengung des Rahmens auf, so daß die Seitenträger auf dem letzten Meter wieder parallel zueinander verlaufen. Fast an derselben Stelle sind die Träger etwas nach oben abgewinkelt und laufen somit leicht steigend nach hinten aus. Außerdem sind dort an der Unterseite der Seitenträger oft Wasserablaufbohrungen angebracht. Zwei Querstreben unterschiedlicher Stärke verbinden die beiden Rahmenenden. Die dünnere vordere Strebe verläuft durch die beiden Seitenträger hindurch und nimmt an ihren Außenkanten die beiden Blattfedern auf. Die hintere Querstrebe hat einen Durchmesser von etwa 40 mm. An ihrer Befestigungsstelle zwischen den beiden Seitenträgern sind keilförmige Platten zur Verstärkung sowie zur Aufnahme der Karosserie angebracht.

Wie bereits zuvor erwähnt, weist der Rahmen in seiner Mitte ein Kreuz aus Kastenprofilen auf, wobei ein Zentralprofil die beiden Seiten des Kreuzes miteinander verbindet. Durch dieses Zentralprofil hindurch ist die Auspuffanlage geführt, und direkt vor ihm liegt eine angeschraubte Querstrebe für das Getriebe.

Während der Produktion des TR 2 wurde ab TS 3512 eine weitere angeschraubte „Pseudoquerstrebe" in Form eines Kühlerschutzes eingeführt. Diese Maßnahme erwies sich als erforderlich, da die Unterseite des Kühlers dem Steinschlag schutzlos ausgeliefert war. Die Halter der vorderen Stoßstange sind vorne am Rahmen mit jeweils zwei Schrauben angebracht; die beiden vorderen Schrauben dienen außerdem auch zur Befestigung des besagten Kühlerschutzes. Die hinteren Stoßfängerhörner sind mit den hinteren Karosseriehalterungen verschraubt, wobei die oberen Schrauben winklig nach unten durch das Karosserieheck verlaufen.

Die Karosserie ist zu beiden Seiten des Rahmens an jeweils sechs Punkten an diesem befestigt. Drei der Befestigungspunkte befinden sich vor der vorderen Spritzwand. Die Karosserie ist am Fahrzeugheck nur an jeweils einer Stelle links und rechts sowie in der Mitte am hinteren Teil der kreuzförmigen Strebe befestigt. Allerdings sind auch die Innenschweller an den Rohrauslegern mit jeweils vier Schrauben an jeder Seite (zwei Schrauben pro Ausleger) angebracht, und Streben verbinden die Rückflanken der beiden Hinterradkotflügel mit dem Fahrwerk. Die Befestigungspunkte sind jeweils mit Polstern zwischen Karosserie und Fahrwerk versehen; dasselbe Material wird auch auf der Oberseite des Zentralkreuzes verwendet, um die Karosserie besser vom Fahrwerk zu isolieren.

Die Rahmen wurden ursprünglich bei Triumph-Standard hergestellt, doch bereits kurz nach Anlauf der Produktion übernahm Sankey die Fertigung. Offensichtlich waren alle Rahmen, unabhängig von der Karosseriefarbe, immer schwarz lackiert.

Weitere Änderungen waren kaum von Bedeutung und erstreckten sich weitgehend auf Befestigungspunkte und Halterungen für Brems- oder Kraftstoffleitungen sowie zusätzliche Halterungen, die für die zweiteilige Lenksäule erforderlich waren, die während der Produktion des TR 3A eingeführt wurde.

Vorderradaufhängung

Bei sportlichen Wagen, für die nur relativ geringe Stückzahlen zu erwarten waren, stammten in der Regel viele Bauteile von Limousinen aus dem Programm des jeweiligen Unternehmens. Im Fall Triumph diente der Mayflower als Organspender für die Hauptteile der Vorderradaufhängung des TR, der sich im Endeffekt noch besser verkaufte als die Limousinen. Aus Sicherheitsgründen wurden die unteren Preßstahl-Querlenker des Mayflower beim TR durch Schmiedeteile ersetzt.

Die Vorderräder sind einzeln mit Hilfe von Schraubenfedern und oberen sowie unteren Querlenkern aufgehängt. Die Schraubenfedern befinden sich innerhalb der Federtürme am Fahrwerk, und in den Federn selbst sind Teleskopstoßdämpfer angebracht. Diese Dämpfer werden vom Unterteil abgenommen, wo sie durch die an den unteren Querlenkerarmen angeschraubten Federpfannen hindurchgeführt werden können. Die Dämpfer sind mit ihrem Oberteil an den Federtürmen befestigt und bewegen sich mit den Armen der unteren Querlenker. Am unteren Ende der beiden oberen Querlenker befindet sich jeweils ein Kugelgelenk, das mit einem senkrechten Gelenk verschraubt ist, welches wiederum den oberen Querlenker mit dem unteren verbindet und den Achsschenkel trägt. Die Unterseite des senkrechten Gelenks ist mit einem Gewinde versehen, das von einem Bronzezapfen aufgenommen wird, der sich innerhalb vorgegebener Grenzen bewegen kann, wodurch Lenkbewegungen möglich sind. Der Zapfen weist auf beiden Seiten Bolzen auf, die durch Öffnungen in den unteren Querlenkern geführt sind, so daß die Radaufhängung sich nach oben bzw. unten bewegen kann. Diese Zapfen unterliegen einem raschen Verschleiß (besonders bei ungenügender Schmierung) und stellen somit die Achillesferse der Vorderradaufhängung dar. Serienmäßig wurden nie Stabilisatoren eingebaut, obwohl man hierzu bei Triumph nur ins Teileregal hätte greifen müssen; ab Produktionsbeginn des TR 3A wurden allerdings werksseitig Stabilisatoren als Zubehör angeboten.

Der Achsschenkelsturz beträgt 7 Grad, der Nachlauf liegt bei Null, und bei unbelastetem Fahrzeug ist ein Vorderradsturz von 2 Grad zu messen. An den Vorderradnaben waren ursprünglich Schmiernippel für die Radlager angebracht. Ab TS 5348 fielen die Nippel allerdings weg, da übermäßiges Abschmieren zu Fett auf den Bremsbelägen führen konnte; zum selben Zeitpunkt wurden die Naben verstärkt. Im folgenden be-

Lenkrad, Hupenschalter und Blinkerschalter sind bei diesem TR 2 absolut original. Die Lucas-Buchse unterhalb des Tachometers ist zwar nicht original, paßt aber zur Bauzeit des Wagens; sie diente in der Regel zum Anschluß einer Lampe bei Arbeiten am Fahrzeug. Instrumente und Schalter stimmen ebenfalls, der tonnenförmige Overdriveschalter ganz rechts stammt jedoch nicht von einem frühen TR 2; hier müßte eigentlich ein Zugschalter sitzen. Der hier abgebildete Schalter wurde bei späten TR 2 sowie bei den Nachfolgemodellen verwendet. Rückspiegel und Scheibenrahmen entsprechen dem Original.

durfte die Vorderradaufhängung nur weniger Änderungen; so wurden beispielsweise kurz nach Einführung des TR 3 ab TS 9122 die inneren Gummibuchsen der unteren Querlenker durch Stahl-/Nylonbuchsen ersetzt. Diese Buchsen zeichnen sich durch eine höhere Lebensdauer aus und können auch bei älteren Modellen verwendet werden.

Auch durch die Umstellung auf Scheibenbremsen waren keine wesentlichen Änderungen an der Vorderradaufhängung erforderlich. Es wurden dieselben Zapfen und senkrechten Gelenke verwendet wie bisher, obwohl die Achsschenkel und Radnaben selbst modifiziert waren. Aus diesem Grund wirft die Umrüstung von Trommel- auf Scheibenbremsen keine größeren Probleme auf, so daß in den letzten 30 Jahren viele TR-Besitzer auf Scheibenbremsen umgestiegen sind.

Die vorderen Schraubenfedern blieben unverändert. Der Durchmesser des Federdrahts beträgt 12,5 mm, und der Durchmesser der 6,75 Windungen liegt bei 89 mm. Die freie Länge beträgt 248 mm, die Einbaulänge 171 mm und die Federkraft 22 kp. Bei den Rennfedern hingegen betrug die freie Länge 233 mm, und die Federkraft lag bei 28 kp.

Sämtliche Teile der Radaufhängung waren ab Werk schwarz lackiert; die Dämpferelemente wurden allerdings meist in der vom jeweiligen Hersteller lackierten Farbe belassen. Da es hierbei silberne, schwarze und rote Dämpfer gab, kann man heutzutage unmöglich genau sagen, was nun im Einzelfall tatsächlich dem Original entspricht.

Hinterradaufhängung

Die Hinterradaufhängung wurde so einfach wie möglich ausgelegt. Die Hinterachse verläuft über dem Rahmen des Fahrwerks und ist an zwei herkömmlichen halbelliptischen Blattfedern aufgehängt. Weitere Befestigungsstellen sind nicht vorhanden, so daß die Bewegungen der Hinterachse allein durch diese beiden Federn kontrolliert werden.

Aufgrund des Unterzugrahmens waren die Radbewegungen in senkrechter Richtung eingeschränkt, und um die Aufwärtsbewegung zu begrenzen, wurden metallene Fangbügel oberhalb der Achse angebracht. Ein an der Achse angebrachter Gummipuffer schlug oben an den Bügeln und unten an der Oberseite des Rahmens an.

Die Federn haben jeweils sechs Blätter; werksseitig wurde ein negativer Sturz von 22 mm bei Nennbeladung angegeben. Der offizielle Wert für die statische Biegung liegt bei 103 mm. An ihren vorderen Enden werden die Blattfedern von den durch die Rahmenseitenträger geschobenen, ausziehbaren Bolzen gelagert, am anderen Ende sind sie in Federhaltern gelagert, welche die Bewegung der Federn unter Biegelast ermöglichen. Es waren zwar auch Federn für Renneinsätze erhältlich, die Standardfedern blieben jedoch unverändert, zumindest auf der Fahrerseite. Im Teilebuch von Triumph ist verzeichnet, daß ab TS 26904, also kurz nach Anlauf der Produktion des TR 3A, beifahrerseitig eine andere Feder mit einer neuen Teilenummer eingebaut wurde. Vermutlich wurde hier eine weichere Feder verwendet, um das Fahrergewicht bei Solofahrten auszugleichen; eine definitive Bestätigung für diese Annahme gibt es jedoch nicht.

An die Halterungen am Rahmen wurden konventionelle Armstrong-Hebelstoßdämpfer angeschraubt und mit den unteren Federplatten durch Ausleger verbunden. Die technischen Daten der Stoßdämpfer haben sich während der Produktion offensichtlich nicht verändert, auch wenn der TR 3B ab TSF 265 dieselben Stoßdämpfer aufwies wie der TR 4. Durch die Umstellung auf die stärkere Hinterachse mit Girling-Bremsen ab TS 13046 waren zwar keine Änderungen an den Federn erforderlich, doch wurden nun andere Naben verwendet. Eine Änderung war auch bei den Bügelschrauben und Grundplatten nötig, da das Achsgehäuse selbst einen größeren Durchmesser aufwies.

Die Teile der Hinterradaufhängung waren schwarz lackiert.

Lenkung

Das einstellbare Schneckenlenkgetriebe mit einer Übersetzung von 12 : 1 wurde von Alford & Alder gefertigt. Der Lenkeinschlag mit je $2^1/_4$ Lenkradumdrehungen nach links und rechts war so gewählt, daß der Wendekreis bei etwa 9,75 Metern lag. Die Lenkung der TR 2/3/3A ist recht schwergängig, besonders bei niedrigen Geschwindigkeiten und bei Fahrzeugen, die mit modernen Radialreifen ausgerüstet sind. Wegen des großen Hebelwegs baute man ein Lenkrad von Bluemels mit 43 Zentimetern Durchmesser ein. Die Vorderradspur beträgt 1143 mm, und für die Vorspur wurde ein Wert zwischen 0 und 3 mm angegeben.

Das Lenkgetriebe läßt sich mit Hilfe einer Schraube und einer Kontermutter an der Lenkwelle einstellen, und die Spur kann durch Drehen der mit einem Innengewinde versehenen äußeren Spurstangen nachgestellt werden. Lenkgehäuse und Lenksäule waren ursprünglich in einem Teil zusammengefaßt, was später jedoch geändert wurde. Das Lenkgehäuse ist mit einer Halterung in der Nähe des Rahmenvorderteils verschraubt, und eine ähnliche, allerdings umgedreht eingebaute Halterung auf der Beifahrerseite nimmt die

Eine Innenaufnahme von Martin Kings TR 3A, einem ehemaligen Werks-Rallyewagen (VRW 221). Das Holzlenkrad ist original, und man erkennt sehr schön, wie hier einst der Hupenschalter integriert war. Die Rallyeausstattung mit „Halda"-Speedpilot, Leseleuchten oder Zusatzinstrumenten entspricht ebenfalls der damaligen Zeit. Die Biesen an den Sitzen scheinen etwas gebogener zu verlaufen als beim Original. (Foto: Bill Piggott)

Lenkrolle auf. Eine zentrale, beidseitig in Silentbuchsen gelagerte Spurstange verbindet Lenkstockhebel und Lenkrolle miteinander, und die äußeren Spurstangen drehen sich auf Kugelgelenken der zentralen Spurstange.

Die Lenksäule ist sehr lang gehalten. Durch sie hindurch verläuft ein Rohr mit der Verdrahtung für die Hupe und den sich selbst rückstellenden Blinkerhebel am Lenkrad. Der Hupenknopf befindet sich in der Mitte des Lenkrads und ist von einem dünnen Chromring umgeben; der Blinkerhebel liegt oberhalb der Lenkradnabe, weist in der Regel gerade nach oben und kann zum Einschalten der Blinker um etwa 20 Grad nach links oder rechts verschoben werden.

Das Lenkrad hat auf seiner Rückseite Fingermulden und ist ebenso wie die Lenkradnabe schwarz gehalten, obwohl es auch einige Exemplare in dunkelbraun gibt, vermutlich weil das originale Bakelit schon etwas verblaßt ist. Das Standardlenkrad hat drei Speichen mit je vier Drähten. Die Speichen sind T-förmig angeordnet; in Geradeausstellung sollte das Unterteil dieses T gerade nach unten weisen.

Eine um etwa 9 Zentimeter verstellbare Lenksäule gab es gegen Aufpreis. Die Verstellung erfolgt über einen gerändelten Ring unterhalb der Lenkradnabe; das Rohr in der Lenksäule ist mit einem Schlitz versehen, und die Kerben oben an der Lenksäule sind gegenüber der Standardversion erheblich länger.

Wer sein Fahrzeug mit einer verstellbaren Lenksäule orderte, erhielt auch ein anderes Lenkrad. Der Durchmesser blieb mit 43 Zentimetern unverändert, die Speichen waren nun jedoch sternförmig angeordnet. Die einzelnen Speichen wiesen zwar weiterhin je vier Drähte auf, die allerdings paarweise mit einer deutlichen Lücke zwischen den beiden Paaren zusammengefaßt waren.

Noch während der Produktion, vermutlich gegen Ende 1958, was sich jedoch heute anhand der Werksunterlagen nicht mehr genau festlegen läßt, wurde die standardmäßig einteilige Kombination aus Lenksäule und Lenkgehäuse durch eine zweiteilige Konstruktion ersetzt, vermutlich mit dem Hintergedanken, daß für den Ausbau des Lenkgehäuses die Frontschürze des Fahrzeugs nicht mehr entfernt werden mußte.

Lenksäule und Lenkgehäuse waren werksseitig schwarz lackiert, obwohl die Lenkrolle meist als unlackiertes Gußteil angeliefert wurde. Linksgelenkte TR waren gegenüber Rechtslenkern stets in der Überzahl, da der Exportanteil während der gesamten Produktionsdauer so stark anstieg, daß bis 1960 nur noch fünf Prozent der gebauten Fahrzeuge das Lenkrad auf der rechten Seite hatten.

Bremsen

Der TR-Prototyp hatte an allen vier Rädern Lockheed-Trommelbremsen der Größe 9″ x 1,75″; bis zum Produktionsbeginn war diese Größe allerdings bei den Vorderrädern auf 10″ x 2,25″ gestiegen (wodurch sich eine effektive Bremsfläche von je 955 cm^2 ergab), um der möglichen Höchstgeschwindigkeit des Wagens gerecht zu werden.

Die Bremsen werden selbstverständlich hydraulisch betätigt. Die Vorderradbremsen von TR-Modellen mit Lockheed-Bremsanlage haben je zwei auflaufende Bremsbacken, wobei jede Bremsbacke über einen eigenen Bremszylinder verfügt, während an den Hinterrädern nur je ein Zylinder eingebaut ist. Triumph verwendete eine Hydraulikanlage mit zwei Zylindern; der eine war für die Kupplung, der andere für die Bremsanlage zuständig. Diese Zylindereinheit ist mit einer Pedalhalterung verschraubt, die sich an der vorderen Spritzwand befindet. Die Pedale wirken hierbei direkt auf den jeweiligen Zylinder. Ein Bremskraftverstärker war serienmäßig nicht vorhanden. Einige TR-Besitzer haben einen solchen zwar nachträglich eingebaut, aber von Triumph selbst war er offensichlich nicht einmal gegen Aufpreis erhältlich. Der Hydraulikölbehälter ist mit dem Hauptzylinderblock kombiniert. Eine interne Trennvorrichtung sorgt dafür, daß ein Leck in der Kupplungshydraulik die Wirkung der Bremsanlage nicht beeinträchtigt. Das Hydrauliksystem kommt mit nur drei Schläuchen aus: Je einer für die Vorderradbremsen und ein weiterer von einer Halterung in der Nähe der Befestigung der Hinterradstoßdämpfer aus zur Hinterachse, von wo aus starre Bremsleitungen zu den beiden Hinterradbremsen führen. Triumph verwendete Bremsbeläge von Mintex (zunächst DM7, danach DM8 und schließlich die härteren M20).

Bei Wettbewerben oder auch im harten Alltagseinsatz erwies sich selbst die verbesserte Bremsanlage des TR 2 mit 10-Zoll-Trommeln an den Vorderrädern als zu schwach, so daß ab TS 5443 auch die hinteren Trommeln die Größe 10″ x 2,25″ aufwiesen. Hierdurch konnte die Bremswirkung zwar verbessert werden, allerdings neigten nun die Hinterräder zum Blockieren, ein Problem, das den TR-Modellen noch viele Jahre zu schaffen machte. Außerdem hatten die Bremsen im kalten Zustand einen äußerst unangenehmen „Biß", was erst durch die Umstellung auf Scheibenbremsen behoben werden konnte.

Bremsfading war ein weiteres ernstes Problem, dem man jedoch im September 1956 (ab TS 13046) erfolgreich zu Leibe rücken konnte; zu diesem Zeitpunkt wurde der TR 3 zum weltweit ersten Serienfahrzeug, das standardmäßig über Scheibenbremsen an den Vorderrädern verfügte. Hierzu mußte die Bremsanlage völlig anders ausgelegt werden, und auch die Hinterachse wurde geändert. Die neue Bremsanlage stammte von Girling und enthielt 11-Zoll-Scheiben für die Vorderräder sowie Trommeln der Größe 10″ x 2,25″ an den Hinterrädern. Der bisher verwendete Kombihydraulikzylinder wich nun zwei getrennten Hydraulikzylindern für Bremse bzw. Kupplung. Auch der Hydraulikbehälter war getrennt ausgelegt, obwohl er weiterhin sowohl Kupplung als auch Bremsanlage über die interne Trennvorrichtung mit Hydrauliköl versorgte. Die Pedale waren nun gekrümmt, um dem größeren Abstand zu den Zylindern Rechnung zu tragen, die Pedalerie selbst blieb hingegen unverändert. Hydraulikleitungen und -halterungen wurden im Detail modifiziert; die Bremsschläuche stammten selbstverständlich ebenfalls von Girling. Die effektive Bremsfläche an den vorderen Bremsscheiben betrug nun 1600 cm^2 im Gegensatz zu 561 cm^2 an den Hinterradtrommeln.

Dem Bremsfading konnte mit Hilfe der Scheibenbremsen zwar der Garaus gemacht werden, die Neigung der Hinterräder zum Blockieren und Überbremsen war jedoch noch nicht behoben. Triumph experimentierte mit unterschiedlich großen Radbremszylindern, um dem Problem Abhilfe zu schaffen; nähere Angaben hierzu finden sich im Abschnitt „Detailänderungen". Als beste Lösung stellte sich schließlich die Rückkehr zu Bremstrommeln der Größe 9″ x 1,75″ heraus, die ab TS 56377 wieder eingebaut wurden. Diese neuen Bremsen stammten von Girling und sind nicht gegen die früheren Lockheed-Trommeln derselben Größe austauschbar. Parallel zu dieser Änderung wurden nun an der Vorderhand auch die neuesten Bremszangen von Girling verwendet. Diese Zangen vom Typ „B" können zur leichteren Wartung in der Mitte getrennt werden, während die vorherige Ausführung einteilig ist.

Die mechanische Handbremse wirkt auf beide Hinterräder und erweist sich bei guter Pflege als sehr effektiv. Mit ihr kann man die Hinterräder bei einer Geschwindigkeit von 50 km/h zum Blockieren bringen – dies gilt sogar für die 9-Zoll-Trommeln! Diese Wirkung geht teilweise auf das Konto des enorm langen Handbremshebels, dessen rennmäßiger Lösemechanismus heutzutage bei so manchem TÜV-Prüfer für Ratlosigkeit sorgt.

Der Handbremsgriff besteht in der Regel aus schwarzem Hartkunststoff; es gibt allerdings auch weiße Exemplare, und wie ich gehört habe, wurden sogar einige rote Griffe verwendet. Späte Modelle des TR 3A wiesen einen flexiblen Kunststoffgriff sowie einen Hebel ohne Gewinde auf. Hebel und Löseknopf sind beide verchromt.

Unabhängig davon, auf welcher Seite sich das Lenkrad befindet, ist der Handbremshebel von der Fahrzeugfront aus gesehen immer auf der linken Seite des Getriebetunnels angebracht. Fahrer eines rechtsgesteuerten TR vermissen in anderen Wagen vermutlich schmerzlich den ständigen Kontakt zwischen ihrem linken Bein und dem Hebel! An der Stelle, an welcher der Hebel durch das Bodenblech geführt ist, wird er von einer schwarzen Gummimanschette abgedeckt, und der Ratschenmechanismus befindet sich direkt darunter. Ein einzelner ummantelter Seilzug, der mit dem Handbremshebel verbunden ist, wirkt auf einen Ausgleichskniehebel, der an einer Halterung auf der Hinterachse befestigt ist und von dem aus weitere Seilzüge zu den Rückseiten der Bremstrommeln verlaufen. Mit Hilfe von mechanischen Spreizvorrichtungen an den hinteren Radbremszylindern werden die Bremsbacken auseinandergedrückt, so daß die Handbremse angezogen ist.

Die meisten Bauteile der Handbremsanlage wurden auch nach der Umstellung auf Girling-Scheibenbremsen weiterverwendet; die Bremshebel und die Spreizvorrichtungen überarbeitete man jedoch entsprechend den neuen Radbremszylindern. Die Einstellung der Lockheed-Bremse erfolgt über Exzenter, während die Girling-Bremse mit Hilfe einer Schraube eingestellt wird, die sich in der Bremsankerplatte befindet und durch Ein- bzw. Ausdrehen Keile und Stößel auf den Bremsbacken verstellt. Die Scheibenbremsen bedürfen selbstverständlich keiner manuellen Nachstellung.

In Verbindung mit Scheibenrädern waren die Bremstrommeln werksseitig schwarz lackiert. Bei Fahrzeugen mit Drahtspeichenrädern hingegen gab es Trommeln mit schwarzer, aluminiumfarbener oder silberner Lackierung. Alfin-Bremstrommeln waren in den Größen 9 oder 10 Zoll gegen Aufpreis erhältlich; obwohl die TR-Trommeln in der Regel „querliegende" Kühlrippen aufwiesen, hatten einige frühe TR auch umlaufende Kühlrippen. Übrigens besteht teilweise die Möglichkeit, Bremstrommeln verschiedener Modelle untereinander auszutauschen; ich persönlich habe die Erfahrung gemacht, daß beispielsweise eine 10-Zoll-Alfin-Bremstrommel von der Vorderradbremse des TR 2 problemlos zur 10-Zoll-Girling-Hinterradbremse des TR 3A paßt oder daß die originale 9-Zoll-Hinterradtrommel von Lockheed für Fahrzeuge ab TS 56378 mit der gleichgroßen Hinterradbremse von Girling sehr gut harmoniert!

Hinterachse

Bei den TR-Modellen mit Steckscheiben wurden zwei unterschiedliche Hinterachstypen verwendet, die beide von Limousinen aus dem Standard-Triumph-Programm stammten.

Bei Fahrzeugen bis TS 13045 basiert die Achse auf der des Mayflower, hat allerdings eine schmalere Spur, da der TR selbst schließlich auch schmaler war. Ab TS 13046 wurde die wesentlich stabilere Achse des Vanguard Phase 3 verwendet, allerdings ebenfalls mit dem TR entsprechenden Änderungen. Bei beiden Achsen sind Tellerrad, Kegelrad und Differentialzahnräder jeweils gleich, die Achsrohre, Naben und Halbwellen sind jedoch beim später verwendeten Typ erheblich stärker ausgelegt; außerdem hatte man hier die bisherigen Kugellager durch Schrägrollenlager ersetzt.

Die zweite Achsengeneration war schier unverwüstlich, und im Laufe der Jahre haben rennbegeisterte TR-Besitzer diese Achsen an ihren Fahrzeugen Motorleistungen und Drehmomenten ausgesetzt, die gut das Doppelte der Serienversion ausmachten, ohne daß hierbei Schäden auftraten. Von den aus dem Mayflower entliehenen Achsen kann man dies nicht behaupten: Zum einen brachen bei ihnen häufig die Antriebswellen, selbst bei Standardmotorisierung, zum anderen hatten sie schwache Naben und Dichtungen, so daß die Hinterradbremsen mitunter buchstäblich in Öl schwammen. Ab TS 5114 wurden neue Nabendichtringe und ab Achsnummer TS 8039 stärkere Nabenmuttern verwendet. Ab Nummer TS 5556 stieg der Durchmesser des Achsrings von 38 mm auf 41 mm, und auch die Dichtungen wurden entsprechend angepaßt. Das Problem der Undichtigkeit konnte allerdings erst mit der später eingeführten neuen Hinterachse endgültig behoben werden.

Die beiden genannten Hinterachsen weisen jeweils Hypoidkegelräder auf und sind halbfreitragend ausgelegt. Auf der Rückseite besitzen sie eine Abdeckung, hinter der sich Differential, Tellerrad sowie Kegelrad verbergen. Die Differentiallager und das Axialspiel des Tellerrads können mit Hilfe von Beilagscheiben eingestellt werden. Die Ölfüllmenge liegt bei 825 ccm. Die Standardübersetzung beträgt 3,7:1, was umgerechnet ziemlich genau einer Geschwindigkeit von je 32 km/h pro 1000/min im direkten Gang entspricht. Das Verhältnis ergibt sich aus einem Tellerrad mit 37 Zähnen und einem Kegelrad mit 10 Zähnen. Im Gegensatz zu vielen anderen Hinterachskonstruktionen wurde die Übersetzung 3,7:1 auch bei Fahrzeugen verwendet, die mit einem Overdrive ausgerüstet waren, da der durchzugsfreudige Motor das resultierende Übersetzungsverhältnis von 3,03:1 mühelos kompensieren konnte; das Overdrive entspricht daher einem vollwertigen fünften Gang.

Mit der Einführung des TR 3 war es möglich, in Verbindung mit einem werksseitig eingebauten Overdrive eine Hinterachse der Übersetzung 4,1:1 zu ordern, was die meisten Käufer jedoch nicht für nötig hielten. Einige Kunden mit Rennambitionen setzten zwar gelegentlich noch kürzere Übersetzungen ein, vom Werk gab es jedoch nur die Alternative 4,1:1; selbst mit dieser Hinterachse vermittelt ein Standard-TR das Gefühl einer zu langen Übersetzung, obwohl sich der Durchzug leicht verbessert.

Bei Lockheed-Hinterachsen kamen zwei verschiedene Naben zum Einsatz. Bei Fahrzeugen mit Drahtspeichenrädern baute Triumph eine geänderte Nabe mit Kerbverzahnung für die Räder ein. Mit der Einführung der Girling-Achse kamen separate schraubbare Anbausätze zur Aufnahme der Drahtspeichenräder, und eine Nabenart konnte sowohl für Speichen- als auch für Scheibenräder eingesetzt werden. Die Anbausätze können leicht zum Umbau eines Wagens mit Lockheed-Achse auf Speichenräder verwendet werden;

Dieser frühe TR 2 ist eines der wenigen Modelle, bei denen nicht die Triumph-„Weltkugel" an den Radkappen angebracht war. Scheibenräder an einem TR 2 oder TR 3 sollten immer in derselben Farbe wie die Karosserie lackiert sein. Der schwarze Originallack ist an der Tür schon fast abgewetzt; man sieht hier sehr gut die lange Tür ohne darunterliegenden Außenschweller.

hierzu sind lediglich kürzere Radschrauben erforderlich.

Wie die anderen Bauteile des Fahrwerks sollten auch Achsgehäuse und Achsnaben schwarz lakkiert sein. Die Achsen weisen eine eigene „TS"-Nummer auf, die in etwa mit der Kommissionsnummer vergleichbar und auf der Oberseite des Gehäuses gegenüber der Entlüftung eingeschlagen ist.

Räder und Reifen

Serienmäßig wurden immer Scheibenräder angebaut; bereits kurz nach Anlauf der Produktion des TR 2 konnten Kunden jedoch gegen Aufpreis auch Drahtspeichenräder mit Zentralmutter ordern. Während der Bauzeit der TR mit Steckscheiben machten allerdings nur knapp 10–15 Prozent der Käufer von diesem Angebot Gebrauch. Aus modischen Gründen und der leichten Umrüstbarkeit wegen sind allerdings heutzutage verhältnismäßig viele Modelle mit Speichenrädern ausgestattet.

Das ursprünglich in der Größe 4J angebaute Scheibenrad besitzt zwölf Belüftungsöffnungen zur Kühlung der Bremsen, die in drei Gruppen zu je vier Öffnungen in radialer Richtung angeordnet sind. Sobald die ersten TR-2-Besitzer ihre Wagen bei Rennen einsetzten, stellte sich jedoch heraus, daß die Radnaben dem Sportbetrieb nicht gewachsen waren. Es kam zu Materialbrüchen, und mitunter sprangen die Räder ganz vom Fahrzeug ab, was leicht tödliche Folgen haben konnte. Im Mai 1954 wurden daher ab TS 1869 stärkere Räder der Größe $4^{1}/_{2}$ J verwendet, und ab TS 1927 gab es auch verstärkte Radmuttern. Diese

Die originale verchromte Radkappe für Scheibenräder zeigt die Triumph-„Weltkugel". Diese Radkappen wurden in ähnlicher Form bei TR-Modellen mit Scheibenrädern zwischen 1954 und 1967 verwendet.

Teile paßten auch für ältere TR-Fahrzeuge, so daß aus verständlichen Gründen heute kaum noch Exemplare der ersten Gattung 4J erhalten sind. Allerdings sollte ich an dieser Stelle erwähnen, daß ich 1976 das Fahrzeug mit der Nummer TS 494 kaufte und zu meinem Erstaunen feststellte, daß an ihm noch die „dünnen" Räder angebaut waren. Die neuen, breiteren Scheibenräder müssen wohl sehr robust gewesen sein, da sie bis zum Auslauf der Produktion der vierzylindrigen TR-Modelle im Jahre 1967 beibehalten wurden.

Die Scheibenräder tragen verchromte Radkappen, in deren Mitte sich in der Regel die Triumph-„Weltkugel" befindet; bei einigen Fahrzeugen (beispielsweise bei dem hier abgebildeten sehr frühen, schwarzen Modell von Tom Davenport) wurde dieses Emblem jedoch offensichtlich weggelassen; vermutlich hatte man hier noch alte Restbestände vom Mayflower aufgebraucht. Die Teilenummer für das Emblem änderte sich ab TS 13046, als die alten, emaillierten „Weltkugeln" durch lackierte Embleme mit leicht geändertem Design abgelöst wurden. Die Radkappe wurde auf drei Klemmen

Dieser TR 3A hat Speichenräder mit je 60 lackierten Speichen, eine aufpreispflichtige Sonderausstattung bei späten TR 3A; die Serienversion hatte nur 48 Speichen. Hier sieht man die außenliegenden Türgriffe des Wagens; der „Performance"-Schalldämpfer und das Auspuffendrohr sind nicht original.

gedrückt, und um den Abbau zu erleichtern, lag dem Werkzeugsatz ein speziell für diesen Zweck bestimmter Abzieher bei, dessen Form ein wenig an einen Hockeyschläger erinnert.

Bei den Wagenhebern gab es zwei verschiedene Modelle, von denen zumindest das erste und vermutlich auch das zweite von der Firma B.T.C. Ltd. hergestellt wurde. Das erste Modell ohne separate Kurbel lag den Fahrzeugen bis TS 5468 bei und hatte einen Fuß mit Kugelgelenk. Beim Nachfolgemodell fiel das Kugelgelenk weg, dafür fand man jedoch eine Kurbel. Der Wagenheber war eine etwas außergewöhnliche Konstruktion: Man mußte ihn in eine Aufnahme auf der Innenseite der Rahmenlängsträger einstecken, und Zugang zu dieser Aufnahme erhielt man durch zwei Öffnungen im Bodenblech direkt vor den Sitzen. Diese Öffnungen waren in der Regel durch große Gummitüllen verschlossen; bei frühen Modellen findet man hier aber auch Stahlplatten. Man muß sich das einmal vorstellen: Theoretisch konnte man das Fahrzeug vom Sitz aus hochkurbeln! Die Konstruktion der Wagenheber war allerdings nicht sonderlich befriedigend, so daß sie heutzutage selten geworden sind, da die meisten TR-Besitzer lieber einen herkömmlichen Wagenheber am Rahmen ansetzten, um ihr Fahrzeug aufzubocken.

Der Radmutternschlüssel ($^7/_8$"-AF-Nuß) war am Ende eines knapp 30 Zentimeter langen Rohrs angeschweißt; dieses Rohr besaß einen Griff, der rechtwinklig ausgeklappt werden konnte, um den zum Lösen der Radmuttern erforderlichen Hebelweg zu erzielen. Dieses Werkzeug sowie der Abzieher für die Radkappen fehlten natürlich bei Fahrzeugen mit Speichenrädern, wo man stattdessen einen Hammer zum Lösen des Zentralverschlusses fand. Dieser Hammer war zunächst mit Leder überzogen, wurde jedoch später durch eine Kupferversion ersetzt; beide Varianten können als original angesehen werden.

Die Scheibenräder am TR 2 und am TR 3 waren jeweils in derselben Farbe wie die Karosserie lackiert. Ab dem TR 3A wurden sie allerdings in einem Farbton lackiert, den Triumph als „silver lacquer" bzw. „aluminium wheel paint" bezeichnete. Heute läßt sich leider nicht mehr feststellen, ob dies zwei verschiedene Namen für ein und dieselbe Farbe waren oder ob es sich um zwei unterschiedliche Farbtöne handelte. Für die Aluminiumfarbe gibt es die Referenznummer CD31568.

Experten streiten sich schon seit ewigen Zeiten darüber, ob die TR-Modelle mit Steckscheiben jemals werksseitig mit verchromten Speichenrädern ausgeliefert wurden. Die späteren Teileverzeichnisse führen zusätzlich zu den lackierten Speichen sowohl „mattverchromte" als auch „hochglanzverchromte" Speichen als Ersatzteile auf. Offensichtlich waren verchromte Speichenräder zwar nicht speziell als Zubehör verzeichnet, konnten jedoch gegen entsprechenden Aufpreis auf Wunsch geordert werden. Es ist auch sehr wahrscheinlich, daß einige Fahrzeuge, insbesondere TR-Modelle für den US-Markt, werksseitig mit Chromspeichenrädern ausgerüstet waren.

Die serienmäßigen, von Dunlop gelieferten Speichenräder hatten je 48 Speichen, 16 lange auf der Außenseite und 32 kürzere innen. Auch wenn Räder mit 60 Speichen in den Werksunterlagen nicht verzeichnet sind, ist aus verschiedenen Bildern klar zu ersehen, daß die Rallyefahrzeuge der Werksfahrer häufig mit solchen Rädern ausgestattet waren, so daß man wohl davon ausgehen darf, daß diese gegen Aufpreis auch Privatkunden zur Verfügung standen. Die Zentralverschlüsse waren verchromt und trugen keine Aufschrift außer den Wörtern „left" (links) und „right" (rechts), wodurch angezeigt wurde, in welcher Richtung sie festzuziehen bzw. zu lösen waren.

Wer will, kann sein frühes TR-Modell problemlos auf Räder mit 60 Speichen umrüsten, und bei Fahrzeugen mit originalen Scheibenrädern ab TS 13047 können auch mit Hilfe der korrekten AF-Bolzen der Größe $^{11}/_{16}$ Zoll Adapter für Speichenräder mit Zentralverschluß verwendet werden; hierzu müssen lediglich die Radbolzen gekürzt werden. Manche TR-Besitzer hielten selbst diese Maßnahme für unnötig und setzten 9 mm starke Distanzstücke zwischen die gekerbten Adapter und die Bremstrommeln ein, so daß bei Bedarf eine Umrüstung auf Scheibenräder erfolgen kann.

TR-Modelle mit Steckscheiben waren in der Regel mit Diagonal-Schlauchreifen von Dunlop der Standardgröße 5.50x15 ausgerüstet. Allerdings konnte man von Anfang an auch den Dunlop Road Speed ordern, und viele Käufer entschlossen sich für diesen Reifen, da er den zu erzielenden Geschwindigkeiten wesentlich angemessener war.

1956 kamen die ersten Radialreifen auf den Markt, und nun gab es als Alternative zum Road Speed auch den Michelin X in der Größe 155x15. Standardmäßig wurden allerdings weiterhin erst einmal Diagonalreifen (5.50x15) angebaut, auch bei den ersten TR 3A, bis im Verlauf der Produktion der Anteil an Fahrzeugen, die mit dem Road Speed oder mit Radialreifen ausgeliefert wurden, ständig stieg. Weißwandreifen wurden ebenfalls angeboten, hauptsächlich für den US-Markt, aber auch für andere Länder.

Diese Aufnahme vom Motorraum eines TR 2 zeigt die innenliegende Motorhaubenverriegelung sowie das Thermostatgehäuse mit großem Durchlaß der Fahrzeuge vor TS 1201. Die Luftfiltergehäuse stimmen, sollten aber korrekterweise mit Wartungshinweisen versehen sein. An die Batteriestreben gehören eigentlich Flügelmuttern. Der Behälter für die Scheibenreinigungsflüssigkeit aus dem Jahr 1954 paßt zwar zur Bauzeit, gehört jedoch nicht zur Serienausstattung. Die Servoeinheit entspricht ebenfalls nicht der Serie und dient in diesem Wagen zur Kupplungsbetätigung. Der Blinkgeber wurde schon sehr früh an die hier gezeigte Position versetzt, da er zuvor unten an der Spritzwand zum Überhitzen neigte.

Der Diagonalreifen, der heute dem Original am nächsten kommt, ist in der Größe 5-90x15 erhältlich, und wer seinen Wagen möglichst original halten will, kommt an diesem Reifen wohl kaum vorbei. 1958 stieg man bei Triumph von 5.50x15 auf 5-90x15 um. Diagonalreifen machen die Lenkung zwar leichtgängiger und füllen außerdem die Radausschnitte besser aus, ansonsten kann man sie einem Besitzer eines TR mit Steckscheiben jedoch nicht ans Herz legen, es sei denn, dieser möchte das einst so berüchtigte Versetzen der Hinterachse so richtig auskosten!

Diese Wagen legen mit modernen Radialreifen ein wesentlich besseres Fahrverhalten an den Tag, auch wenn man nach der passenden Größe 155x15 lange suchen muß. Die heute am häufigsten für Steckscheiben-TR eingesetzte Reifengröße ist 165x15, was das Handling noch weiter verbessert. Allerdings haben diese Reifen auch einen kleinen Nachteil: Sie passen meist nicht in die Reserveradmulde am Fahrzeugheck! Ein Scheibenrad mit einer solchen Bereifung läßt sich unter Umständen gerade noch in das Fach schieben, bei Speichenrädern ist dies praktisch unmöglich, außer bei TR 3A ab TS 60002, bei denen die Reserveradmulde etwas üppiger ausgefallen war, um auch breiteren Reifen Rechnung zu tragen. Man kann sich eventuell behelfen, indem man für das Ersatzrad einen der seltenen 155er-Radialreifen wählt (sofern man überhaupt einen findet), dessen Gebrauch jedoch unter Umständen zum Erlöschen der Betriebserlaubnis führen kann, oder indem man einen 165er-Reifen aufzieht, die Luft abläßt und für den Notfall immer eine Luftpumpe mit sich führt.

Motor

Im Laufe der Jahre wurde von bösen Zungen immer wieder behauptet, der TR habe einen „Treckermotor". Es stimmt zwar, daß der Motor in unterschiedlichen Formen jahrelang in den von Standard-Triumph gebauten Ferguson-Traktoren eingesetzt wurde; ursprünglich war er jedoch nicht für diesen Verwendungszweck konzipiert worden.

Nach dem Kriegsende 1945 kam Triumph unter der Leitung von Sir John Black zu dem Schluß, daß für die damals neu geplante Limousine ein neuer Motor mit etwa zwei Litern Hubraum her müsse. Konstruktion und Entwicklung wurden dem Technischen Leiter Ted Grinham anvertraut. Die Limousine hieß letztendlich Standard Vanguard, und das beste an ihr war fraglos das neue, robuste Triebwerk. Die Geschichte, wie es dazu kam, daß der starke, aber nicht sonderlich sportliche Motor schließlich den Triumph TR antrieb, ist an anderer Stelle bereits ausführlich erzählt worden, so daß ich mich hier nur mit den technischen Details befassen will.

Der TR-Motor hat nasse Laufbüchsen, d. h. die Kolben bewegen sich nicht direkt im Motorblock, sondern jeweils in zylindrischen Büchsen, die ausgetauscht werden können. Diese Laufbüchsen sind weitflächig von einem Kühlwassermantel umgeben, der oben von der Zylinderkopfdichtung und unten durch Dichtungen in Form einer Acht abgeschlossen ist. Aufgrund dieser Bauart wird eine bessere Kühlung erzielt, verschlissene Laufbüchsen können leicht ausgepreßt und somit ausgetauscht werden, und der Hubraum läßt sich durch Einsetzen breiterer Büchsen und Kolben relativ mühelos anheben. Die Büchsen sind aus Chrom-Nickelstahl gefertigt; die Flachkolben aus einer Aluminiumlegierung tragen jeweils zwei Kompressionsringe sowie einen Ölabstreifring.

Der Hubraum des Motors beträgt standardmäßig 1991 ccm. Die Bohrung liegt bei 83 mm, der Hub bei 92 mm und die Verdichtung bei 8,5 : 1. Für Exportmodelle konnte die Verdichtung mit Hilfe einer Zwischenplatte auf 7,5 : 1 gesenkt werden. Nach dem Beispiel der Werks-Rallyefahrzeuge gab es später auch Kolben und Laufbüchsen mit 86 mm, wodurch der Hubraum auf 2138 ccm anstieg.

Der Motorblock besteht aus Gußeisen und trägt an seiner Unterseite eine Ölwanne aus Stahlblech; gegen Aufpreis war auch eine Wanne aus Aluminiumguß erhältlich. Die Kurbelwelle läuft in drei Hauptlagern, die ebenso wie die Pleuellager präzisionsbearbeitete und stahlverstärkte Lager aus Weißmetall enthalten. Die Kurbelwelle selbst ist ein Schmiedeteil aus Molybdän-Magnesiumstahl und wurde ab Motornummer TS 881E mit Querbohrungen zur besseren Schmierung versehen. Auf ihrer Rückseite ist sie mit einem Filzring und vorne im Steuerdeckel mit einem herkömmlichen Dichtring abgedichtet; bei Kurbelwellen ohne Querbohrungen fehlt der Filzring.

Die Nockenwelle wird über eine Duplexkette angetrieben und treibt ihrerseits Verteilerwelle und Ölpumpe über eine Schneckenradverzahnung an; außerdem ist sie für den Antrieb der Kraftstoffpumpe zuständig. Die Nockenwelle hatte anfangs ein Lager an ihrer Vorderseite; die anderen drei Lagerschalen liefen direkt im Motor-

Die Luftfilter stimmen für den abgebildeten TR 3, waren normalerweise jedoch mit Wartungshinweisen versehen. Der Scheibenwischermotor ist im Vergleich zum TR 2 auf die gegenüberliegende Seite gewandert, was ebenfalls dem Original entspricht. Nicht original sind hingegen der Kunststoffbehälter für die Scheibenreinigungsflüssigkeit, die rote Farbe auf der Riemenscheibe der Lichtmaschine, die schwarze Ummantelung der Kraftstoffleitungen zu den Vergasern, die Umkleidung der Batterie, die auf der Spritzwand montierte Alarmanlage sowie die Stanzbleche an den Innenkotflügeln. Die Karosserienummer ist in eine Messingtafel oberhalb der Batterie eingeschlagen.

block. Ab Motornummer TS 8997E wies die Nokkenwelle schließlich überall die gleichen Lager auf. Sie betätigt die acht hängenden Ventile über Stößel, Stoßstangen und Kipphebel. Die Einlaßventile sind mit doppelten, die Auslaßventile mit je drei Ventilfedern versehen. Der Durchmesser der Einlaßventile beträgt 33 mm gegenüber den 40 mm der Auslaßventile.

Der Zylinderkopf hat insgesamt acht Kanäle (vier Einlaß- und vier Auslaßkanäle). Von der Stirnseite des Motors her gesehen befinden diese sich alle auf der linken Seite, direkt bei Lichtmaschine und Anlasser, während Kraftstoffpumpe, Ölfilter, Verteiler und Zündkerzen auf der rechten Seite liegen. Die Steuerzeiten sind mit 15°/55°/55°/15° recht konservativ ausgefallen; der Ventilhub liegt bei 9,5 mm.

Die Leistung eines „low port"-TR 2 beträgt 90 PS bei 4800/min, das maximale Drehmoment 156 Nm bei 3000/min. Der Motor läßt sich problemlos bis 5000/min drehen, und auch eine kurzzeitige Erhöhung um weitere 500/min steckt er relativ klaglos weg.

Die Zündkerzen stammten ursprünglich von Champion (L10S) und sollten einen Elektrodenabstand von 8 mm aufweisen. Der Verteiler kam von Lucas (DM2), der „Micronic"-Ölfilter von Purolator (Typ 17F/5102). Es handelte sich hierbei anfangs um einen Nebenstromfilter, ab Motornummer TS 12650E stieg man jedoch auf ein Hauptstromsystem um. Das Werkstatthandbuch gibt einen Öldruck von „zwischen 2,8 und 4,2 bar bei normaler Geschwindigkeit und heißem Öl" an. Das Schmiersystem nimmt inklusive Filter insgesamt sechs Liter auf.

Ansicht des Motorraums von der gegenüberliegenden Seite. Gut sichtbar der Federmechanismus hinter der Frontschürze zum Aufstellen der Motorhaube nach dem Entriegeln. Der Griff des Ölmeßstabs (hier gelb) und der Lüfter müssen eigentlich schwarz sein. Oben auf den Innenkotflügeln sind die Halterungen befestigt, in welche die „Dzus"-Verschlüsse nach dem Schließen der Motorhaube einrasten.

Außer den zuvor genannten Abweichungen erfuhr der TR-Motor während seiner gesamten Bauzeit bis auf Modifikationen an Zylinderkopf und Kolben nur wenige Änderungen. Diese sind im Abschnitt „Detailänderungen" am Ende des vorliegenden Kapitels im einzelnen verzeichnet, und an dieser Stelle möchte ich nur anmerken, daß vier verschiedene Zylinderköpfe zum Einsatz kamen. Bis zur Einführung des TR 3 verwendete man den „low port"-Kopf des TR 2 und danach für kurze Zeit eine leicht überarbeitete Version dieses Kopfs; die Kanäle waren für die größeren 1,75"-SU-Vergaser erweitert worden, wodurch die Leistung auf 95 PS anstieg. Ab Motornummer TS 9350E standen „low ports" in Le-Mans-Ausführung zur Verfügung, welche die jeweiligen Vorteile ihrer beiden Vorfahren miteinander kombinierten. Ab Motornummer TS 12606E stieg man dann überraschenderweise auf die „high port"-Version um, bei der die größeren Einlaßkanäle weiter oben im Kopf saßen, wodurch die Ansaugwirkung verbessert wurde. Mit diesem Zylinderkopf gab das Triebwerk eine Leistung von rund 100 PS ab. Leider stieg parallel hierzu auch der Kraftstoffverbrauch an, so daß man bei Fahrzeugen mit „high port"-Zylinderkopf und größeren Vergasern immer etwas früher nach einer Tankstelle Ausschau halten muß als bei einem frühen TR 2. Für die „high ports" waren außerdem längere Stehbolzen zur Befestigung des Zylinderkopfs erforderlich. Auch die Kolben mußten der höheren Belastung angepaßt werden. Sie wurden insgesamt dreimal versteift: Ab Motornummer TS 4883E, TS 9731E und TS 26698E. Die Kolbenringe sowie deren Anordnung wurden bei diesen Gelegenheiten ebenfalls geändert.

Was die ursprüngliche Farbe des Motors angeht, liegen widersprüchliche Aussagen vor. Die meisten Triebwerke waren schwarz lackiert, und einen schwarzen Motor in einem Steckscheibenmodell dürfte meiner Meinung nach niemand bemängeln. Angeblich gab es aber auch Exemplare, die das Fließband dunkelblau, in einer Art meeresgrünem Metalliclack oder rot verließen. Die Zylinderköpfe waren meist ebenfalls schwarz gehalten; es gab aber zweifellos auch andere Lackierungen, vor allem das bereits erwähnte Meeresgrün. Anbauteile wie Lichtmaschine, Anlasser, Hupe, Ölfilter, Motorhalterungen, Scheibenwischermotor, Luftfilter und anfangs auch Ventildekkel kamen mit schwarzem Lack daher; ich habe allerdings auch schon rote Anlasser oder Wischermotoren erlebt, die als dem Originalzustand entsprechend angegeben wurden, und es gab auch in Silber gehaltene Luftfiltergehäuse.

Auf den schwarz lackierten Kipphebelabdekkungen waren mitunter die Angaben für das Ventilspiel in weiß vermerkt, und der ebenfalls schwarze Deckel des Öleinfüllstutzens trug Angaben über das zu verwendende Öl; dieser Hinweis verwischt jedoch oft im Laufe der Jahre. Ab Motornummer TS 18230 mußte die schwarze Kipphebelabdeckung einer hübscheren, verchromten Version weichen; zur selben Zeit wurde ein mit silberner Hammerschlagfarbe lackierter Oleinfülldeckel eingeführt. Thermostatgehäuse und Ansaugluftsammler waren in der Regel nicht lackiert.

Kühlsystem

Das konventionelle Kühlsystem besteht aus einem Kühler, einer Wasserpumpe, einem kleinen Kühlkreislauf, einem Thermostaten und einem Lüfter. Der Systemdruck beträgt 0,28 bar, die Kühlmittelmenge 7,15 Liter bzw. 7,7 Liter bei Modellen mit Heizung.

Laut Werkstatthandbuch öffnet der Thermostat bei 70 °C und ist bei 92 °C vollständig geöffnet. Ein passender Thermostat muß einen Schließring enthalten, der dafür sorgt, daß der kleine Kühlkreislauf geschlossen wird, sobald der Thermostat öffnet, da andernfalls der Motor überhitzen kann; leider sind solche Thermostaten heutzutage nur schwer erhältlich. Die normale Betriebstemperatur wird durch die mittlere Markierung des Kühlwasserinstruments angezeigt und liegt bei 85 °C (185 °F). Ein funktionsfähiges Kühlsystem dürfte diese Temperatur ohne Probleme unter Kontrolle halten.

Die Wasserpumpe ist vorne am Motor angeschraubt und wird ebenso wie die Lichtmaschine von einem dicken Keilriemen angetrieben. Der werksseitig ausgewuchtete Lüfter wird über einen Fortsatz an der Kurbelwelle direkt von dieser angetrieben und dient zusätzlich als Vibrationsdämpfer. Er besitzt vier Flügel und hat einen Durchmesser von 32 Zentimetern. Bei TR-Modellen, deren Besitzer an seiner Stelle einen elektrisch gesteuerten Lüfter einbauten, brach mitunter die Kurbelwelle, da die Dämpfungswirkung nicht mehr vorhanden war. Die Kühlwasserschläuche bestehen wie üblich aus einer Kombination aus schwarzem Gummi und Leinen; das Stahlrohr, das Bestandteil des hinteren Schlauchs ist, wurde in schwarzer Farbe gehalten.

Die Frontschürze des TR 2 und TR 3 bildete aufgrund ihrer Form einen natürlichen Luftkanal, der Kühlluft sehr gut durch den Kühler leitete; wegen des breiten Kühlergrills und der Form des Frontblechs war dieser Effekt beim TR 3A leider nicht mehr ganz so gut, so daß spätere Fahrzeuge anfälliger für Überhitzung sind. Aus diesem Grund erhielt der TR 3A einen Luftabweiser im Grill, der allerdings aus einem derart schwachen Material gefertigt wurde, daß er selten lange hielt. Wer Probleme mit der Kühlung an seinem TR 3A hat, insbesondere bei hohen Geschwindigkeiten, sollte überprüfen, ob dieser Abweiser noch seiner Aufgabe nachkommt.

Am Kühlsystem der Steckscheiben-TR waren nur wenige Änderungen erforderlich. Die bedeutendste Modifikation war der Umstieg von den Thermostaten mit großem Durchlaß auf die kleinere Version ab Motornummer TS 1201. Hierdurch änderte sich auch die Lage des oberen Kühlerausgangs, so daß die Kühler vor TS 1201 sich von den späteren Modellen unterscheiden. Alle Kühler waren mit einer quadratischen Öffnung von 38 mm Kantenlänge zum Durchstecken der Anlaßkurbel versehen; allerdings weisen viele TR heute einen umgebauten Kühler bzw. einen Kühler vom TR 4 auf, bei dem diese Öffnung weggelassen wurde. Der Kühler ist unten an der vorderen Querstrebe des Fahrwerks angeschraubt, und sein Oberteil wird von zwei Streben gehalten, die mit Gewindestangen an den Innenkotflügeln befestigt sind und somit etwas nachgestellt werden können.

Die von Smith Industries gelieferte Heizung war nur gegen Aufpreis erhältlich, wurde jedoch von vielen britischen Käufer geordert oder nachträglich eingebaut. Bei Fahrzeugen, die in warme Länder gingen, fehlte die Heizung verständlichermaßen meist auch dann, wenn viele andere Extras bestellt worden waren. Ist eine Heizung eingebaut, so sitzt sie unter einer Luke hinter dem Armaturenbrett, und mit Hilfe der beiden direkt hinter der Windschutzscheibe angebrachten Düsen kann man mit ihr auch beschlagene Scheiben enteisen: Unten an der Heizung befinden sich zwei mit Scharnieren versehene Klappen; sind diese geschlossen, so wird die Warmluft zu den Ausströmern an der Windschutzscheibe geleitet. Soll die Luft in den Fußraum geführt werden, so muß man die entsprechende Klappe öffnen.

Der Motor des Heizgebläses wird durch einen Rheostaten mittels eines Drehschalters im Armaturenbrett gesteuert, und die Wassermenge, die der Heizung zugeführt wird, läßt sich vom Motorraum aus mit Hilfe eines Messinghahns im Zylinderkopf regeln. In den Werksunterlagen ist eine Heizleistung von 3,5 Kilowatt genannt, was jedoch mit einiger Sicherheit viel zu hoch gegriffen ist!

Kühler, Heizung und Wasserpumpe waren werksseitig schwarz lackiert. Der Lüfter war ebenfalls schwarz gehalten; allerdings gab es wohl auch einige rote Modelle.

Auspuffanlage

Ein unlackierter Gußeisen-Krümmer mit vier Kanälen (anfangs von Qualcast Ltd.) ist über einen Flansch mit Kupfer-/Asbestdichtung in ein einzelnes, gekrümmtes und nach unten weisendes Rohr geführt. Dieses Rohr verläuft entlang der Ölwanne und sehr nahe an der Innenseite der kreuzförmigen Rahmenstrebe vorbei. Der erste Befestigungspunkt liegt an der Getriebe-Querstrebe, und an der Stelle, an welcher das nach unten weisende Auspuffrohr in das Mittelteil des Rahmenkreuzes geführt ist, sitzt eine Halterung in Form einer Rohrklemme. Dieser Abschnitt enthält den Schalldämpfer, wobei das Auspuffrohr durch das Rahmenkreuz verläuft und der Schalldämpfer direkt hinter diesem angebracht ist. Anschließend läuft die Auspuffanlage unter der Hinterachse in einem langen, gebogenen Rohr aus und endet links am Heck etwas unterhalb des linken Stoßstangenhorns.

Bei frühen TR 2 (bis TS 2531) betrug die Länge des Schalldämpfers nur 45 Zentimeter, so daß diese Fahrzeuge selbst nach damaligen Maßstäben recht laut waren. Aus diesem Grund wurde bis TS 11385 ein 60 Zentimeter langer Dämpfer angebaut, der allerdings auch nicht unbedingt dezentere Töne von sich gab. Ab diesem Zeitpunkt fiel auch das flache Endrohr weg, und zur Senkung des Lärmpegels kam ein zweiter, 30 Zentimeter langer Schalldämpfer mit einem kürzeren, integrierten Endrohr zum Einsatz. Ab TS 15705 wurde dieses System erneut überarbeitet. Beide Schalldämpfer führten die Abgase nun geradlinig durch sich hindurch. Der zweite und letzte Befestigungspunkt befand sich knapp 25 Zentimeter vor dem Ende der Auspuffanlage und bestand aus einer Metallklemme, die in einem Lager an der Halterung des Querrohrs angebracht war.

Der Durchmesser der Auspuffrohre betrug 48 mm; sie waren im Originalzustand, vor allem beim TR 2, schwarz lackiert. Ersatzteile gab es allerdings viele Jahre lang auch silbern oder aluminiumfarben lackiert, so daß alle drei Farben als korrekt angesehen werden können. Außerdem gab es auch verchromte Endstücke in Fischschwanzform, die offensichtlich an viele frühe TR 2 montiert wurden, allerdings nicht während der gesamten Produktionszeit. Diese wurden *in* das Endrohr gesteckt, so daß das Chromteil aus dem Rohr herausragte; später soll es allerdings auch eine Version gegeben haben, die sich über das Endrohr stülpen ließ. Freunde eines klassisch-kernigen Auspufftons kommen jedenfalls bei den TR-Vierzylindern auch auf ihre Kosten.

Der Motorraum eines TR 3A in absolut makellosem Zustand – so hochglanzpoliert waren selbst die Wagen nicht, die bei Triumph vom Fließband liefen. Motor und Wasserpumpe müßten korrekterweise schwarz lackiert sein, und auch der Wischermotor war nicht verchromt. Beide Karosserienummern sind gut erkennbar an der Spritzwand angebracht. Der Blinkgeber, der Behälter für die Scheibenreinigungsflüssigkeit und die Verlegung der Bremsleitungen oberhalb der Pedalerie entsprechen nicht dem Original; der Regler hingegen scheint im Winkel von 90° angebracht zu sein, was korrekt ist.

Vergaser und Kraftstoffanlage

In den 50er Jahren waren zwei (oder sogar drei) Vergaser für ein britisches Triebwerk mit sportlicher Note fast schon ein Muß, und in dieser Beziehung entsprach die TR-Baureihe voll dem Trend.

Der TR 2 hatte zwei H4-Schrägstromvergaser von SU mit 1,5 Zoll Durchlaß, die mit jeweils zwei Bolzen an einem Ansaugluftsammler aus Aluminiumguß befestigt waren. Zwei „Pancake"- oder Drahtgitter-Luftfilter sorgten für reinen Atem, und die Vergaser selbst besaßen statt der später verwendeten schwarzen Kunststoffschrauben für den Vergaserdom Schrauben aus Messing. Serienmäßig hatten die H4-Vergaser Düsennadeln vom Typ „FV"; beim Renneinsatz oder bei besonders hochtouriger Fahrweise Nadeln vom Typ „GC".

Für den Kraftstofffluß sorgt eine mechanische AC-Benzinpumpe (Typ „UE"), die am Zylinderblock an der den Vergasern gegenüberliegenden Seite angebracht ist und direkt von der Nockenwelle angetrieben wird. Die Pumpe enthält ein Drahtsieb und einen gläsernen Filtereinsatz. Da der Tank ungewöhnlich hoch angebracht ist, sitzt am Rahmen unterhalb der Kraftstoffpumpe ein Messinghahn. Mit diesem Hahn kann die Kraftstoffzufuhr unterbrochen werden, wenn Vergaser oder Kraftstoffpumpe ausgebaut werden sollen.

Der Tank faßte ursprünglich 47 Liter und befindet sich seitlich am Fahrzeug hinter der rückwärtigen Spritzwand und vor dem Kofferraum. Er wird direkt von oben befüllt; der Schnappverschluß des Einfüllstutzens ist verchromt und sitzt in der Mitte des Fahrzeughecks. Die Kraftstoffleitung zwischen Tank und Vergasern bestand vorwiegend aus vernickeltem Stahl und ist mit Messinghohlschrauben an den Schwimmerkammern der Vergaser angebracht. Im Serienzustand verläuft die Leitung um die Vorderseite des Zylinderkopfs herum, wo sie an der unteren Schraube des vorderen Ausgangs des Thermostatgehäuses mit einer Klammer befestigt ist. Zwischen Absperrhahn und Kraftstoffpumpe besteht die Leitung aus einem zur Verstärkung umflochtenen Schlauch, um die Bewegungen des Motors abzufangen; ab TS 15496 wurde dieses System vereinfacht.

Ab dem TR 3 wurden größere SU-Vergaser vom Typ H6 mit 1,75 Zoll Durchlaß eingesetzt; sie sind mit jeweils vier Bolzen am entsprechend geänderten Ansaugluftsammler angebracht. Anfangs hatten sie „TD"-Düsennadeln, die bald durch „TE"-Nadeln ersetzt wurden. Da sich jedoch beide Nadeltypen als wenig geeignet herausstellten, ging man schließlich zum Typ „SM" über, der im folgenden für die Serie beibehalten wurde. Parallel zu den neuen Vergasern kamen auch neue Kraftstoffleitungen zum Einsatz, die den mitunter aufgetretenen Haltbarkeitsproblemen zu Leibe rücken sollten. Die beiden Vergaser waren nun durch einen Schlauch verbunden, der zu einem Verteilerstück der starren Leitung neben dem Thermostatgehäuse führte. Außerdem gab es jetzt auch neue Luftfilter mit größerem Abstand wegen der gestiegenen Vergaserdurchlässe. Der Kraftstofftank faßte nur noch 44 Liter, um Platz für den neu eingeführten, aufpreispflichtigen Rücksitz zu gewinnen. Aufgrund der geänderten Karosserie des TR 3A ab TS 60001 wurde am Fahrzeugheck die Leitung zwischen Tank und Absperrhahn der neuen Form angepaßt.

Der Tank sollte ebenso wie seine Befestigungsbügel schwarz lackiert sein. Die Luftfilter für TR 2/3/3A sieht man heute silbern, schwarz oder rot lackiert, was jeweils als original erachtet werden darf. Die Bauteile aus Messing waren nicht hochglanzpoliert, der gegossene Ansaugluftsammler nicht lackiert. Die Vergasergehäuse waren zwar poliert, nicht jedoch spiegelblank.

Getriebe

Außer den üblichen Altersproblemen der Synchroneinrichtung gab und gibt es am Getriebe eines Steckscheiben-TR kaum einen Grund zur Klage. Aus diesem Grund blieben diese Getriebe während ihrer Bauzeit auch weitgehend unverändert; die einzige nennenswerte Modifikation war der Umstieg auf ein vollsynchronisiertes Getriebe bei der „TCF"-Serie des TR 3B. Auch die Laycock-Overdrives haben sich als sehr zuverlässig erwiesen, sofern der Filter regelmäßig gesäubert wird und der Magnetschalter korrekt eingestellt ist.

Das TR-Getriebe war von dem des Standard Vanguard abgeleitet, das allerdings nur drei Gänge hatte. Man verwendete ein ähnliches Gehäuse, das vier Gänge (ohne Synchronisation für den ersten Gang) beherbergte. Das Getriebe hat ein herkömmliches „H"-Schaltschema, und der Rückwärtsgang liegt hinten rechts. Glücklicherweise hatten die Triumph-Techniker auf die Lenkradschaltung des Vanguard verzichtet; der Gangwechsel erfolgt präzise und mit kurzen Schaltwegen über einen Knüppel auf dem Getriebetunnel. Die Ölfüllmenge des Getriebes beträgt 825 ccm ohne bzw. 1925 ccm mit Overdrive.

Der Overdrive wurde zwar schon zu Beginn der Produktion angeboten, doch zuerst nur von etwa 10-15 Prozent der TR-2-Interessenten geordert. Neben den zusätzlichen Kosten lag der Grund hierfür vermutlich in der Tatsache, daß der Wagen auch ohne Overdrive für damalige Verhältnisse recht lang übersetzt war und im direkten Gang eine Geschwindigkeit von knapp 32 km/h je 1000/min erzielte. Das Drehmoment war allerdings so bullig, daß der Motor bei zugeschaltetem Overdrive fast 40 km/h je 1000/min relativ mühelos erreichte.

Die wesentlichste Änderung am Getriebe floß im März 1955 ab TS 6266 in die Serie ein, als der bisher nur für den direkten Gang zuschaltbare Overdrive durch ein neues System ersetzt wurde, das auch für den zweiten und dritten Gang eingesetzt werden konnte, so daß dem TR-Treiber nun insgesamt sieben Vorwärtsgänge zur Verfügung standen. Soweit ich dies beurteilen kann, war das für die damalige Zeit einmalig und ist selbst heute noch sehr beeindruckend.

Ab TS 6280 waren alle TR mit diesem „Dreifach-Overdrive" ausgerüstet; hierzu war allerdings ein neues Getriebeoberteil erforderlich, das anstelle des einzelnen Magnetschalters nun zwei sowie die nötigen Bedienelemente zu deren Aktivierung enthielt. Mit der Einführung des Overdrive für den zweiten und dritten Gang wurden modifizierte Betätigungskolben für die Überbrückungskupplung in alle Fahrzeuge ab TS 5980 sowie in einige Vorläufermodelle eingebaut. Der Kolbendurchmesser stieg von 28,6 auf 34,9 mm, und der Code für diese Baugruppe lautete nun 22/1374 statt wie bisher 22/1275. Werksseitig wurde auch ein entsprechender Nachrüstsatz für das obere Getriebeteil angeboten, mit dem der dreifache Overdrive auch in Getriebe vor TS 6266 eingebaut werden konnte; bei Verwendung der kleinen Kolben zeigte diese Investition bei Vollast jedoch kaum Wirkung. Ab TS 26825 wurden nach und nach Nadellager anstelle der zuvor verwendeten Wälzlager für Hauptwelle und Vorgelegewelle eingesetzt.

Das Getriebegehäuse wurde für die Fahrzeuge ab TS 50002 für den neuen Anlasser geändert, in dem das Ritzel in Fahrtrichtung nach vorne und nicht mehr wie bisher nach hinten ausspurte. Das Anlasserritzel wurde ebenfalls anders ausgelegt, so daß die Zähne nun an der anderen Seite abgeschrägt waren. Gleichzeitig wurde der Ölmeßstab im Getriebeoberteil durch einen Kontrollstopfen ersetzt.

Die Getriebeübersetzungen blieben während der gesamten Produktion unverändert: mit der Einführung des TR 3 wurde allerdings für Fahrzeuge mit Overdrive eine Hinterachse mit der Übersetzung 4,1 : 1 angeboten. Die Getriebe- und Gesamtübersetzungen lauteten folgendermaßen:

	Getriebe-übersetzung	**Gesamt-übersetzung**
1. Gang	3,38 : 1	12,5 : 1
2. Gang	2,00 : 1	7,4 : 1
2. Gang mit OD	1,64 : 1	6,07 : 1
3. Gang	1,325 : 1	4,9 : 1
3. Gang mit OD	1,086 : 1	4,02 : 1
4. Gang	1,00 : 1	3,7 : 1
4. Gang mit OD	0,82 : 1	3,03 : 1
Rückwärtsgang	4,28 : 1	

Nachstehend die einzelnen Geschwindigkeiten je 1000/min, anhand der vorstehenden Übersetzungen und gültig für die originalen Diagonalreifen der Größe 5.50x15: 1. Gang 9,6 km/h; 2. Gang 16,0 km/h; 2. Gang mit Overdrive 19,7 km/h; 3. Gang 24,3 km/h; 3. Gang mit Overdrive 29,6 km/h; 4. Gang 32,3 km/h; 4. Gang mit Overdrive 39,4 km/h. Bei einer Geschwindigkeit von 160 km/h drehte der Motor aufgrund des steigenden Reifenumfangs im 4. Gang 4800/min ohne bzw. 3900/min mit Overdrive. Bei Verwendung der Hinterachsübersetzung 4,1 : 1 sanken diese Drehzahlen um etwa zehn Prozent, so daß sich im direkten Gang mit Overdrive eine Geschwindigkeit von rund 35,2 km/h je 1000/min ergab.

Bis TS 2876 bestand der Schaltknüppel aus zwei Teilen. Ab TS 2877 wurde ein einteiliger Knüppel mit abnehmbarem Knauf eingebaut, der mit einer verchromten Kontermutter befestigt war. Ein neuer Knüppel mit Vibrationsdämpfer und Druckstück wurde ab TS 9593 verwendet. Spätere Schaltknüppel sind hohl; vermutlich sollten hier Drähte für den Overdrive durch den Hebel zum Knauf geführt werden; diese Konstruktion wurde nicht verwirklicht. Der Hebel ist verchromt und mit einer Gummimanschette versehen, die leicht einreißt. Unter der Öffnung für den Schaltknüppel ist die Teppichverkleidung des Getriebetunnels, außer bei frühen TR 2, mit einem Saum versehen. Der Schaltknauf ist leicht birnenförmig und bestand zunächst aus Hartgummi, später aus Kunststoff. Ein originaler Knauf ist schwer aufzutreiben. Im Laufe der Jahre experimentierte man bei Triumph mit unterschiedlichen Vibrationsdämpfern, schaffte es allerdings nie, das Brummen im Schaltknüppel bei starker Beschleunigung zu beheben. Die hydraulisch betätigte Einscheiben-Trockenkupplung mit 127 mm Durchmesser stammte von Borg & Beck.

Die Gelenkwellen von Hardy-Spicer hatten an beiden Enden Kreuzgelenke sowie an der Vorderseite eine verschiebbare Verzahnung, um die Bewegungen der Hinterachse auszugleichen. Ob mit oder ohne Overdrive, es wurde stets die gleiche Gelenkwelle eingesetzt. Bei Getrieben ohne Overdrive war zum Ausgleich der Wellenstumpf etwas länger. Auch die Getriebequerstrebe war für beide Versionen identisch sowie ebenfalls schwarz lackiert. Die Getriebe erhielten jeweils eigene „TS"-Nummern, die in etwa den Kommissionsnummern der Fahrzeuge entsprachen.

Elektrische Anlage und Leuchten

Wie die meisten anderen englischen Automobilhersteller der 50er Jahre bezog auch Triumph die einzelnen Teile der Elektrik von Lucas. Für die TR-Baureihe wurde immer eine einteilige 12-Volt-Batterie verwendet, die in einem Träger in der Mitte der vorderen Spritzwand gleich hinter dem Zylinderkopf saß und an ihrer Außenseite beidseitig über eine abgewinkelte, schwarz lackierte Strebe mit zwei Gewindestäben befestigt war. Ursprünglich hatte sie sieben Platten und eine Kapazität von 43 A, später hingegen neun Platten und 58 A. Einen Batteriehauptschalter fand man im TR nicht. Der Kabelbaum war konventioneller Bauart mit Farbcodes und bis TS 64560 mit einer Baumwollummantelung versehen. Ab Dezember 1959 bzw. ab TS 64561 baute man kunststoffummantelte Kabelbäume mit Steckverbindern ein.

Die Lichtmaschine vom Typ Lucas C39 PV/2 war zusammen mit ihrem Halter schwarz lackiert und wurde über einen Keilriemen von einer Riemenscheibe auf der Kurbelwelle angetrieben. Frühe Exemplare bis TS 9842 hatten über den Kohlebürsten eine abnehmbare Abdeckung. 1960 ging man zum Typ Lucas C40 mit Steckverbindern anstelle der vorherigen Schraubverbindung über. Der Regler war ebenfalls vorne an der Spritzwand angebracht und saß neben dem Sicherungskasten, der nur zwei Sicherungen mit 50 bzw. 35 Ampère sowie zwei Ersatzsicherungen mit jeweils derselben Stärke beherbergte. Regler und Trennrelais waren vom Typ Lucas RB106/1; die Zündspule war vom Typ B12 (später HA 12), schwarz lackiert und direkt am Zylinderblock angebracht. Der Zündverteiler war ein Lucas DM2, Typ P4, der Unterbrecher wurde anfangs mit zwei Schrauben befestigt. Die Zündverstellung erfolgte über Unterdruck und Fliehkraftgewichte. Ab 1955 bzw. ab TS 8213 kam ein neuer, bereits zusammengebauter Unterbrecher zum Einsatz, der nur eine Befestigungsschraube hatte. Ganz späte TR 3A und TR 3B besaßen Verteiler vom Typ Lucas 25D4. Ursprünglich wurden Champion-Zündkerzen L10S mit einer Gewindelänge von 12,5 mm eingebaut, das Handbuch empfahl allerdings für Fahrten mit hoher Drehzahl L11S bzw. bei Verwendung von niederoktanigem Kraftstoff L10 mit einem Elektrodenabstand von jeweils 0,8 mm. Die Kerzenstecker waren rechtwinklig und bestanden zunächst aus Gummi, später aus Kunststoff; die Zündkabel waren schwarz gehalten.

Bei den TR mit Steckscheiben unterscheidet man zwei Arten von Anlassern: Die Typen mit Ausspurmechanismus vom Anlasser weg bis TS 50001 und die späteren Typen mit Ausspurmechanismus in Richtung Anlasser. TR-Kennern sind diese beiden Varianten als „lange“ bzw. „kurze“ Anlasser geläufig. Beide Varianten werden jeweils über einen Magnetschalter betätigt, der an der vorderen Spritzwand unter der Motorhaube unterhalb des Reglers sitzt und mittels eines Anlasserknopfs im Armaturenbrett aktiviert wird.

Der P700-Hauptscheinwerfer mit der dreigeteilten Form und abgedeckter Glühlampe. Dieser Scheinwerfer wurde ab 1955 verwendet, während die Fahrzeuge des Baujahrs 1954 noch die flache, einteilige F700-Version aufwiesen. Auf diesem Bild erkennt man auch sehr gut die in Wagenfarbe lackierten Kotflügelbiesen, eine von drei möglichen Varianten für den TR 2.

Die Heckleuchten von frühen TR 2 (vor TS 1307) hatten separate Reflektoren. Für das Nachfolgemodell mußte die Kontur der hinteren Kotflügel leicht abgeändert werden, da die Chromblende der vorherigen Version eine etwas andere Form hatte.

Der Startermotor kam zunächst von Lucas und trug die Bezeichnung M418G; trotz des beträchtlichen Unterschieds wurde die nachfolgende Version fast identisch bezeichnet! Die meisten Anlasser waren schwarz lackiert, mir sind allerdings auch schon Exemplare begegnet, die mit roter Lackierung als original ausgegeben wurden.

Die Wischerblätter stammten in der Regel von Trico und waren 20 cm lang; in Ermangelung dieser Teile werden heute auch häufig Blätter mit 21,5 oder 23 Zentimetern Länge verwendet, die jedoch unter Umständen am oberen Scheibenrahmen anstoßen können. Die Wischerarme sowie die Blenden am Wischermotor waren meist verchromt; bei einigen frühen TR 2 kann man allerdings auch Blenden in der jeweiligen Fahrzeug-

Die originale Kombileuchte Lucas 525 mit Brems- und Schlußleuchte diente auch zur Kennzeichenbeleuchtung. Die verchromten Befestigungsschrauben sind korrekt. Dieses Bauteil fand sich an allen TR 2 sowie an den meisten TR 3 bis auf die späten Modelle.

farbe sowie mattschwarze Wischerarme beobachten. Der Wischermotor vom Typ Lucas CRT15 saß unter der Motorhaube von vorne gesehen auf einer Halterung links an der vorderen Spritzwand. Ab TS 12567 stieg man auf den Typ DR2 mit selbständiger Rückstellung um, der auf der anderen Seite der Spritzwand befestigt wurde. Gegen Aufpreis war auch ein Wischermotor mit Zweistufenschaltung (zunächst Typ DR1) erhältlich. Die Wischer selbst befanden sich in der Ruhestellung normalerweise bei Linkslenkern links und bei Rechtslenkern rechts.

Die beiden überaus lauten Hörner lieferte Lucas natürlich auch, und im Teileverzeichnis ist vermerkt, daß für die Exportversionen spezielle „Hochfrequenz"-Hörner zum Einsatz kamen. Die Hörner waren schwarz lackiert und zu beiden Seiten des Kühlers unter der Oberkante der Frontschürze angebracht. Anfangs verwendete man den Typ WT 614, später WT 618; bei diesen beiden Varianten sind die Schalltrichter jeweils anders ausgelegt. Da immer zwei Hörner zusammen eingebaut wurden, sorgte das eine für hochfrequente und das andere für niederfrequente Töne; im Innern des Schalltrichters findet man daher „H" für den hochfrequenten bzw. „L" für den niederfrequenten Teil eingeprägt.

Die vorfokussierten und auf- bzw. abblendbaren Lucas-Hauptscheinwerfer trugen die Seriennummer F700 und hatten geriffelte Linsen. Die Glühlampen hatten eine Leistung von 60 bzw. 36 Watt, und anfangs verzichtete man noch auf die dreigeteilte Form. Diese gab es in Großbritannien ab 1955 in Form des Typs P700 gegen Aufpreis; ein Jahr später wurden diese Leuchten serienmäßig eingebaut, für einige Exportmärkte behielt man allerdings auch weiterhin die älteren F700-Einheiten bei. Wegen des teils links, teils rechts angebrachten Fernlichtschalters und aufgrund unterschiedlicher Vorschriften in den einzelnen Exportländern kam es hierbei zu einigen Varianten. Angeblich hatten die TR 3A/B ursprünglich in manchen Ländern, insbesondere in den USA, einen versiegelten Scheinwerfereinsatz, um den dort geltenden Bestimmungen zu entsprechen. Der Fernlichtschalter wurde übrigens mit dem Fuß betätigt. Zusätzlich zu den mit Chromkanten versehenen Lampenrändern waren die Scheinwerfer vorne mit Chromeinfassungen versehen; zwischen Karosserie und Leuchteneinheiten saßen schwarze Neoprendichtungen zum Schutz vor Staub und Schmutz.

Die Seitenleuchten, in die von Anfang an auch die Blinker integriert waren, befanden sich unterhalb der Hauptscheinwerfer; es handelte sich hierbei um den Typ Lucas 488 in mattem Klar- oder Weißglas. Ab dem TR 3A wurden allerdings geänderte Seitenleuchten angebaut. Die Lampen standen weiter nach vorne, so daß eine stärker gewölbte Linse vom Typ Lucas 594 erforderlich war. Anfangs setzte Triumph einen Standardblinkgeber Lucas FL2 ein, ab TS 9894 stieg man auf FL3 und später auf FL5 um.

Bei den Heckleuchten gab es zwei Varianten. Bei den frühen TR 2 bis TS 1300 findet man Lucas 471, deren Linsen „rechtwinklige" Ecken hatten und bei denen die Reflektoren separat unter den eigentlichen Leuchteneinheiten saßen. Bei diesem Leuchtentyp wurden Zweifadenlampen verwendet, so daß zusätzlich zu den Schlußleuchten auch Blinker vorhanden waren. Ab TS 1301 kamen andere Chromeinfassungen zum Einsatz.

Die Funktionen für Kennzeichenbeleuchtung und Bremslicht übernahm eine Kombileuchte vom Typ Lucas 525, die mittig auf dem Heckblech oberhalb der Reserveradklappe angebracht war. Ab TS 1301 verwendete man bis zum Produktionsende für die Heckleuchten Lucas 549 mit Kunststofflinsen und integrierten Reflektoren; auch diese enthielten zunächst wieder die Blinker, und auch die mittig sitzende Bremsleuchte wurde weiterverwendet.

In einigen Exportländern (insbesondere in den Vereinigten Staaten sowie in Holland und Belgien) wurden jedoch zwei Bremsleuchten und/oder separate Blinker Vorschrift, so daß Triumph gegen Ende der Produktion des TR 3 fast schon etwas überstürzt die Fahrzeuge entsprechend umrüsten mußte.

Es läßt sich heute nur schwer sagen, ab wann genau und für welche Länder im einzelnen die separaten Blinkeinheiten (Lucas 594 mit orangefarbenen Linsen) sowie die zentrale, ausschließlich für die Kennzeichenbeleuchtung zuständige Leuchte zum Einsatz kamen oder ob die Preßteile zur Befestigung der separaten Blinker am Heckblech gleichzeitig eingeführt wurden (vermutlich ja). Bis zum Auslauf der TR-3-Produktion im September 1957 wiesen alle Fahrzeuge, selbst die für den englischen Markt bestimmten Modelle, diese Merkmale auf; im Teileverzeichnis ist leider nicht vermerkt, wann der Übergang genau stattfand. Der TR 3A und der TR 3B behielten dieses Arrangement bei, und die neue verchromte Kennzeichenleuchte war vom Typ Lucas 467-2.

Der Rückfahrscheinwerfer ist ein für die Bauzeit passendes Zubehörteil, und verchromte Auspuffendstücke fand man bei fast allen frühen TR 2. Die tropfenförmigen Chromblenden über den Verriegelungen des Kofferraumdeckels sind ebenso korrekt wie das mittig angebrachte Schloß. Die passend zur Innenausstattung gehaltene Verdeckabdeckung stimmt ebenfalls, die hinteren orangefarbenen Blinker und der am Scheibenrahmen befestigte Rückspiegel hingegen sind nachträglich angebaut. Beachtenswert an diesem Fahrzeug sind weiterhin die in Wagenfarbe lackierten Biesen zwischen Kotflügeln und Karosserie. Das hintere Kennzeichen ist an der Klappe des Reserveradfachs befestigt.

Karosserie und Karosseriezierteile

Die Karosserie bestand fast ausschließlich aus Stahlblech; die einzigen Ausnahmen bildeten die Reserveradklappe und die Motorhaube aus Aluminium bei ganz frühen TR 2. Die Blechstärke lag zwischen 0,9 und 1 mm. Nachdem die ersten TR 2 bei Standard-Triumph gebaut worden waren, wurden die Karosseriearbeiten der Firma Mulliner anvertraut. Die Karosserie des TR 3B wurde übrigens von der Forward Radiator Company angefertigt.

Reparatur- und Restaurierungsarbeiten bei TR-Modellen werden dadurch vereinfacht, daß einige Karosserieteile nicht angeschweißt, sondern angeschraubt sind, wofür nicht wenige Hobbyschrauber äußerst dankbar sind. So sind beispielsweise Außenkotflügel und Frontblech mit Schrauben befestigt; auch die Innenschweller sind mit den Karosserieauslegern verschraubt, obwohl hier teilweise auch geschweißt wurde. Im Gegensatz zu MGA oder Austin-Healey kann die gesamte Karosserie, einschließlich der Spritzwände, vom Fahrwerk abgehoben werden, nachdem alle Schrauben gelöst und andere Verbindungen unterbrochen sind. Bei allzu viel Rost läuft man hierbei allerdings Gefahr, daß die Karosserie an den Türöffnungen durchknickt.

Das Herz der Karosserie wird gebildet von der vorderen Spritzwand mit dem separaten Windlauf, den vorderen Innenkotflügel, beiden Türen, beiden vorderen Bodenblechen, den Innenschwellern (bei Fahrzeugen mit kurzen Türen auch den Außenschwellern), den Innen- und Außenblechen an den Türpfosten, den A- und B-Säulen, der hinteren Bodenwanne, dem Getriebetunnel, dem Kofferraumboden, dem Heckblech und dem hinteren Verdeckblech. Diese Teile sind miteinander verschweißt und bilden eine feste Einheit, an der die Karosseriebleche zusammen mit anderen Teilen wie Reserveradfach, Heckschürze und Karosserieaufnahmen angeschraubt werden. Wie im Abschnitt „Detailänderungen" erwähnt, weichen Karosserien ab TS 60002 im Bereich der hinteren Bodenwanne und auch an anderen Stellen erheblich von den Vorgängermodellen ab, aber im großen und ganzen blieben Grundkarosserie und Bleche während des gesamten Produktionszeitraums gleich.

Beim TR 2 und beim TR 3 hatten die Türen anfangs keine Außengriffe, obwohl sich deren Einbau bei der Installation des „Grand Touring" Hardtop-Kits geradezu angeboten hätte; die Türen wurden zunächst von innen mit Hilfe von „Reißleinen" geöffnet. Die Modelle TR 3A und TR 3B hatten serienmäßig Außengriffe, und bei Fahrzeugen ab TS 60002 fand man Türen mit unter-

Dieser sehr späte TR 3 hat separate gelbe Blinker und die Kennzeichenleuchte eines TR 3A. Der Gepäckträger entspricht dem originalen gebogenen Typ und ist vorne an den Scharnieren des Kofferraumdeckels befestigt. Beim TR 3 waren die Kotflügelbiesen nicht mehr in Wagenfarbe lackiert, sondern bestanden aus rostfreiem Stahl. Hier erkennt man auch die „Reflex"-Heckleuchten des späten TR 2 bzw. des TR 3/3A.

Separate, gelbe Blinker und verchromte Kennzeichenleuchte gab es bei den TR 3A für den britischen Markt serienmäßig; für manche Exportländer wurden rote Blinker am Heck verwendet. Hier sieht man auch den außenliegenden Öffnungsgriff für den Kofferraum (die beiden links und rechts angebrachten Verschlüsse fielen weg) und das Emblem mit dem Namen des Herstellers, das erstmalig am TR 3A angebracht war.

schiedlichen Unterteilen entsprechend der inneren Fahrwerksstruktur. Der Türinnenzug war zwar bei allen TR 3A noch vorhanden, allerdings ins Türfach verlegt worden.

Bei sämtlichen Modellen hatten die Türen je zwei Scharniere (aus Messing bis Karosserienummer EB 54335, anschließend aus Stahl) sowie stählerne Fangbänder. Im Türinnern, in der Nähe der Oberkante, befanden sich Holzstreben für die Feineinstellung der zwei Steckscheibenaufnahmen pro Tür, die in das Holz geschraubt wurden. Bis TS 28825 waren die Aufnahmen verchromt; sie nahmen die keilförmigen Enden der Steckscheibenarme auf, die mit Hilfe von Rändelschrauben angebracht wurden. Ab TS 28826 verwendete man eine andere Befestigung für die Steckscheiben: Eine flache Buchse mit einem um 90° drehbaren Dzus-Verschluß, dessen Betätigung über einen Vierkantschlüssel erfolgte. Die Türöffnungen wurden durch Gummikeder, die mit einem farblich zur Ausstattung passenden Vynidmaterial abgedeckt waren, sowie durch eine schmale Gummidichtlippe am oberen vorderen Ende der Tür unter der vorderen Spritzwand gegen die Unbilden der Witterung geschützt. Entlang der Innen- und Oberseite der Innenschweller verliefen Aluminiumleisten, und die Türen waren mit einer Gummidichtlippe versehen, die das Eintreten von Wasser an den Schwellern verhindern sollte. Der TR 3A und der TR 3B hatten statt der Vynidauskleidung Furflex-Keder.

Die Motorhaube ließ sich mittels zweier außenliegender Scharniere nach oben schwenken, die beim TR 2 in Wagenfarbe lackiert und ansonsten verchromt waren. Bis TS 4228 verwendete man für die Haube einen internen Verriegelungsmechanismus mit zwei Schlössern, danach kam, hauptsächlich aus Kostengründen, ein einfacher

Ein zum TR 2 passender Außenspiegel. Links im Bild sieht man den „Dzus"-Verschluß für die Motorhaube; diese Verschlüsse kamen ab Oktober 1954 statt der vorherigen innenliegenden Haubenschlösser zum Einsatz.

Die Scharniere für Motorhaube und Kofferraumdeckel eines TR 2 sollten in der Wagenfarbe lackiert sein. Sie sind jeweils links und rechts angebracht. Der kleine Stift diente als Anschlag, um die Scharniere vor Überdehnung und Bruch zu schützen.

Zwei Ansichten vom Heck eines TR 3A mit geschlossener bzw. offener Reserveradklappe und korrekter Gummidichtung. In die beiden lackierten Metallzungen links und rechts rasten die Schlösser ein, mit denen die Klappe befestigt ist. Die Riemen für Ersatzrad und Werkzeug entsprechen dem Original, sind allerdings nachgefertigte Teile. Der rechte Riemen hält neben dem Werkzeug auch den Wagenheber und dessen Kurbel. Das „TRIUMPH"-Emblem ist im Gegensatz zu den einzelnen Buchstaben an der Frontschürze einteilig.

Dzus-Verschluß zum Einsatz, der mit Hilfe eines Vierkantschlüssels betätigt wurde. Auf frühen Motorhauben finden sich an der Hinterkante vier Lufthutzen, bei späteren Modellen hingegen nur zwei. Außerdem war bei manchen Motorhauben diese Hinterkante umgebördelt, damit der Lack besser haften konnte. Da es allerdings fast unmöglich war, die Kante so abzuschleifen, daß eine perfekte Passung erzielt werden konnte, kam man hiervon schon bald wieder ab. Wann diese Änderung genau stattfand, läßt sich heute leider nicht mehr exakt nachvollziehen.

Bei Karosserien ab TS 60002 hatte man die Scharniere von Motorhaube und Kofferraumdeckel auf Sockeln an den Spritzwänden und den entsprechenden Säulen leicht angehoben. Alle Motorhauben hatten an ihrer Vorderseite eine Schloßfalle, und bei Motorhauben mit Dzus-Verschluß fand man einen Entriegelungsmechanismus, bei dem die Haube weit genug angehoben werden konnte, um einen Finger darunterzuschieben und die Entriegelung vollständig zu lösen. Nach dem Öffnen blieb die Haube nicht von selbst offen, sondern mußte mit einer Stange, die in Wagenfarbe lackiert war und rechts im Motorraum saß, in eine Platte eingeführt werden, die Teil des Entriegelungsmechanismus war.

Alle TR-Modelle mit Steckscheiben haben auf jeder Seite zwei einstellbare Stützen mit Gummipuffern zum Fixieren der vorderen Haubenkante im geschlossenen Zustand. Die verchromten Dzus-Verschlüsse waren mit Bördelschrauben an der Motorhaube befestigt.

Auch der Kofferraumdeckel war an außenliegenden Scharnieren befestigt, die beim TR 2 in der jeweiligen Wagenfarbe lackiert und bei späteren Modellen verchromt waren. Die Scharniere an Motorhaube und Kofferraumdeckel bestanden aus „Mazak" und sollten vorsichtig behandelt werden, da sie unter zu großer Belastung leicht brechen. Am Kofferraumdeckel war eine in Fahrzeugfarbe lackierte Haltestrebe gelenkig befestigt, die in ein Langloch rechts an der Kofferraumöffnung eingeführt wurde. Ursprünglich waren die Verriegelungen am TR 2 ohne Schlüssel geplant, so daß der Kofferraumdeckel zwei „Briefkastenschlösser" (je eins links bzw. rechts) aufwies, die mit einem Vierkanthebel betätigt wurden. Diese Schlösser befanden sich unter mit Scharnieren versehenen Chromblenden, die zunächst tropfenförmig und später rund gehalten waren. Bis zum Anlauf der Produktion wurde allerdings auch ein zentrales Schloß vorgesehen, so daß die Fahrzeuge nun insgesamt drei Verriegelungselemente hatten! Zum Abschließen diente nun nicht mehr der Schlüssel für das Handschuhfach wie bei frühen Modellen, sondern der Zündschlüssel. Dieses System behielt

Die hier gezeigte Anbringung des vorderen Kennzeichens ist für einen TR 2 korrekt. Hier sieht man auch den engen Abstand (27 Zentimeter) zwischen den Gelenken für die Wischerarme. Ab März 1954 stieg der Abstand zwischen den Gelenken auf 37 Zentimeter. Die Zusatzscheinwerfer sowie die Chromleiste zwischen den Stoßstangenhörnern sind zeitgenössische Zubehörteile, während der große Rückspiegel nachträglich montiert wurde. Der Kühlergrill war entweder verchromtes „Mazak" oder bestand aus poliertem Aluminiumguß. Typisch auch die Seitenleuchten mit matten Linsen.

Dieses Bild zeigt die verchromte Einfassung um das „Maul" der späteren TR 2 herum. Dieser Wagen hat außerdem zwei zu seiner Zeit passende Zusatzscheinwerfer, der Korken als Verschluß für die Öffnung der Anlasserkurbel ist jedoch alles andere als original! Die Leiste für die Zusatzscheinwerfer, die Seitenleuchten sowie die Stoßstangenhörner sind hingegen korrekt.

man bis zum TR 3A bei, der mit einem separaten außenliegenden und abschließbaren Hebel für den Kofferraumdeckel ausgerüstet war und bei dem die Briefkastenschlösser wegfielen. Um die gesamte Kofferraumöffnung herum verlief eine Gummidichtung, und sollte doch Wasser in den Kofferraum eindringen, so konnte es durch zwei Öffnungen, die jeweils in den unteren Ecken saßen, über Bohrungen in den Kofferraumseitenblechen, durch welche die Ablaufleitungen hindurch geführt waren, in die hinteren Radkästen abfließen.

Das Reserverad hatte praktischerweise ein eigenes Fach am Fahrzeugheck. Zugang zu diesem Fach erhielt man nach dem Öffnen einer Klappe, an der auch das Kennzeichen befestigt war. Diese Klappe wurde durch zwei weitere Billigschlösser verriegelt, die ebenfalls durch runde, federbelastete Chromblenden abgedeckt waren. Das Reserverad selbst wurde durch einen Lederriemen mit Schloß gehalten; ein zweiter Lederriemen diente zur Befestigung von Wagenheber und Werkzeug.

An der Fahrzeugfront gab es zwei verschiedene Chromstoßstangen. Die Ausführung für die TR 2/3 war an vier Halterungen (je zwei auf jeder Seite) angebracht, die am vorderen Rahmenausleger angeschraubt waren. Auf der Stoßstange saßen zwei Stoßstangenhörner mit schwarzen Stangen zwischen diesen bzw. zwischen den Hörnern und der Stoßstange. Das vordere Kennzeichen war stets an der Stoßstange direkt und nicht unter dieser angebracht.

Die Stoßstangen des TR 3A/B unterschieden sich durch den runderen Querschnitt erheblich von den Vorgängerversionen. Sie waren zwar immer noch an den Fahrwerksauslegern angebracht, hatten jedoch zusätzliche Halterungen, die von den Hörnern aus durch den Grill verliefen und an den Innenkotflügeln befestigt wurden, vermutlich, um den amerikanischen Einparkgewohnheiten Rechnung zu tragen.

Am Heck gab es keine durchgehende Stoßstange, sondern nur zwei verchromte, senkrecht stehende Stoßstangenhörner jeweils links und rechts der Reserveradklappe. Jedes Horn war an seiner Unterseite mit einer stabilen Halterung am Rahmenende und oben mit einem winkligen Rohr, das durch die Heckschürze hindurch am Rahmenende angeschraubt wurde, angebracht. Die Halterungen und Befestigungselemente der Stoßstangenhörner sollten schwarz lackiert sein. Das hintere Kennzeichen war direkt an einer Ausbuchtung auf der Reserveradklappe angebracht.

Beim Kühlergrill gab es drei verschiedene Ausführungen. Im „Maul" der Frontschürze des TR 2 saß direkt vor dem Kühler ein verchromter Grill von Mazak, dessen jeweils 19 mm auseinanderstehende Streben den Kühler vor hochgewirbelten Steinen schützen sollten. Manche Fahrzeuge hatten statt des „Mazak"-Chromgrills auch einen polierten Grill aus Aluminiumguß. Das Maul des TR 2 war auf seiner Innenseite ganz mit Stahlblech ausgekleidet, während man beim TR 3 oben Aussparungen fand, die wohl den Kühlluftstrom ein wenig vom Kühler ableiten und dafür stärker in den Motorraum führen sollten. Dieser Unterschied ist allerdings nur festzustellen, wenn man in die Hocke geht und genau hinschaut.

Eines der ungelösten Rätsel in bezug auf TR-Modelle mit Steckscheiben ist die Frage, ab wann genau die verchromte Einfassung des TR-2-Mauls eingebaut wurde. Auch intensives Studium der Werksunterlagen führt in diesem Punkt nicht weiter; fest steht nur, daß die meisten TR 2, wenn auch nicht alle, diese Einfassung aufwiesen. Im Gegensatz zum TR 3 verlief sie allerdings nicht um die gesamte Öffnung, sondern nur um den unteren Teil und die Seitenpartien. An der Frontschürze befand sich eine verchromte Anlasserkurbel, deren unterer Teil an der vordersten Rahmen-

Der „Eierkasten"-Grill des TR 3 war aus poliertem Aluminium; die Chromeinfassung des Mauls ist ein separates Formteil und verläuft um die gesamte Öffnung herum. Die gewölbten Linsen an den Seitenleuchten passen zu einem späten TR 3 mit separaten Blinkern am Heck; die P700-Hauptscheinwerfer stimmen ebenfalls.

querstrebe saß. Diese Kurbel wurde durch den Kühler hindurch geführt und griff am Kurbelwellenstumpf ein.

Der TR 3 hatte den bekannten „zellförmigen" oder „Eierkarton"-Grill aus poliertem Aluminium, der an der Frontschürze angeschraubt wurde und dem Fahrzeug zu einem besseren Styling verhelfen sollte. Eine Chromeinfassung verlief, wie bereits erwähnt, um den gesamten Rand des Mauls. Die Modelle TR 3A bzw. B weisen bekanntermaßen einen völlig anderen Kühlergrill auf sowie eine geänderte Frontschürze, in der die Scheinwerfer zurückgesetzt sind. Ebenso wie beim Vorgängermodell verläuft die Anlasserkurbel auch hier durch den Kühler sowie durch eine Führung hindurch zur Kurbelwelle. Der Grill des TR 3A ist an seinen Rändern mit selbstschneidenden Schrauben befestigt und kann sehr leicht demontiert werden.

Zierteile findet man bei TR 2/3/3A/3B kaum, da die meisten Teile sehr funktionell ausgelegt sind. Die hinteren Kotflügel tragen an ihrer Vorderkante jeweils einen Steinschlagschutz aus poliertem Aluminium, der um den Kotflügel herum verläuft und zwischen Kotflügel und Seitenblech festgeklemmt ist. Vor diesem Aluteil befindet sich eines der wenigen nicht unbedingt funktionellen Bauteile, ein weiterer kleiner Steinschlagschutz am Seitenblech, der ebenfalls aus poliertem Aluminium besteht.

Biesen fand man immer zwischen den Kotflügeln und dem Karosseriekörper. Sie bestanden bei TR 3/3A/3B aus rostfreiem Stahl und besaßen verstellbare Befestigungselemente, die beim Anschrauben der Kotflügel festgeklemmt wurden. Beim TR 2 hingegen waren diese Biesen aus einem Material, das die jeweilige Karosseriefarbe aufwies, meist eine Mischung aus einer Art Vynidgewebe und Gummileiste. Bei den Biesen gab es mindestens zwei, wahrscheinlich sogar drei verschiedene Typen, die sich jeweils in Querschitt und Material voneinander unterschieden. Bei einigen TR 2 bestanden die Biesen auch aus einem drahtartigen Mittelteil, das mit Vynid ummantelt war.

Genaue Informationen zu diesem Punkt zu erhalten ist sehr schwierig, so daß bei Restaurierungsarbeiten unter Umständen Abweichungen vom tatsächlichen Original auftreten können. Im Gegensatz zu späteren Fahrzeugen, bei denen die Biese entlang der Motorhaubenöffnung verlief, war sie beim TR 2 an der Stelle, an der die Frontschürze auf die Haube stößt, unterbrochen und wurde am Verbindungspunkt von Windlauf und Kotflügel wieder aufgenommen. Im Teileverzeichnis sind die Längen der einzelnen Biesen des TR 2 aufgeführt: Vorderteil der hinteren Kotflügel 174 cm, Hinterteil (unterhalb der Heckleuchten) 26 cm, vordere Kotflügel 70 cm, Windlauf 24 cm. Für den TR 2 waren die Biesen als Meterware

Diese Frontansicht des TR 3A zeigt die korrekten Hauptscheinwerfer sowie den neuen Grill und die neue Stoßstange. Das „TRIUMPH"-Emblem ist nun nicht mehr rot und schwarz, sondern blau und weiß emailliert. Der „TRIUMPH"-Schriftzug weist hier noch die ausgeprägte Form auf; bei späteren Modellen ab TS 60001 waren die Buchstaben flach.

Das „TRIUMPH"-Medaillon wurde in unterschiedlicher Form bei allen TR-Modellen ab 1953 bis zum Produktionsende des TR 4 1965 verwendet. Kaum jemand weiß, daß die Grundlinie des Buchstaben „U" im Wort „TRIUMPH" etwas höher lag als bei den anderen Buchstaben; das „U" hätte andernfalls etwas zu weit nach unten verschoben ausgesehen.

Das Motorhaubenemblem eines TR 3 zusammen mit einem der seltenen passenden Original-Schlüsselanhänger.

erhältlich, für die Modelle TR 3/3A/3B gab es sie fertig abgelängt.

Embleme fand man am TR 2 bzw. TR 3 nur wenige. Die einzige Identifikationsmöglichkeit bestand in einem Medaillon, das in der Mitte der Frontschürze angebracht war. Dieses Emblem enthielt neben dem Wort „TRIUMPH" noch die Typenbezeichnung „TR 2" bzw. „TR 3". Am Fahrzeugheck gab es überhaupt keine Schriftzüge. Beim TR 3A behielt man das vordere Medaillon bei, zunächst in rot und schwarz, was jedoch ab TS 41878 in blau und weiß geändert wurde. Beim TR 3A fiel allerdings das Wort „TRIUMPH" weg; hier verwendete man auf der Frontschürze unterhalb des Medaillons einzelne, verchromte Buchstaben aus „Mazak" mit dem Namen des Herstellers. Auch hier gab es zwei verschiedene Versionen, zum einen Buchstaben mit ausgeprägten Konturen, zum anderen flache Buchstaben (ab Karosserienummer EB72384).

Den TR 3A/B konnte man auch von hinten eindeutig erkennen: Auf der Heckschürze, direkt unterhalb der Kofferraumöffnung, befand sich ein einteiliges Emblem mit den unterstrichenen Chrombuchstaben „TRIUMPH". Diese Buchstaben waren ebenfalls aus „Mazak" und brachen sehr leicht. Bei einigen Fahrzeugen für bestimmte Märkte, beispielsweise für die USA, war angeblich ein zusätzliches Emblem mit der Aufschrift „TR 3A" am Heck angebracht.

Die Windschutzscheibe ist durch eine schnell lösbare Halterung in Form von je einem Dzus-Verschluß links und rechts an der Karosserie befestigt. Sobald diese Verriegelungen gelöst und die Scheibenwischer abgenommen oder nach vorne umgelegt sind, kann die Scheibe an ihren Halteplatten nach hinten gezogen und anschließend abgenommen werden, was sich leicht innerhalb von 30 Sekunden bewerkstelligen läßt. Die Halteplatten sind am Windlauf festgeschraubt. Bei den Modellen ab TS 60002 mit geänderter Karosserie findet man Schrauben anstelle der Schnellverschlüsse.

Die Windschutzscheibe selbst ist nicht nur schwer, sondern auch erstaunlich komplex. Zwei verchromte seitliche Streben bilden den Hauptteil des Rahmens. In diesen Streben befinden sich jeweils geschlitzte Platten, die hinter den Streben leicht nach hinten weisen, wodurch wohl eine Abdichtung zu den Seitenscheiben erzielt werden soll. In diesen wiederum sitzt der eigentliche Scheibenrahmen aus Chrom oder Messing. Die Scheibe (in der Regel Verbundglas) ist in Gummi eingefaßt. All diese Einzelteile werden durch drei verchromte Messingschrauben pro Seite miteinander verbunden. Wer diese Schrauben austauschen will, sollte unbedingt auf deren korrekte Länge achten, da bei Verwendung zu langer Schrauben die Scheibe beim Festziehen platzen kann. Die obere Leiste der Windschutzscheibe ist mit einer schwarzen Gummidichtung zum Verdeck hin abgedichtet; an ihrer Vorderseite sind außerdem zehn Tenax-Verschlüsse für die Verdeckbefestigung angebracht. Die untere Dichtung ist ebenfalls ein schwarzes Gummiformteil, das in eine entsprechende Nut an der Unterseite des Scheibenrahmens eingesetzt wird. Bei einigen späteren TR 3A (nach TS 60001) waren Scheibenrahmen und Streben nicht aus verchromtem Profilmaterial, sondern aus Aluminiumguß; allerdings ist auch hier der genaue Zeitpunkt der Umstellung nicht eindeutig auszumachen, und außerdem wurden wohl nur wenige derartige Modelle hergestellt.

Innenkotflügel, Motor- und Kofferraum, Radkästen, Bodenbleche und Spritzwände waren in der jeweiligen Karosseriefarbe lackiert. Es ist sogar anzunehmen, daß alle von Mulliner hergestellten Karosserieteile in derselben Farbe wie die Karosserie selbst lackiert wurden, obwohl man in diesem Punkt gewiß nicht allzu kategorisch sein sollte. Die Fahrzeuge wiesen die folgenden Abmessungen auf:

Gesamtlänge	3840 mm
Gesamtbreite	1410 mm
Höhe (offen)	1280 mm
Höhe Windlauf	1020 mm
Radstand	2240 mm
Spur vorn	1140 mm
Spur hinten	1160 mm
Bodenfreiheit	152 mm
Trockengewicht	902 kg
Leergewicht	955 kg

NB: Die Gewichtsangaben gelten für den TR 2; spätere Modelle sind etwas schwerer.

Zwei Originalsitze eines TR 3 mit kontrastfarbenen Biesen. Die Innenausstattung ist angeblich das sehr seltene „Vermillion". Schaltknauf und Teppichauskleidung entsprechen nicht dem Original. Der Teppich für den Getriebetunnel bestand aus drei Teilen und hatte einen Gummistopfen zur Kontrolle des Getriebeölstands. Hier sieht man den späteren, dickeren Haltegriff für den Beifahrer; zur Befestigung der Spritzdecke und der Steckscheiben wurden nun Haltestifte verwendet.

Dieser TR 2 hat originale Ledersitze in leicht verblaßtem „Geranium" mit passenden Biesen. Die Auskleidung der Radkästen stimmt, der Teppichboden hingegen nicht. Oben an der Windschutzscheibe sieht man die korrekte Befestigung für das Hardtop, was bei diesem frühen Modell jedoch nachträglich eingebaut worden sein muß. Auch der Schaltknauf entspricht dem Original. Der Aschenbecher, den man unter dem Armaturenbrett erkennen kann, ist für diesen Wagen indes nicht korrekt; er läßt sich nach vorne herausziehen, müßte jedoch schwenkbar sein.

Innenausstattung, Motorhaube und Kofferraumdeckel

Es wurden zwei unterschiedliche Arten von Schalensitzen eingebaut. Die erste Version (für TR 2 und TR 3) hatte feststehende, recht dünne Rükkenlehnen; das Stahlgestell für Sitzwanne und Rückenlehne bildete eine Einheit. Auf die Sitzwanne wurde ein getrenntes Sitzkissen aufgesetzt, das der Tradition gemäß mit „Laleweb"-Federn und Roßhaar gepolstert war. Die Rückenlehne war ebenfalls gepolstert, wenn auch weniger dick. Später verwendete man auch Schaumstoffpolster; allerdings läßt sich heute nicht mehr genau sagen, ab wann diese eingesetzt wurden.

Beim TR 2 und beim TR 3 verlaufen die Steppnähte von Sitz und Rückenlehne von vorne nach hinten, beim TR 3A hingegen quer. Die Ränder der Absteppungen sowie die Sitzkanten sind mit Biesen versehen. Beim TR 2 waren diese in derselben Farbe wie die Sitze gehalten; bei vielen TR 3 und TR 3A hingegen wählte man Kontrastfarben. Serienmäßig wurde für die Innenverkleidung immer Vynid verwendet, gegen Aufpreis konnte man jedoch auch echtes Leder ordern. Fast alle frühen Fahrzeuge wurden mit Leder ausgeliefert, wobei dieses Material für folgende Teile eingesetzt wurde: Sitze und Vorderseiten der Rücklehnen, Getriebetunnelabdeckung, vordere Spritzwandabdeckung, Türoberkanten, Seitenblechoberkanten und Türzuziehgriffe. Die übrigen Teile der Innenausstattung, einschließlich der Lehnenrückseiten, waren stets mit Vynid überzogen, selbst bei Fahrzeugen mit Lederausstattung. In den Werksunterlagen ist auch verzeichnet, daß bei allen Wagen für die Teppichborten und seitlichen Windlaufabschlüsse Rexin verwendet wurde.

An dieser Stelle muß ich anmerken, daß einige späte TR 2 sowie mehrere frühe TR 3 mit der sogenannten „Metric"-Ausstattung ausgeliefert wurden. Es handelte sich hierbei um ein Vynidmaterial mit einem etwas seltsam anmutenden kreuzförmigen, reliefartigen Muster. Ich habe bisher ein einziges derart ausgestattetes Fahrzeug gesehen und muß ehrlich sagen, daß ich von dem Anblick nicht sonderlich angetan war. Leider läßt sich nicht mehr feststellen, wieviele Fahrzeuge in welchem Zeitraum mit dieser Ausstattung gebaut wurden und ob diese Ausstattung serienmäßig oder nur auf Wunsch erhältlich war. Sie erscheint auch weder in einer Zubehörliste noch in einem Teileverzeichnis oder in einem Handbuch; es steht allerdings definitiv fest, daß Fahrzeuge mit diesen Merkmalen von Triumph ausgeliefert wurden.

Die Sitze ließen sich in der Regel auf Schienen verschieben; bei einigen Beifahrersitzen gab es diese Möglichkeit jedoch offensichtlich nicht. Als der TR 3A mit Rückbank erhältlich war, konnte man die Rückenlehne des Beifahrersitzes nach vorne umlegen, um den Zugang zur Bank zu

Dieser Blick in den Innenraum eines TR 3A zeigt den hinteren Notsitz; hierbei handelt es sich um die spätere Version ab TS 60002, bei dem die vorderen Ecken fast rechtwinklig verlaufen. Diese Sitze unterscheiden sich sehr von denen eines TR 3. Die Leseleuchte am Armaturenbrett ist ein zeitgenössisches Zubehörteil.

Der Teppichboden im Kofferraum des TR 3A bestand aus Hardura; für die Auskleidung des vorderen Blechs verwendete man schwarze Pappe. Die Leiste an dem hier gezeigten Pappstück ist nicht korrekt. Die Wasserablaufbohrungen, die nicht verstopfen dürfen, sind gerade noch am Kofferraumboden zu erkennen. Der Werkzeugsatz ist im wesentlichen korrekt, allerdings handelt es sich im vorliegenden Fall um eine Reproduktion. In die Lasche innen an der Hinterkante der Kofferraumöffnung rastet das nun außenliegende Schloß ein.

erleichtern. Dieser einteilige „Notsitz" war auf dieselbe Art gehalten wie die beiden Vordersitze und ließ sich mit zwei Halterungen am Boden festschrauben. Diese Sitzgelegenheit hatte keine Rükkenlehne im eigentlichen Sinne, sondern nur eine gepolsterte Vynidauskleidung für die Papplatte vor dem Kraftstofftank sowie ein separates Kissen. Auch dieser Sitztyp wurde am Boden festgeschraubt.

Die Schalensitze des TR 3A hatten dickere Rükkenlehnen mit üppigerer Polsterung als die vorherigen Versionen, und auch die Sitze selbst waren stärker gepolstert.

Die Teppichauskleidung der „Qualität 1185" bezog Triumph von der Firma T. F. Firth. Die vorderen und hinteren Bodenbleche, die Getriebe- und Kardantunnel, das Unterteil der vorderen Spritzwand, die Fußräume und der Kofferraumboden waren mit Teppich ausgekleidet. Die Kanten waren abgesteppt und mit Vynid oder Rexin eingesäumt. Beim TR 3A bestanden die Matten des Kofferraums aus Hardura, während bei TR 2/3 Karvel zum Einsatz kam. Da diese Materialien nicht ausfransen konnten, waren keine Säume erforderlich. Am Boden war der Teppich mit Druckknöpfen befestigt, an den Spritzwänden und im Fußraumbereich hingegen festgeklebt. Das seitliche Teppichstück im fahrerseitigen Fußraum besaß einen halbkreisförmigen Gummieinsatz, um vorzeitigem Verschleiß durch den Schuh des Fahrers bei der Betätigung des Gaspedals entgegenzuwirken. In der Regel wurde auf Filzunterlagen verzichtet. Ab TS 5089 wurden laut Teilekatalog Gummimatten statt Teppich in den Fußräumen verwendet; es ist allerdings nicht ersichtlich, ob ab diesem Zeitpunkt Teppich unter dem Gummi lag oder ob das Gummimaterial den Teppichboden vollständig ersetzte. Sicher ist, daß bis zur Einführung des TR 3A die Gummimatten in den Fußräumen serienmäßig geworden waren und daß dort kein Teppich mehr zum Einsatz kam.

Mit Vynid überzogene Papplatten wurden auch für den vorderen Kofferraumbereich (hinter dem Tank) verwendet sowie für die Türpfostenverkleidung und den Bereich hintere Spritzwand/Kraftstofftank im Innenraum, wenn auch beim TR 3A letzteres gepolstert und abgenäht war, selbst bei Verzicht auf den hinteren Notsitz. Gepolstertes Vynid fand man auch in den Radkästen, wo eine Dichtleiste der Krümmung des Radausschnitts folgte. Die Radkästen im Kofferraum sowie die Seiten und das Heck des Kofferraums waren unverkleidet und in der jeweiligen Wagenfarbe lackiert.

Platten mit Vynidüberzug fanden sich weiterhin bei den Türverkleidungen, die mit selbstschneidenden Schrauben befestigt und von den Steckscheibenaufnahmen gehalten wurden. An beiden Türen befanden sich Ablagefächer aus Hartpappe, die ebenfalls mit Vynid überzogen waren. Bei frühen TR 2 sind die Ecken dieser Fächer rechtwinkliger als bei späteren Modellen. Türen bei TR 2/3 ohne Außengriffe hatten Zuziehgriffe in Form von mit Vynid oder Leder überzogenen Drähten, die von den vorderen Steckscheibenaufnahmen nach hinten zu den Türschlössern verliefen. Bei TR 3A/B saßen die Zuziehgriffe in den Türfächern und verliefen innerhalb der Türen; sie bestanden aus einem mit schwarzem Kunststoff ummantelten Draht.

Die Türoberkanten waren mit Wülsten aus Vynid- oder lederüberzogenem Schaumstoff mit Aluminiumunterbau verkleidet, die durch selbstschneidende Schrauben befestigt wurden. Ähnliche, allerdings ungepolsterte Verkleidungen verliefen weiterhin entlang der Oberkante der Seiten und des Hecks des Innenraums; ihre Farbe ent-

Hier sehen wir ein originales „Stanpart"-Verdeck, das mit den kleinen Tenax-Verschlüssen befestigt ist. Allerdings hat das Verdeck drei Heckscheiben, was erst nach Oktober 1954 eingeführt wurde und somit nicht zu dem gezeigten frühen TR 2 passen kann; das Verdeck dürfte genaugenommen nur eine einzige, kleinere Heckscheibe aufweisen. Die oberen Abschlußleisten sind entsprechend der Innenausstattung verkleidet, was dem Original entspricht.

sprach der der übrigen Innenraumausstattung. Beim TR 3A saßen an beiden Enden der Türen jeweils verchromte Abschlüsse.

Das Verdeckgestänge war fest am Wagen angebaut und ließ sich hinter dem Innenraum auf ein handliches Maß zusammenfalten. Es wurde mit zwei großen Flachkopfschrauben je Seite an der Karosserie befestigt. Der korrekte Abstand der Stäbe des Gestänges im ausgefalteten Zustand, der schließlich für ein passendes Verdeck maßgebend ist, ergibt sich durch zwei schwarze oder rehbraune Bänder, die an der hinteren Cockpitleiste auf beiden Seiten durch je eine kleine angeschraubte Platte befestigt sind. Die Bänder sind jeweils mit selbstschneidenden Schrauben und kleinen Platten an den drei Verdeckstreben angebracht. Die Streben waren meist schwarz oder rot lackiert; es gibt allerdings auch silberne Streben, die angeblich dem Original entsprechen sollen. Die serienmäßige Abdeckung des Gestänges war in der Regel in derselben Farbe gehalten wie das Verdeck und die Steckscheiben; orderte ein Kunde sein Fahrzeug jedoch mit der luxuriöseren Spritzdecke, so wurde die Standardabdeckung meist gar nicht erst mitgeliefert. Die Abdeckung war an den Schnellverschlüssen für die hintere Verdeckbefestigung angebracht und wurde vorne unter das zusammengefaltete Verdeckgestänge gefaltet.

Das Verdeck gab es in zwei Varianten. Fahrzeuge bis TS 4306 hatten ein Verdeck mit nur einer einzigen, mittig angebrachten Heckscheibe, die kleiner war als bei den späteren Modellen. Wegen der eingeschränkten Sicht nach hinten wurde ab TS 4307 ein Verdeck mit dreiteiliger Heckscheibe ausgeliefert, das neben der großen Scheibe je eine kleinere Dreiecksscheibe aufwies. Die Originalverdecke waren aus mit Vynid überzogenem Baumwollstoff gefertigt, die Verdeckscheiben (geliefert von Bakelite Ltd.) bestanden aus „Vybak" und hatten eine Stärke von 1 mm (Typennummer VB215). Verdeck und Steckscheiben waren jeweils in derselben Farbe gehalten; Einzelheiten hierzu siehe Abschnitt „Farben".

Zur vorderen und hinteren Befestigung des Verdecks wurden anfangs Tenax-Verschlüsse verwendet; die ursprünglichen Tenax-Knöpfe hatten kleine Köpfe. Ab TS 3514 stieg man auf stärkere und längere Tenax-Verschlüsse um. Während die Tenax-Verschlüsse stets zur Befestigung des Verdeckvorderteils an der Windschutzscheibenleiste eingesetzt wurden, können spätere Modelle für die hintere Befestigung unter Umständen auch Drehverschlüsse aufweisen. Man kann nicht mit Gewißheit sagen, ob eine dieser Ausführungen für ein bestimmtes Fahrzeug oder eine Baureihe original ist oder nicht. Drehverschlüsse dienten meist auch zur Befestigung des Unterteils der Steckscheiben an den Türen; allerdings gab es hier auch Tenax-Verschlüsse, vor allem bei frühen TR 2. Einzelheiten zu Konstruktion und Änderungen der

Dieses Bild zeigt die Türfächer eines frühen TR 2 mit runderen Kanten als bei den späteren Versionen. Hier kann man auch die verchromten Steckscheibenaufnahmen und den lederummantelten Türzuziehgriff sehen sowie die Innenverkleidung einer „langen" Tür, wie die Leiste an der Unterseite beweist. Die korrekte „Furflex"-Auskleidung verläuft vom Armaturenbrett am vorderen Türpfosten entlang nach unten, und man sieht auch die Aluminiumleiste entlang der Schwelleroberkante.

Dieses Bild zeigt die frühe Version der Steckscheiben mit feststehenden „Vybak"-Scheiben und Reißverschluß zum Erreichen der innenliegenden Türöffner. Die Haltestifte am Verdeck dieses TR 2 stimmen nicht für das Baujahr. (Foto: Bill Piggott)

Diese Seitenansicht der „Kurztürversion" eines TR 2 zeigt deutlich den Außenschweller, der unterhalb der kürzeren Tür ab Oktober 1954 eingeführt wurde. Gut zu erkennen ist auch die spätere Steckscheibenversion mit „Vybak"-Scheibe und ohne Reißverschluß. Die Scheibe läßt sich nach vorne schieben, so daß man den Türöffner bequem erreichen kann. Der untere Teil der Seitenscheibe ist nach dem Lösen der Befestigungselemente immer noch nach oben klappbar.

Ein frisch aus den USA reimportierter TR 3 mit angebauter Spritzdecke und lackierten Speichenrädern (je 48 Speichen), auf die Weißwandreifen aufgezogen sind. Windabweiser wie die hier gezeigten wurden in Amerika oft als Zubehörteile angebaut.

Dieses Bild eines TR 3A zeigt die späteren Steckscheiben mit „Dzus"-Verschlüssen und ohne schwenkbares Unterteil. Das untere Ende der Steckscheibe reicht nicht bis zu den Befestigungspunkten der Spritzdecke, sondern endet kurz oberhalb von diesen. Der polierte Steinschlagschutz aus Aluminium sowie sein „kleinerer Bruder" sind gut zu erkennen. Die beiden Nieten an der Steckscheibe halten einen Befestigungsriemen an der Innenseite.

Steckscheiben finden sich im Abschnitt „Detailänderungen", so daß ich an dieser Stelle nur eine kurze Zusammenfassung geben möchte. Der TR 2 bis TS 5254 hatte feststehende Fenster aus „Vybak" mit nach oben schwenkbarem Unterteil; dank der eingenähten Reißverschlüsse konnte man die innenliegenden Türöffner auch von außen erreichen. Bei TR-2-Modellen mit Hardtop konnten die Seitenscheiben hinten aufgeschoben werden; der vordere Bereich der Seitenscheiben war weiterhin aus Vybak und feststehend. Die Reißverschlüsse hatte man hier zwar weggelassen, doch konnte man die Türen nach dem Aufschieben der hinteren Seitenscheibe von innen öffnen. Diese Schiebefenster wurden für alle TR-Modelle ab TS 5255 eingeführt; der Schwenkmechanismus wurde allerdings beibehalten, und auch die Befestigung der Steckscheiben erfolgte weiterhin über die keilförmigen Aufnahmen an der Türinnenseite. Ab TS 28826 kamen die späteren Steckscheiben mit Dzus-Verschlüssen serienmäßig zum Einsatz. Diese Version hatte ein feststehendes Vynidteil unterhalb der Fenster, so daß die Scheiben nicht mehr direkt über außenliegende Befestigungselemente an den Türen angebracht waren. Die Spritzdecke für das Verdeck war aufpreispflichtig, wurde jedoch von den meisten Kunden geordert. Sie bestand ebenso wie das Verdeck aus mit Vynid überzogenem Baumwollstoff mit zentral angebrachtem Reißverschluß. Befestigt wurde sie hinten mit denselben Verschlüssen wie das Verdeck; weitere Befestigungspunkte befanden sich entlang der Türoberkanten sowie hinter diesen. Auch hier kamen sowohl Tenax- als auch Drehverschlüsse zum Einsatz. Am vorderen Windlauf, direkt hinter der Windschutzscheibe saß schließlich noch eine Reihe mit acht Befestigungselementen, in der Regel Drehverschlüsse (bei frühen Modellen allerdings auch Tenax-Verschlüsse). Die übliche Spritzdecke für rechts- oder linksgelenkte Fahrzeuge war so ausgelegt, daß das Lenkrad integriert wurde. Bei einigen Spritzdekken verlaufen auch zusätzliche, 15 Zentimeter lange Reißverschlüsse in senkrechter Richtung direkt hinter den Türen, vermutlich um das Verdeck leichter verstauen zu können; es handelt sich hierbei wohl um Originalteile.

Eine schöne Aufnahme der Steckscheibenbefestigung ab TS 28826 durch „Dzus"-Verschlüsse, die mit einem Vierkant betätigt wurden, so daß im Vergleich zur Vorgängerversion ein besserer Sitz ermöglicht wurde. Der kurze Riemen an der Steckscheibe müßte eigentlich an einem Druckknopf an der Tür befestigt werden.

Armaturenbrett und Instrumente

Beim TR 2 und TR 3 war das Armaturenbrett ein Stahlpreßteil mit einem separat abnehmbaren Mittelteil, das passend zur Innenausstattung des jeweiligen Fahrzeugs gehalten wurde. Auf der Beifahrerseite saß ein Handschuhfach, dessen Klappe ebenfalls zur übrigen Ausstattung paßte. Eine kleine Änderung fand man im TR 3A, bei dem das Mittelteil mit den kleineren Instrumenten als Kontrast zum übrigen Armaturenbrett in schwar-

Instrumentierung und Schaltung stimmen bei diesem TR 3 mit Ausnahme des Schalters ganz rechts, wo normalerweise der Overdriveschalter sitzen müßte (sofern ein Overdrive eingebaut ist). Der Handbremshebel sowie das verchromte Scharnier für die Motorhaube stimmen ebenfalls für einen TR 3/3A.

zem Schrumpflack gehalten war. Das Handschuhfach konnte abgeschlossen werden und bestand innen aus einem Material, das sich bei allzu großer Feuchtigkeit gerne auflöste. Für das Handschuhfach gab es zunächst einen eigenen Schlüssel; spätere Versionen wurden mit dem Zündschlüssel geöffnet bzw. abgeschlossen. Entlang der vorderen Spritzwand verlief oberhalb des Armaturenbretts beidseitig eine Abschlußleiste aus Aluminium, die passend zur Innenausstattung verkleidet war.

Eines der schönsten Merkmale der TR-Modelle mit Steckscheiben ist der umfangreiche und beeindruckende Instrumentensatz. Alle Anzeigen stammten von der Firma Jaeger, die zu Smiths Industries Ltd. gehörte. Vor dem Fahrer sitzen ein großer Tachometer und ein Drehzahlmesser. Diese Instrumente sind mit konvexem Glas abgedeckt, und alle Instrumenteneinfassungen sind verchromt. Die Zifferblätter sind schwarz, die Beschriftungselemente sowie die Zeiger jeweils weiß; die Instrumente werden von der Rückseite her beleuchtet. Der Tachometer enthält neben dem normalen Meilenzähler auch einen Tagesmeilenzähler, der bis zu 999,9 Meilen anzeigt und mit Hilfe eines Drehknopfs unter dem Tachometer an der Unterseite des Armaturenbretts zurückgestellt werden kann.

Wegen der unterschiedlichen Reifengrößen kamen auch unterschiedliche Tachometer zum Einsatz. Die Anzahl der Radumdrehungen pro Meile ist hierbei jeweils in kleinen Ziffern unterhalb des Kilometerzählers angegeben; „1180“ dürfte die am häufigsten verwendete Bezeichnung sein. Der Tachometerzähler reicht bis 120 mph (oder 200 km/h) und enthält eine kleine rote Kontrolleuchte für das Fernlicht. Der Tachometer war normalerweise links, der Drehzahlmesser rechts angebracht; manchmal findet man allerdings auch eine umgekehrte Anordnung. Der Drehzahlmesser zeigt bis 6000/min an; der rote Bereich beginnt bei 5000/min. Er wird mechanisch durch eine Welle über die Verteilerwelle angetrieben, während der Antrieb des Tachometers von der Seite des Getriebes bzw. Overdrive erfolgt.

Die vier Zusatzinstrumente sitzen im Mittelteil des Armaturenbretts. Bei Fahrzeugen, die für den britischen Markt bestimmt waren, findet man in der Regel die Tankanzeige oben links, die Öldruckanzeige oben rechts, das Ampèremeter unten links und die Kühlwassertemperaturanzeige unten rechts; diese Anordnung variiert allerdings, vor allem bei Modellen, die in den Export gingen. Die Tankanzeige ist in vier Viertel unterteilt, die Öldruckanzeige geht bis 100 psi, und das Ampèremeter (hergestellt von Lucas) hat einen Anzeigebereich von +30 bis -30 A. Die serienmäßige Kühlwassertemperaturanzeige wird über den Thermostaten gesteuert und hat eine Mittelmarkierung für 185 °F; 90 °F ist der niedrigste, 230 °F der höchste Anzeigewert. Eine Anzeige in Grad Celsius war ebenfalls lieferbar.

Zwischen den beiden oberen Zusatzinstrumenten sind zwei Leuchten (Typ WL 11) angebracht. Die linke Leuchte ist rot und für die Zündung bzw. Fehler im Ladesystem bestimmt, die rechte Leuchte ist gelb und dient als Blinkerkontrolleuchte; bei ganz späten TR 3A ist die zweite Leuchte grün. Der mittlere Instrumententräger enthält weiterhin fünf Bakelitschalter sowie den

TR 3A ab TS 60002 hatten den abgebildeten größeren Spiegel mit Schutzkanten und längerem Ausleger. Hier kann man auch den Knopf zur Betätigung der Lüftung an der oberen Armaturenbrettkante sowie dessen Blende erkennen. Das abgebildete Fahrzeug hat eine gelbe Blinkerkontrolleuchte; es ist allerdings gut möglich, daß hier eigentlich eine grüne Leuchte sitzen müßte, da der Wagen eine höhere Kommissionsnummer als 60001 hat. Bei späten TR 3A waren die Haltebolzen für die Befestigung der Rennscheiben weggefallen. Bei diesem Modell sind die Wischerblätter des früheren TR 2 montiert.

Der originale Rückspiegel mit Gummipolster an der Unterseite zur Abstützung der Windschutzscheibe und als Vibrationsdämpfer; die Befestigungsschrauben des Spiegels entsprechen nicht dem Original. Die Schrauben am Windlauf dienen zur Befestigung der gegen Aufpreis erhältlichen Rennscheiben.

Zündschalter. Drei dieser Schalter liegen in der Mitte des Trägers übereinander: Oben befindet sich der Schalter für die Instrumentenbeleuchtung, in der Mitte der Scheibenwischerschalter und unten der Hauptlichtschalter. Die einzelnen Funktionen sind jeweils in weißer Farbe auf den schwarzen Schalterknöpfen vermerkt. Bei späten TR 3A wird der Schalter für die Instrumentenbeleuchtung über einen Rheostaten gesteuert. Unterhalb dieser Schalterreihe findet man den Zündschalter, der von einem Schlüssel betätigt wird und wie die übrigen Schalter auch von einer Chromblende umrahmt ist. Die Zündschlüssel stammten anfangs aus der „FA"-, später aus der „FP"-Serie. Links unten am Träger befindet sich der Anlasserknopf, unten rechts der Choke. Bei Wagen mit einfachem Overdrive kann dieser über einen Zugschalter (Lucas PS-7/2) zugeschaltet werden, der rechts neben dem Lenkrad (bei Rechtslenkern) sitzt und die Beschriftung „Overdrive" trägt. Bei Wagen mit dreifachem Overdrive hingegen findet man einen trommelförmigen Schalter (Lucas 9RW), der sich schneller betätigen läßt; dieser befindet sich an derselben Stelle und ist ebenfalls mit „Overdrive" beschriftet.

Die Heizung wird über einen drehbaren Rheostatschalter reguliert, der an unterschiedlichen Stellen angebracht sein kann. Bei Fahrzeugen für den britischen Markt, die ab Werk eine Heizung hatten, findet man diesen Schalter meist rechts neben dem Lenkrad, in der Nähe des Schalters für den Overdrive. Die Öffnung für den Schalter war übrigens immer unter dem Armaturenbrett vorhanden, egal ob eine Heizung installiert war oder nicht. Ab TS 6157 hatte Triumph ein Belüftungssystem im Armaturenbrett vorgesehen, das über einen Knopf in der Mitte der oberen Abschlußleiste des Armaturenbretts reguliert wurde; auf seiner Blende fand man „VENT-PULL" eingeprägt. Bei TR 2 mit langen Türen liegt die Entriegelung für die Motorhaube im Innenraum unterhalb des Armaturenbretts auf der Rückseite der vorderen Spritzwand, an der Außenseite des fahrerseitigen Fußraums.

Beim TR 2 sitzt der Haltegriff auf der Beifahrerseite an der Oberseite des Armaturenbretts; er besaß anfangs eine Abdeckung aus schwarzem Kunststoff, später war er jedoch verchromt und hatte einen breiteren Querschnitt. Der Innenrückspiegel ist oben am Windlauf direkt hinter der Windschutzscheibe angebracht. Zu seinen Befestigungselementen gehören auch eine Halterung und ein Gummipolster, die beide zur zusätzlichen Stabilisierung der Windschutzscheibe dienen. Der Spiegel hat im Originalzustand eine schwarze Rückseite, einen schwarzen Ausleger und eine schwarze Windschutzscheibenhalterung; er ist gelenkig gelagert und kann somit verstellt werden. Fahrzeuge ab TS 60002 hatten Spiegel mit längeren Auslegern und einer etwas größeren Glasfläche.

TR 3B und Triumph Italia

Diese häufig unterschätzten Modelle der TR-Reihe haben einen eigenen kleinen Abschnitt in diesem Buch verdient, der diverse Mißverständnisse aus der Welt schaffen soll.

Trotz einiger gegenteiliger Meinungen steht der TR 3B nicht in direktem Verhältnis zu den „Beta"-Prototypen des TR 3. Niemand kann genau sagen, wieviele Betas hergestellt wurden (die Aussagen schwanken zwischen zwei und fünf); das Werk baute die Prototypen als potentielle Nachfolger des TR 3A. Sie hatten einen 2,2-Liter-Motor, ein vollsynchonisiertes Getriebe, eine breitere Spur, wuchtige Kotflügel und eine Zahnstangenlenkung; außerdem waren bei ihnen Kühlergrill und vordere Stoßstange zu einer Einheit zusammengefaßt. In Serie gingen diese Fahrzeuge allerdings nicht, vermutlich weil die Verkaufsabteilung der Meinung war, daß zur überarbeiteten Mechanik auch ein völlig neues Blechkleid gehörte.

Beim TR 3B handelte es sich hingegen um eine Weiterführung des TR 3A-Themas, obwohl die Bezeichnung „TR 3B" nie offiziell von Triumph abgesegnet wurde. Nachdem die Produktion des TR 3A nach der Einführung des TR 4 im November 1961 praktisch über Nacht zum Erliegen kam, waren die nordamerikanischen Vertriebspartner von Triumph der Meinung, daß neben dem luxuriöseren TR 4 immer noch ein Bedarf an klassischen Zweisitzern mit Steckscheiben bestünde. Also machten sie sich dafür stark, daß Triumph Anfang 1962 noch eine Serie von linksgelenkten TR 3A speziell für den US-Markt aufs Band legte. Für die Karosseriearbeiten war nicht mehr Mulliner, sondern die Firma Forward Radiators in Coventry zuständig, von der Triumph komplette Karosserien für die Neuauflage bezog.

Vom TR 3B gab es zwei Serien: Die erste trug die Numerierung TSF 1 bis TSF 530L, die zweite ging von TCF 1L bis TCF 2804L. Während sich die TSF-Modelle kaum vom TR 3A unterschieden, hatten die TCF serienmäßig das vollsynchronisierte Getriebe des TR 4 sowie den neuen Motor mit 2138 ccm Hubraum und 86 mm Bohrung. Beide Serien waren als „TR 3" gekennzeichnet und in weniger Farben erhältlich als der TR 3A; nähere Angaben zu Farben, Produktionszahlen und technischen Daten des TR 3B finden sich weiter hinten in diesem Buch.

Genaugenommen fanden nicht alle Modelle des TR 3B den Weg über den großen Teich, da der Triumph Italia noch in einer Kleinserie in Italien gebaut wurde und eine weitere Reihe von Fahrwerken für diese Wagen erforderlich war. Die letzten 29 Fahrwerke für die TSF-Serie (TSF 502L bis TSF 530L) gelangten somit zu Vignale und wurden dort zu Italia komplettiert. Diese Wagen mit 1991-ccm-Motor waren besonders begehrt, da für Autos mit weniger als zwei Litern Hubraum die italienische Kraftfahrzeugsteuer günstig lag.

In den Firmenunterlagen läßt sich nachlesen, daß die Bauzeiten der TSF- und TCF-Modelle sich

Dieser bildhübsche Triumph Italia gehört David Tomlin; hier steht er vor der Windmühle von Brill im englischen Buckinghamshire. Wie die meisten Italia ist auch dieses Fahrzeug ein Linkslenker.

Der Buchstabe „M" auf dem Emblem steht für Michelotti; die Bedeutung der beiden gekreuzten Flaggen hingegen ist unklar. Die Herkunft der Leuchteinheiten und Stoßstangen ist ebenfalls unbekannt; vermutlich stammen sie aus dem Teileregal eines zeitgenössischen italienischen Automobilherstellers.

Die Embleme sehen fast aus wie handgemacht und sind es vielleicht sogar. Wer heute Ersatz hierfür sucht, braucht neben viel Geduld extrem gute Nerven!

Die Mechanik des Italia stammte vom TR 3A, wurde allerdings in einigen Punkten modifiziert. Den hier abgebildeten Kühler sowie das Thermostatgehäuse gab es nur beim Italia, und dieses Fahrzeug hatte auch einen Bremskraftverstärker. Die dicke Leitung im Hintergrund führt zur Heizung.

Hauptscheinwerfer und andere Leuchten stammten beim Italia vom italienischen Hersteller Carello. Die Buchstaben „TRIUMPH" borgte man sich vom TR 3A, während ansonsten kaum weitere Karosserieteile oder andere Details etwas mit den übrigen Triumph-Modellen gemeinsam hatten.

weitgehend überlagerten. TCF 1L wurde am 8. Mai 1962 fertiggestellt; an diesem Tag hatte die TSF-Produktion erst die Nummer 456L erreicht. Die TSF-Fertigung kam anschließend kurz zum Erliegen und wurde am 7. Juni 1962 wieder aufgenommen; bis dahin war bereits TCF 458L gebaut worden. Das letzte TSF-Fahrwerk (Italia) entstand am 19. September 1962, und der letzte aller „Steckscheiben-TR", TCF 2804L, lief vermutlich im Dezember 1962 vom Band, also ein Jahr nach Anlauf der TR-4-Produktion.

Obwohl alle TR 3B in den Export gingen, kann man heute einige dieser Fahrzeuge auch in Europa antreffen, da vor kurzem mehrere Modelle nach Großbritannien reimportiert wurden.

Der Triumph Italia war ein Entwurf von Michelotti und wurde bei Vignale in Turin gebaut. Serienfahrwerke des TR 3A (und TR 3B) kamen direkt vom Band zu Vignale, wo sie mit außergewöhnlich hübschen Karosserien (Fixed-Head-Coupé) versehen wurden; strenggenommen handelte es sich hierbei um Zweisitzer, allerdings war im Fond auch Platz für kleine Kinder.

Der Prototyp wurde 1958 vorgestellt, und im Sommer 1959 lief die Produktion langsam an. Speichenräder gehörten zur Serienausstattung, und die meisten Wagen verfügten zusätzlich über einen Overdrive. Vermutlich hatten einige, wenn auch nicht alle, Fahrzeuge dieses Typs eine besonders kurze Hinterachsübersetzung (4,3 : 1), um das recht hohe Gewicht der Karosserie zu kompensieren. Der einzige Nachteil dieser herrlichen Wagen lag in ihrem Preis, der 30 bis 40 Prozent über dem eines vergleichbar ausgestatteten TR 3A lag, so daß die Absatzmöglichkeiten doch eher begrenzt waren.

Über die tatsächlichen Produktionszahlen streiten sich heute die Experten. Da die Aufzeichnungen von Vignale nicht mehr zur Verfügung stehen, müßte man zigtausende von TR-Produktionsunterlagen studieren, um festzustellen, wieviele Fahrwerke an Vignale geliefert wurden, da diese wie bereits erwähnt je nach Bedarf vom Band abgezweigt wurden. David Tomlin, dessen Wagen hier abgebildet ist, ist der Ansicht, daß die genannte Zahl von „etwa 320" Exemplaren der Wahrheit wohl am nächsten kommt. Gebaut wurde der Italia auf alle Fälle von Mitte 1959 bis Ende 1962, auch wenn danach noch „Ladenhüter" an den Mann gebracht werden konnten. 1962 konnte man ja bereits den von Michelotti gestylten TR 4 mit Surrey-Hardtop für beträchtlich weniger Geld ordern, was für den Absatz des Italia verständlicherweise nicht allzu förderlich war.

Der Innenraum strotzt geradezu vor Qualität. Die Polster sind aus Leder, und die Sitze stünden auch einer Luxuslimousine nicht schlecht zu Gesicht. Instrumente und Hupenknopf stammen aus dem TR 3A, das Holzlenkrad wurde vermutlich von Nardi geliefert. Der Blinkerhebel ist um 90 Grad versetzt und müßte eigentlich nach oben weisen.

Der Italia hatte eine kleine Notbank; bei dem hier abgebildeten Wagen ist das Sitzkissen flach. Die Rückenlehnen der Vordersitze weisen Reißverschlußtaschen auf, vermutlich zur Ablage von Karten oder ähnlichen Utensilien.

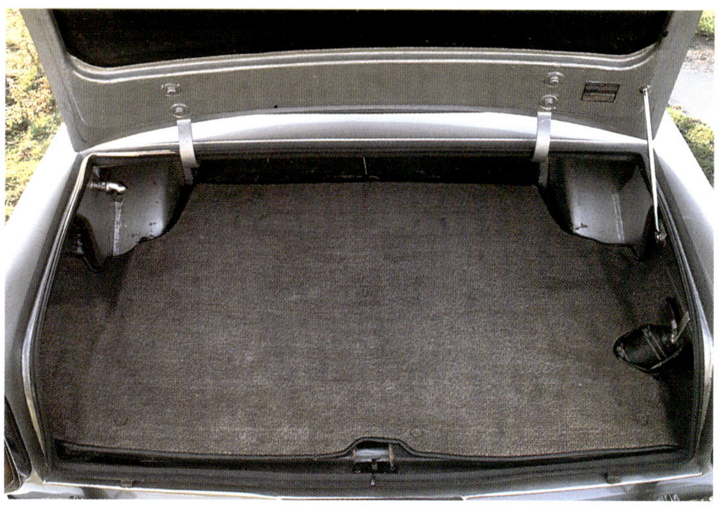

Der Kofferraum ist zwar breit und tief, wegen des untenliegenden Ersatzrads aber leider sehr flach geraten. Auch hier sind Qualität und gute Verarbeitung der Karosseriebleche offensichtlich.

Nur wenige Italia blieben in Italien; die meisten wurden exportiert, unter anderem sogar in die USA. Dort war die Nachfrage allerdings nicht sonderlich groß, und die Warnungen von Händlern, daß in Amerika keine Karosserieersatzteile erhältlich seien, schreckte Interessenten natürlich ab. Aus diesem Grund ist es kaum ein Wunder, daß vor kurzem ein Italia, der in seinem Leben noch keinen einzigen Kilometer zurückgelegt hat, wieder das Licht der Öffentlichkeit erblicken durfte. Der Italia war somit trotz seines attraktiven Aussehens alles andere als ein Verkaufshit.

Dieses Modell wurde hauptsächlich als Linkslenker gebaut. Allerdings gab es auch einige (laut Expertenmeinung zwischen vier und zwölf) rechtsgelenkte Exemplare. Heute ist in den USA noch etwa ein halbes Dutzend Italia vorhanden, bei denen es sich allerdings fast ausschließlich um Linkslenker handelt, die erst vor kurzem importiert wurden. Es dürfte kaum jemanden überraschen, daß Karosseriebleche, Chromteile und andere Ersatzteile für diese Fahrzeuge heutzutage überhaupt nicht mehr erhältlich sind. Seitens der Mechanik sieht es hier wesentlich besser aus, da praktisch alle Teile vom TR 3A stammten.

Modellpflegemaßnahmen

Wichtige Änderungen nach Kommissionsnummer (und Motornummer, sofern erforderlich):

TS 1
Erster Serien-TR, fertiggestellt 22.7.53.

TS 213 Dez. 53
Verstärkte Handbremse.

TS 550 (ca.) Feb. 54
Kofferraumhaube und Klappe für Ersatzradfach aus Aluminium durch Stahlteile ersetzt.

TS 869 März 54
Verbesserter Chokezug.

TS 881 E März 54
Kurbelwelle mit Querbohrungen.

TS 995 März 54
Abstand der Scheibenwischerarme von 267 auf 368 mm erhöht.

TS 1201 Apr. 54
Einfaches Thermostatgehäuse, oberer Schlauchstutzen am Kühler verlegt. Neue Farbpalette; „Olive Yellow“ und „Ice Blue“ fallen theoretisch weg, sind jedoch noch einige Monate lang erhältlich.

TS 1307 Apr. 54
Wegfall der bisher „quadratischen“ Heckleuchten und separaten Reflektoren. Neue Heckleuchten mit integrierten Reflektoren. Hintere Kotflügel entsprechend geändert.

TS 1391 Apr. 54
Zusätzliche Lenksäulenhalterung unter dem Armaturenbrett.

TS 1869 Mai 54
Verstärkte Räder aufgrund der Probleme mit brechenden Radnaben. Radgröße $4^1/_2$J statt 4J. Nachträgliche Umrüstung älterer Fahrzeuge.

TS 1871 Mai 54
Spritzdecke für längeren Reißverschluß geändert, so daß sie besser hinter den Sitzen verstaut werden kann.

TS 1927 Juni 54
Verstärkte Radmuttern. Nachträgliche Umrüstung älterer Fahrzeuge.

TS 2532 Juli 54
Schalldämpfer mit 60 cm statt wie bisher 46 cm Länge.

TS 2673 Juli 54
Gummiabdeckung für Overdrive-Magnetschalter.

TS 2877 Juli 54
Einteiliger Schalthebel mit separatem Knauf.

TS 3258 Aug. 54
Entlüftungsschlauch für Batterie.

TS 3512 Sep. 54
Kühlerschutz vorne am Fahrwerk.

TS 3514 Sep. 54
Große Tenax-Verschlüsse für Verdeck und Spritzdecke.

TS 4002 Okt. 54
Vorstellung der Fahrzeuge des Modelljahrs 1955. Türaußenschwellen und somit kürzere Türen (Vorteile beim Parken). Optionales Hardtop und verschiebbare Seitenscheiben für Zugang zu den Türinnengriffen. Werksseitige Einbauvorrichtung für Hardtop allerdings erst ab TS 5260.

TS 4229 Okt. 54
Wegfall der seilzugbetätigten Motorhaubenentriegelung (zwei Schlösser) vom Innenraum aus (zu teuer und unpraktisch). Statt dessen externe Dzus-Verschlüsse für Vierkantschlüssel. Die Motorhaube hat weiterhin an der Hinterseite vier Luftauslaßschlitze. Spätere Modelle haben nur zwei Schlitze; wann der Wechsel genau stattfand, ist allerdings nicht belegt. Zeitweise gab es auch Motorhauben mit umgebördelter Hinterkante.

TS 4307 Nov. 54
Verdeck mit dreigeteiltem Fenster (Mittelscheibe etwas größer als bisher).

TS 4310 Nov. 54
Fahrwerk mit Knotenblechen verstärkt; vordere Auspuffhalterung geändert.

TS 4731 (Achs-Nr.)
Befestigungsschrauben des Tellerrads $^3/_8$ Zoll statt $^5/_{16}$ wie bisher.

TS 4882E Dez. 54
Versteifte Kolben.

TS 5089 Jan. 55
Gummimatten in den Fußräumen.

TS 5114 Jan. 55
Geänderte Nabendichtungen, um Verölen der Hinterradbremsen zu verhindern (nur teilweise erfolgreich).

TS 5255 Feb. 55
Verschiebbare Seitenscheiben für alle Fahrzeuge (bisher nur für Hardtop-Versionen). Unterteile der Steckscheiben weiterhin abklappbar, aber ohne Reißverschluß. Befestigungselemente für Spritzdecke geändert.

TS 5260 Feb. 55
Werksseitige Vorrichtung für Hardtop-Einbau.

TS 5348 Feb. 55
Verstärkte Vorderradnaben ohne Schmiernippel.

TS 5443 März 55
Durchmesser der Hinterradbremsen 10 statt bisher 9 Zoll. Handbremsmechanismus verbessert. Breite der Bremsbeläge steigt von 45 auf 57 mm.

TS 5469 März 55
Geänderter Wagenheber.

TS 5556 März 55
Geänderte Hinterradnaben: Durchmesser steigt von 38 auf 41 mm; die Öldichtung wird entsprechend modifiziert.

TS 5777
Zusätzliche Lenksäulenhalterung; die Säule wird von einer der Spurstangen-Befestigungsschrauben gehalten.

TS 5980
Verbesserter Overdrive; Durchmesser der Betätigungskolben von 38 auf 35 mm verringert. Overdrive nur für direkten Gang. Seriennummer der neuen Version 22 / 1374 (zuvor 22 / 1275).

TS 6157 Apr. 55
Belüftungsdüsen am Windlauf (Betätigung am Armaturenbrett) sowie geänderte Motorhaube.

TS 6266 Mai 55
Overdrive für 2./3./4. Gang ersetzt schrittweise den bisherigen Overdrive für den direkten Gang. Ein tonnenförmiger Overdriveschalter löst den bisherigen Ziehschalter ab, ist aber an einer ähnlichen Stelle wie zuvor angebracht. Bei allen Wagen ab 6281 mit Overdrive wirkt dieser auf die drei oberen Gänge.

TS 8039 (Achs-Nr.)
Festere Muttern an den Hinterradnaben wegen des größeren Anzugsmoments.

TS 8213 Aug. 55
Geänderter Verteiler (u.a. neuer Unterbrecher).

TS 8637 Okt. 55
Einführung des TR 3 und des „Eierkarton“-Kühlergrills. Kotflügelbiesen nicht mehr aus gummiverstärktem Gewebe in Karosseriefarbe, sondern aus Edelstahl. Verchromte statt lackierte Scharniere für Motorhaube und Kofferraumdeckel. Vergaser: SU H6 (45 mm Durchlaß) statt SU H4 (38 mm); Ansaugluftkrümmer für die vier Befestigungsbolzen entsprechend geändert. „Low port“-Zylinderkopf weiterhin verwendet, allerdings mit leicht vergrößerten Kanälen. Motorleistung 95 statt bisher 90 PS. Vorderes Emblem entsprechend der neuen Bezeichnung geändert. Notbank als Option erhältlich und Tankkapazität folglich leicht verringert. Kraftstoffleitung zwischen den Vergasern nicht mehr starr, sondern flexibel. Neue Farbpalette. Seitenscheiben leicht modifiziert. Lehne des Beifahrersitzes nach vorne klappbar (leichteres Einsteigen der „Hinterbänkler“). Chromverzierung des „Mauls“ nun durchgehend. Neue Motoren bei Einführung des TR 3 ab TS 8997E: Nockenwellenlager vorne und mittig zusätzlich zum vorherigen vorderen Lager.

TS 9122 Nov. 55
Buchsen der unteren vorderen Querlenker nicht mehr aus Nylon / Stahl, sondern aus Gummi.

TS 9350E Nov. 55
Neuer Zylinderkopf (immer noch „low-port“) auf Basis des Bauteils, das für den Le Mans-TR 2 entwickelt worden war; der Kopf ist daher als „Le Mans-Kopf“ bekannt. Vergasernadeln nun Typ „TE“.

TS 9593 Nov. 55
Dämpferfeder und Kolben für Schalthebel.

TS 9731E
Kolben erneut verstärkt.

TS 9843 Dez. 55
Wegfall der abnehmbaren Abdeckung für die Lichtmaschinenkohlen.

TS 10037E Jan. 56
Vergasernadeln nun vom Typ „SM“.

TS 10132
Vordere Stoßdämpfer leicht verstärkt.

TS11384 Mai 56
Nachschalldämpfer anstelle des bisher leeren Endrohrs.

TS 12567 Juli 56
Scheibenwischermotor samt Getriebe und Halterung geändert: Lucas DR2 statt CRT 15, auf der gegenüberliegenden Seite befestigt.

TS 12606E bis TS 13052 Aug. 56
Einführung des neuen „high port"-Zylinderkopfs mit entsprechend geändertem Ansaugluftsammler. Die Einlaßkanäle liegen weiter oben im Kopf; das Gußteil selbst wurde verbessert und geändert, um die längeren Zugschrauben zum Motorblock aufnehmen zu können. Der Motor leistet nun 100 PS. Im Teilebuch ist die Einführung der neuen Köpfe zwar ab TS 13052E verzeichnet, „high ports" wurden jedoch auch in einigen Motoren ab TS 12606E eingebaut, so daß während dieser Zeit beide Versionen an einen neuen TR 3 paßten! Ab TS 13052E wurde der „high port" serienmäßig verwendet, und während der restlichen Bauzeit der „Steckscheiben"-TR erfolgte keine Änderung der Zylinderköpfe mehr.

TS 12650E Aug. 56
Ölfilter nicht mehr als Neben-, sondern als Hauptstromfilter.

TS 13046 Sep. 56
Bremsanlage nun von Girling mit vorderen Scheibenbremsen. Brems- und Kupplungshauptzylinder sowie Kupplungsnehmerzylinder geändert. Komplette Hinterachse nicht mehr vom Mayflower, sondern wesentlich stärkere Version vom Vanguard III mit Kegelrollenlagern, verstärkten Antriebswellen und geänderten Naben, um Undichtigkeiten auszumerzen. Hinterradbremsen immer noch 10" x 2,25", allerdings nicht von Lockheed, sondern von Girling mit $^3/_4$"-Radbremszylindern an den Hinterrädern (Girling-Nr. 390415W). Optionale Speichenräder nun mit Anbausatz. Schild mit Kommissionsnummer nicht mehr quadratisch, sondern länglich. Globus auf den Radkappen lackiert statt emailliert.

TS 15332 Dez. 56
Girling-Hinterradbremsen im Detail überarbeitet, daher neue Radbremszylinder erforderlich, ebenfalls von Girling (Girling-Nr. 390416W).

TS 15497 Jan. 57
Die flexiblen Kraftstoffleitungen zwischen Benzinhahn und Benzinpumpe wurden vereinfacht. Der Hahn fiel später weg, wann genau läßt sich jedoch nicht mehr feststellen.

TS 15601 Jan. 57
Zwei getrennte Bremsleuchten am Heck (zusätzlich zur mittleren Bremsleuchte) statt der Blinker für USA, Holland und Belgien. Bei den Modellen für diese Märkte waren separate Blinker vorgesehen.

TS 15706 Jan. 57
Auspuffendrohr / Schalldämpfer zur Geräuschverminderung weiter modifiziert.

TS 16473 Feb. 57
Geänderte Teilenummer des Heckschürzenblechs – vermutlich neue Preßteile mit Aussparungen für die Blinker der Modelle für Holland, Belgien und die USA, die auch schrittweise in anderen Ländern eingeführt wurden. Der exakte Zeitpunkt der Änderung für den US-Markt bleibt unklar; sicher ist hingegen, daß bestimmte Heckbleche mit Blinkeraufnahmen vor dem TR 3A eingeführt wurden.

TS 18230E Apr. 57
Ventildeckel nicht mehr lackiert, sondern verchromt; Öleinfüllstutzen / Motorentlüftung geändert.

TS 18913 Mai 57
Für USA, Belgien und Holland separate Kennzeichenleuchten anstelle der Kombileuchten für Kennzeichenbeleuchtung und Bremslicht.

TS 22014 Sep. 57
Einführung der 1958er Modelle, inoffiziell als TR 3A bekannt, mit zahlreichen Detailänderungen und -verbesserungen. Erste Auflage hauptsächlich für die USA; auf dem Heimatmarkt erst ab Januar 1958 erhältlich. Neuer, breitflächiger Kühlergrill mit Seitenleuchten / Blinkern, neue vordere Stoßstange samt Halterungen. Frontschürze geändert (Hauptscheinwerfer sitzen weiter hinten), Luftabweiser für Kühler hinter dem Grill (kann bei Fehlen zu Überhitzung führen!), abschließbare Türaußengriffe und separate orangefarbene Heckblinker serienmäßig. Verchromter Kennzeichenträger, „TRIUMPH" in Einzelbuchstaben an Front und Heck, „TR 3"-Medaillon nun ohne „TRIUMPH". Neue Türzuziehgriffe in den Türfächern, neue Sitze mit dickeren Rückenlehnen und waagerechten Biesen, überarbeiteter Notsitz (längliche Form statt rundlich wie beim TR 3). Abschließbarer Kofferraumgriff, keine „Briefkastenschlösser" mehr. Tankkapazität erneut leicht verringert, um mehr Raum für die Rückbank zu gewinnen. In den ersten Produktionsmonaten neue Farben (siehe separaten Abschnitt). Mittelteil des Armaturenbretts ab jetzt schwarz statt passend zum Rest wie zuvor. Räder nicht mehr in Wagenfarbe, sondern silbern / alufarben lackiert. Schiebefenster der Steckscheiben ohne Außengriff, da Türgriffe serienmäßig (unbefugtes Eindringen erschwert). Vollständiger Werkzeugsatz serienmäßig (zuvor aufpreispflichtig).

TS 26698E Jan. 58
Endgültige Entwicklung der „ultrastarken" Kolben.

TS 26825 Jan. 58
Bestimmte Getriebelager Nadel- statt Wälzlager.

TS 26904 Jan. 58
Ab hier Verwendung von „seitenspezifischen" Federn hinten (zuvor identische Federn); fahrerseitig erfolgte keine Änderung, beifahrerseitig wurden hingegen etwas weichere Federn eingesetzt, vermutlich um bei Solofahrten das Gewicht des Fahrers zu kompensieren.

TS 28826 Feb. 58
Wegfall der bisherigen „keilförmigen" Steckscheibenaufnahmen; statt dessen stabilere neue Dzus-Verschlüsse mit Vierkantmechanismus.

TS 32833 Apr. 58
Wegfall der vorgebohrten Halterungen am Windlauf zur Befestigung der Rennscheiben.

TS 33894 Jun. 58
Durchmesser der hinteren Radbremszylinder von 19 auf 16 mm verringert, um Blockieren der Bremsanlage zu vermeiden (Girling-Nr. 390400W).

TS 43312 Juni 58
Dichtung des Hauptbremszylinders modifiziert, um den Pedalweg zu verringern, der nach der vorherigen Dichtungsänderung ab etwa TS 28000 recht lang geraten war.

TS 41743 Jan. 59
Zusätzliche Öse zur Befestigung der Verdeckabdeckung.

TS 41878 Jan. 59
Farben des vorderen Medaillons statt rot / schwarz nun blau / weiß.

TS 42400 Jan. 59
Aschenbecher serienmäßig.

TS 50001 Apr. 59
Modifiziertes Getriebe: Unter anderem neue obere Abdeckung ohne bisherigen Ölmeßstab, statt dessen Ölstandkontrollstopfen. Geänderte Konstruktion des „kurzen" Startermotors: Das modifizierte Starterritzel wird nun zur gegenüberliegenden Seite wie bisher ausgerückt.

TS 56377 Juni 59
Hinterradbremsen von 10" x 2,25" auf 9" x 1,75" Durchmesser verringert, um der Blockierneigung entgegenzuwirken. Vordere Bremszangen nun teilbare Girling „B". Durchmesser der hinteren Radbremszylinder von 16 auf 19 mm vergrößert (erneut Girling-Nr. 390415).

TS 60001 Okt. 59
Neue Karosseriepreßwerkzeuge, vermutlich wegen Verschleiß der alten Werkzeuge. Zahlreiche Detailänderungen: Scharniere für Motorhaube und Kofferraumdeckel weiter oben angebracht, Windschutzscheibe mit Schrauben statt Dzus-Verschlüssen befestigt, hintere Bodenbleche geändert (Tank entsprechend), so daß der Boden nun flach statt wie bisher gewölbt ist. Ebenfalls Überarbeitung des hinteren Notsitzes. Kofferraumboden abgeändert, um mehr Platz im Ersatzradfach zu schaffen. Runde statt der bisherigen rechtwinkligen Türunterkanten. Einige Windschutzscheibenrahmen nicht mehr verchromt, sondern aus poliertem Alugußs.

TS 64561
(evtl. Karosserie-Nr. EB 64561) Dez. 59
Kabelbaum mit Kunststoff- statt Gewebeummantelung, Umstieg auf Steckverbinder.

TS 71372E
Kupplungsnehmerzylinder samt Halterung geändert.

TS 74331E
Diverse Änderungen am Thermostatgehäuse.

TS 78718E
Federn der Kipphebelachsen geändert.

MODELLPFLEGEMASSNAHMEN TR 3B

TSF 2
Geringfügige Modifikationen an der Vorderradaufhängung.

TSF 219
Bremszangen-Halteplatte geändert.

TSF 265
Hintere Stoßdämpfer geändert.

TSF 284
Weitere geringfügige Modifikationen an der Vorderradaufhängung.

TCF 1
Armaturenbrett/vordere Spritzwand geändert, ebenso die Aufnahme für den Hydraulikhauptzylinder.

Anmerkung 1
Aus Gründen der Übersichtlichkeit wurde auf die Zusätze „L" und „O" verzichtet.

Anmerkung 2
Angeblich wurden in einige sehr späte TR 3A sowie alle TR 3B andere Hinterradbremsen eingebaut (die Anlage des TR 4 mit 9-Zoll-Trommeln und Radbremszylinder mit 18 mm Durchmesser). Es konnte allerdings nie festgestellt werden, wie viele Wagen dieses Merkmal aufwiesen und ab welcher Kommissionsnummer die Änderung erfolgte.

Anmerkung 3
Unklar ist auch der genaue Zeitpunkt für die Einführung der späteren zweiteiligen Lenksäule (nicht zu verwechseln mit der verstellbaren Lenksäule, die ab dem Beginn der Produktion erhältlich war – die zweiteilige Version gab es sowohl verstellbar als auch feststehend!). Intensives Studium des Teileverzeichnisses ergab, daß die geteilte Lenksäule erstmalig in der dritten Auflage gegen Ende 1958 auftaucht; in der Ergänzung anläßlich der Einführung des TR 3A wird hingegen nicht mehr auf sie verwiesen. Die geteilte Lenksäule muß also zwischen TS 26000 und TS 34000 eingeführt worden sein; genauer kann ich den Zeitpunkt leider nicht festlegen. Außerdem ist noch ungeklärt, ob diese Lenksäule nach ihrer Einführung zur Standardausstattung gehörte, da Beweise dafür vorliegen, daß die „einteilige Lenksäule" auch in späteren Fahrzeugen verwendet wurde. Die geteilte Lenksäule wurde eingesetzt, um den Lenksäulenausbau zu erleichtern. Zu ihrer Befestigung waren zusätzliche Halterungen am Rahmen erforderlich.

Anmerkung 4
Einige sehr späte TR 3A hatten angeblich die vorderen Scheibenbremsen des TR 4 mit 270 mm Durchmesser, die auch beim TR 3B verwendet wurden. Konkrete Beweise liegen hierfür allerdings ebensowenig vor wie für den genauen Zeitpunkt dieser Änderung.

Zubehörteile

Werksseitig war eine beträchtliche Anzahl von Zubehörteilen erhältlich, und zahlreiche Dritthersteller boten weiteres Zubehör an. Viele Teile gab es bereits mit dem Beginn der Produktion, weitere folgten bald – hauptsächlich Tuningteile, da man das Rallye- und Rennpotential der TR recht schnell erkannte.

Ab Produktionsanlauf bzw. kurz danach wurde folgendes Zubehör angeboten:

Overdrive. Ursprünglich nur für den direkten, ab März 1955 (TS 6266) auch für den zweiten und dritten Gang. Das Werk bot einen entsprechenden Umrüstsatz für ältere Fahrzeuge an; Teile-Nr. 501803 (Rechtslenker) bzw. 502104 (Linkslenker).

Drahtspeichenräder mit Zentralverschluß. Vermutlich erst ab Januar 1954.

Rennstoßdämpfer vorne. Teile-Nr. 113556.

Ölwanne aus Aluguß. Teil-Nr. 502126.

Härtere Federn vorne. Teile-Nr. 201899.

Längere Stoßdämpfer hinten. Teile-Nr. 108298 (Rechtslenker) bzw. 108197 (Linkslenker).

Rennscheiben („aeroscreens"). Die Werksversion wurde über vorhandene Öffnungen im Windlauf befestigt; diese Öffnungen fielen ab TS 32833 weg. Teile-Nr. 700896.

Unterbodenverkleidung. Kein Steinschlagschutz für Rallyeeinsatz, sondern ein leichtes Aluminiumblech unter dem Motor, um eine bessere Aerodynamik zu erzielen. Von diesen Blechen konnten nur sehr wenige abgesetzt werden, da sie zu Überhitzung führten und die Bodenfreiheit verringerten! Teile-Nr. 502122.

Radausschnittverkleidungen hinten. Ebenfalls „aerodynamische" Teile. Ihr Anbau (nur in Verbindung mit Scheibenrädern) führte bei rasanten Fahrten zu Überhitzung der Hinterradbremsen. Teile-Nr. 552083 für den kompletten Satz.

Innenraumabdeckung aus Metall. Wiederum „zur Verbesserung der Aerodynamik": Eine vorgeformte Aluminiumabdeckung der Beifahrerseite für Schnellfahrer – vermutlich seitenspezifisch. Wenn überhaupt, wurden nur sehr wenige dieser Zubehörteile verkauft; in der Liste vom August 1954 erscheinen sie nicht.

Innenraumheizung. Die meisten frühen Fahrzeuge wurden ohne Heizung gebaut; später wurde sie jedoch immer häufiger geordert und war auch als Nachrüstsatz erhältlich (Teile-Nr. 551877).

Lederausstattung. Detaillierte Angaben siehe Abschnitt „Innenraumausstattung".

Radio. Das Radio wurde im Bereich des Handschuhfachs eingebaut, wobei eine spezielle Verkleidung die Klappe ersetzte. Drei verschiedene Radios wurden angeboten, alle von Radiomobile (HMV): Ein Modell mit sämtlichen Wellenbereichen (Teile-Nr. 552059), ein Mittelwellenmodell (552058) sowie ein Langwellenmodell (Teile-Nr. 552057). Die Röhrenbaugruppe war im beifahrereseitigne Fußraum untergebracht; der Hayes-Lautsprecher hatte einen Durchmesser von 165 mm. Ab Oktober 1955 war ein Radio mit Drucktastenbetätigung erhältlich.

Werkzeug mit Tasche. Beim TR 2 und TR 3 war wohl nur das Werkzeug zum Radwechsel serienmäßig. Der zusätzliche Werkzeugsatz umfaßte die folgenden Teile: Zwei Reifenmontierhebel, Schmierpresse, Kerzenschlüssel, 1/2"-AF-Steckschlüssel, drei AF-Schlüssel (3/8"x7/16", 1/2"x9/16" und 5/8"x3/4"), Drehstift, Zange, Fühlerlehre, Kombiwerkzeug (offensichtlich ein verstellbarer Schraubenschlüssel!), Schraubenzieher, Abzieher für Reifenventil und Ersatzventil. Teile-Nr.: 301413. Laut Teileverzeichnis gehörte dieser Werkzeugsatz beim TR 3A zur Serienausstattung.

Teleskoplenksäule. Diese Lenksäule konnte um jeweils ca. 8 cm nach innen bzw. außen verschoben werden; die meisten Fahrer fanden allerdings, daß die Lenksäule ihnen das schon sehr weit im Innenraumsitz liegende Lenkrad hierdurch noch näher brachte! Man konnte allerdings auch ein anderes Lenkrad ordern, dessen Speichen ähnlich wie ein Mercedes-Stern angeordnet waren, während die Speichen des normalen Lenkrads ein „T" bildeten. Teile-Nr. 50228 (LHD) bzw. 502231 (RHD).

Hochgeschwindigkeitsreifen. Größe 5.50x15 wie Serienreifen. Teile-Nr. 501532.

Zweistufige Scheibenwischer. Teile-Nr. 501843 bis TS 994, danach 501956. Bei späteren Fahrzeugen war der Betätigungsschalter hierfür ein gerändelter Drehschalter.

Gepäckkoffer. Der Koffer war speziell auf die Form des Kofferraums zugeschnitten und in mehreren Farben passend zur Innenausstattung erhältlich. Teile-Nr. 800608.

Gewölbtes Lenkrad. Ich habe leider keine Informationen hierüber und habe bisher auch kein derartiges Exemplar gesehen.

Verdeckabdeckung. Unterschiedliche Teile-Nummern entsprechend der verschiedenen Ausstattungsfarben und für links- bzw. rechtsgelenkte Fahrzeuge.

Die folgenden Zubehörteile waren zusätzlich in einem Prospekt von Standard-Triumph vom August 1954 aufgeführt:

Gepäckträger. Die frühen Versionen wurden am Kofferraumdeckel angeschraubt. Spätere Exemplare wurden an den Scharnieren des Kofferraumdeckels befestigt und an der Unterkante des Deckels festgeklemmt, so daß keine zusätzlichen Bohrungen am Fahrzeug angebracht werden mußten. Teile-Nr. 552398.

Hier sieht man einen der sehr seltenen Gepäckkoffer mit Messingbeschlägen an den Ecken und drei weißen Tragegriffen aus Bakelit, die als Zubehörteil für den TR 2 angeboten wurden. Der Koffer war in mehreren Farben passend zur Innenausstattung erhältlich. Das hier abgebildete Exemplar zeigt ein leicht ausgeblichenes „Geranium" und ist in der korrekten Lage im Kofferraum verstaut, so daß für den Fall, daß der Wind den Kofferraumdeckel zuschlägt, der Fanghaken in die Schlitzaufnahme fällt.

Ein originales Hardtop aus Stahlblech mit Panoramaheckscheibe. Der hier abgebildete Wagen ist Martin Kings früheres Werksfahrzeug, was den rallyemäßigen Suchscheinwerfer auf dem Dach erklärt. Man erkennt gut die spätere Version der verschiebbaren Seitenscheiben mit feststehender unterer Abdeckung, ebenso die Türaußengriffe, die mit dem TR 3A eingeführt wurden. Das Hardtop hatte verchromte Regenrinnen. Dieser Wagen ist in „Apple Green" lackiert.
(Foto: Bill Piggott)

Rennkerzen. Champion L11S, Teile-Nr. 502200.

Ölwannenschutz. Rallyeausführung, Teile-Nr. 301644.

Handbetätigte Scheibenwaschanlage. Teile-Nr. 500898, später durch Nr. 553729, danach durch eine unterdruckgesteuerte Anlage ersetzt.

Windschutzscheibendefroster. Elektrisches Bauteil zum Anbringen an der Windschutzscheibe, Teile-Nr. 59844.

Außenspiegel. Für beide Seiten verwendbar, Teile-Nr. 70326 (später ersetzt durch Nummer 502459).

Zigarettenanzünder. Teile-Nr. 502041.

Kennzeichenträger. In Verbindung mit Rennscheiben. Teile-Nr. 602226.

Abblendbarer Innenspiegel. Teile-Nr. 70400.

Bodenmatten. Zweiteiliges Set (schwarz oder farbig), Teile-Nr. 552164.

Schwenkbarer Aschenbecher. Fahrerseitig unter dem Armaturenbrett angebracht, zum Gebrauch ausschwenkbar. Teile-Nr. 701019.

Rückfahrscheinwerfer. Anbringung am hinteren Stoßstangenhorn. Teile-Nr. 502251.

Emblemträger. Teile-Nr. 552399.

Suchscheinwerfer (Lucas). Teile-Nr. 501703.

Nebelscheinwerfer (Lucas). Zwei Versionen, Teile-Nummern 501702 und 70377.

Polierte Radblenden. Aus verchromtem oder poliertem Aluminium, nur für Scheibenräder. Teile-Nr. 502160.

Umbausatz zur Verringerung der Verdichtung. Teile-Nr. 502227. Bestehend aus Platte, kürzeren Stößelstangen und neuen Dichtungen; Verringerung der Verdichtung auf ca. 7,5 : 1 für Länder mit niederoktanigem Kraftstoff.

In der Zubehörliste vom April 1957 sind außerdem verzeichnet:

Hardtop-Kit. Grundiert, Teile-Nr. 900771. Ursprünglich im Oktober 1954 als Polyesterteil eingeführt, später aus Stahl gefertigt. Beide Versionen waren in der Regel mit Plexiglas-Heckscheibe ausgestattet, einige Exemplare jedoch auch mit Glasscheibe.

Sitzbezüge. Anmerkung in der Liste: „Preis ab sieben Pfund zehn Schilling je nach Qualität".

„Continental Touring"-Kit. Teile-Nr. 502022.

Kühlerjalousie. Teile-Nr. 502866. Vom Armaturenbrett aus über Seilzug betätigt.

Zierstreifen für Kühleröffnung. Teile-Nr. 554331. Optionaler Chromstreifen um das „Maul" des TR 2 herum.

Kühlergrill. Teile-Nr. 801255. Es handelte sich hierbei um einen Grill wie beim TR 3, mit dem TR-2-Besitzer ihr Fahrzeug mit offiziellem Segen von Triumph „modernisieren" konnten.

Umrüstsatz „Grand Touring". Teile-Nr. 554313. Türaußengriffe mit Schlössern in Verbindung mit Hardtop, vor allem, um das Fahrzeug an die Bestimmungen mancher Rennveranstaltungen anzupassen. Nachtrag zu diesem Umrüstsatz vom 27. März 1956. Außerdem war im Satz ein Chromstreifen enthalten, der an der Unterseite der Seitenscheiben am Übergang zu den Türen verlief.

Hinterer Notsitz. Für TR 3. Teile-Nr. 801264.

Drucktastenradio. Für Mittelwellenempfang Teile-Nr. 552903, für Lang- und Mittelwelle Teile-Nr. 552902.

Zusätzlich zu den oben aufgeführten Teilen wurde noch die Hinterachse mit der Übersetzung 4,1 : 1 (in Verbindung mit Overdrive) angeboten, wahlweise für Neufahrzeuge oder als Nachrüstteil; ab wann diese Übersetzung verfügbar war, kann ich leider nicht genau sagen. Es gab sie als „Lockheed"-Version, und sie konnte vermutlich bereits ab Produktionsbeginn des TR 3 geordert werden. Die optionalen Zylinderlaufbüchsen mit 86 mm Durchmesser zur Hubraumaufstockung auf 2138 ccm waren ab dem TR 3A erhältlich, allerdings kann man auch hier nicht den genauen Zeitpunkt festlegen. Beide Zubehörteile wurden von der Rennabteilung entwickelt, ebenso wie viele andere Rennteile, die nicht in der obigen Liste enthalten sind. Da viele sportlich engagierte Fahrer engen Kontakt zum Werk unterhielten und von dort Teile bekamen, die (zumindest anfangs) nicht jedermann kaufen konnte, läßt sich nur schwer sagen, was nun genau offiziell vom Werk angebotene Teile oder Extras waren.

Alfin-Bremstrommeln aus Aluminium oder Stahl gab es fast schon zu Beginn der TR-Produktion; in den Zubehörlisten erscheinen sie allerdings nur als Anmerkung darüber, daß Interessenten sie bei den Standard-Triumph-Vertriebspartnern erwerben konnten.

Radialreifen Michelin X wurden ab 1956 angeboten, und auch die damals vor allem in den USA sehr beliebten Weißwandreifen standen auf der Zubehörliste.

Im Teileverzeichnis ist ein Stabilisator (Teile-Nr. 508397) für den TR 3A aufgeführt; für TR 2 oder 3 findet sich hingegen nichts Entsprechendes.

Identifizierung, Datierung & Produktionszahlen

Glücklicherweise ging man bei Standard-Triumph bei der Vergabe von Seriennummern für Motoren und Fahrzeuge extrem logisch vor. Im Gegensatz zu anderen Automobilherstellern verwendete Standard-Triumph in der Regel direkt aufeinanderfolgende Nummern, wobei seltsamerweise mit 1 begonnen wurde. Aus diesem Grund läßt sich recht einfach nachvollziehen, ab wann ein bestimmter Fahrzeugtyp produziert wurde.

Links- und rechtsgelenkte Fahrzeuge wurden in jeweils derselben Reihenfolge numeriert; Linkslenker hatten den Nachsatz „L", während Rechtslenker überhaupt keinen Nachsatz aufwiesen. Alle Fahrzeuge, die serienmäßig einen Overdrive hatten (ohne Unterscheidung von Links- oder Rechtslenkern), hatten den Zusatzbuchstaben „O" als Teil der Kommissions- oder Fahrzeugnummer, der jedoch auf dem Kommissionsschild von den übrigen Zeichen in einem Abstand von ca. 12 mm plaziert war, um Verwechslungen zu vermeiden. Leider kommt es dennoch immer wieder zu Verwirrungen, da manche Fahrer (und Zulassungsstellen) diesen Buchstaben als die Ziffer „0" (Null) lesen, so daß man bei der Angabe der Kommissionsnummer immer besonders sorgfältig sein sollte.

Bei Standard-Triumph verwendete man anstelle der Bezeichnung „Fahrgestellnummer" meist eher „Kommissions-" oder „Fahrzeugnummer". Eine Fahrgestellnummer im eigentlichen Sinne gab es nicht. An vielen Fahrwerken findet man im vorderen Bereich ein kleines Schild mit dem eingestempelten Vermerk „Z28"; dieser Eintrag hat jedoch keine besondere Bedeutung.

Bei der Produktionsreihe der TR 2/3/3A war den Nummern in der Regel die Buchstabenkombination „TS" (vermutlich für „Triumph Sports) vorangestellt; die werksinterne Typenbezeichnung lautete „20TR2". Bei einigen Fahrzeugen findet man hier auch „BTS"; hierbei handelt es sich allerdings um Bausatzwagen (Completely Knocked Down bzw. CKD kit), die in Belgien montiert wurden. Bei diesen TR entspricht die Numerierung der üblichen Reihenfolge, während man für Bausatz-TR in anderen Ländern mitunter auf andere Weise vorging; es wurde zwar stets eine „TS"-Nummer zugewiesen, aber nicht immer auch am Fahrzeug selbst angebracht. Wagen, die in Südafrika montiert wurden, trugen beispielsweise die vorangestellten Buchsteben „TR", meist gefolgt von einer dreistelligen Zahl, die „TS"-Nummer erscheint allerdings nirgends am Fahrzeug. Nach Italien exportierte Fahrwerke, die dort zu Triumph Italia komplettiert wurden, haben den Zusatz „LCO" für „Left-hand drive, chassis only" (Linkslenker, nur Fahrwerk).

Die Produktion der TR-Baureihe lief am 22. Juni 1953 mit TS 1L (Linkslenker mit Overdrive) und TS 2 (Rechtslenker ohne Overdrive) an. Die Numerierung wurde anschließend wohl kontinuierlich bis TS 8636, dem letzten TR 2 (gebaut am 6. Oktober 1955) weitergeführt. Einige Nummern sind in den Werksunterlagen nicht zu finden; meiner Meinung nach bedeutet dies jedoch nicht, daß die betreffenden Fahrzeuge nicht gebaut wurden, sondern daß die Unterlagen unvollständig sind.

Als die Produktion des TR 2 auslief, wurde die Numerierung für den TR 3 beibehalten. Das erste Fahrzeug war offiziell TS 8637, fertiggestellt am 11. Oktober 1955; allerdings war bereits am 7. Oktober ein TR 3 mit der Nummer TS 8709L vom Band gelaufen. Bei diesem Typ wurde das Numerierungssystem ebenfalls bis zum letzten Modell, TS 22013 vom 17. September 1957, fortgeführt. Die Typenbezeichnung auf dem Kommissionsschild änderte sich in „20TR3".

Wie hinlänglich bekannt, wurde die Typenbezeichnung „TR 3A" niemals offiziell von Standard-Triumph verwendet, so daß es auch werksseitig keine entsprechenden Embleme gab. Man nannte das neue Modell weiterhin TR 3, und auch die Seriennummern wurden auf die gleiche Weise wie bisher vergeben, beginnend mit TS 22014 (17. September 1957). Allerdings klafft hier eine gewaltige Lücke, da die Nummern TS 47965 bis TS 50000 nie vergeben wurden. Fahrzeugen, die mit einer Nummer aus diesem Bereich versehen sind, sollte man daher mit äußerstem Mißtrauen begegnen. Außerdem wurden merkwürdigerweise Wagen mit den Nummern TS 47939 bis TS 47955 gebaut, *nachdem* bereits Seriennummern ab 50001 vergeben waren! Die Numerierung verlief anschließend mit gelegentlichen Sprüngen, bei denen Wagen mit einer höheren Nummer vor Fahrzeugen mit niedrigerer Nummer gebaut wurden, weiter bis zum Ende der TR-3A-Produktion (TS 82346, Januar 1962). Die Unterlagen weisen darauf hin, daß eventuell noch ein weiterer Wagen, TS 82347, gebaut wurde; mit Gewißheit läßt sich dies jedoch nicht feststellen. 1961, als im Zuge der weltweiten Rezession die Verkaufszahlen sanken, wurden nur wenige TR 3A hergestellt. In jenem Jahr kamen hauptsächlich Fahrzeuge aus Lagerbeständen zum Verkauf, die im zweiten Halbjahr 1960 produziert worden waren; einige dieser Wagen konnten erst nach einem Jahr an den Mann gebracht werden.

Bei den speziell auf den US-Markt ausgelegten TR 3B, die an anderer Stelle ausführlich behandelt werden, waren die Nummern in zwei Serien aufgeteilt. Die frühen Fahrzeuge stammten aus der Serie TSF 1 bis TSF 530 (allerdings wurden TSF 502 bis TSF 530 als Triumph Italia zusammengebaut). Spätere Wagen mit serienmäßigem 2138-ccm-Motor trugen die Bezeichnung TCF 1 bis TCF 2804. Bei diesen Fahrzeugen handelte es sich durchweg um Linkslenker mit dem Zusatz „L". Das erste TSF-Modell lief am 1. März 1962 vom Band; das genaue Produktionsdatum des letzten Steckscheiben-TR, TCF 2804, ist hingegen unbekannt, da keine Werksaufzeichnungen hierüber vorhanden sind. Es ist allerdings zu vermuten, daß die TR-3B-Produktion vor Ende 1962, wahrscheinlich im Dezember, auslief.

Die Kommissionsnummern sind bei TR 2/3/3A/3B auf einem Schild angebracht, das an der vorderen Spritzwand unter der Motorhaube befestigt ist. Es gibt zwei unterschiedliche Arten von Schildern: Ein größeres, fast quadratisches mit abgeschnittenen Ecken beim TR 2 und bei frühen TR 3 sowie ein kleineres, längliches Schild für spätere TR 3 und TR 3A/3B.

Auch bei den Motornummern für TR 2/3/3A ging man logisch vor. Sie beginnen ebenfalls mit „TS", gefolgt von der Nummer (beginnend mit 1) und mit dem Buchstaben „E" am Ende. So weit sich feststellen läßt, wurde die Numerierung konsequent durchgeführt, so daß es tatsächlich Motornummern gibt, die in die Lücke zwischen TS 47956 und TS 50000 fallen. Ob *alle* der „leeren" Fahrzeugnummern auch entsprechend numerierte Motoren hatten, ist nicht belegt.

Da Standard-Triumph auch Motoren an Dritthersteller lieferte (hauptsächlich an Morgan für den Plus 4, aber auch für den Swallow Doretti) und diese Motoren ebenfalls nach dem Schema „TS...E" numeriert wurden, hatten die Motornummern natürlich schon bald die Fahrzeugnummern überholt. Der Originalmotor eines bestimmten Fahrzeugs hat daher immer eine höhere TS-Nummer als das Fahrzeug selbst. Dieser Abstand wurde im Laufe der Produktion natürlich immer größer, so daß bei späteren Fahrzeugen der Unterschied im Bereich von mehreren hundert liegt.

Werksseitig wurden auch Austauschmotoren angeboten, deren Nummern „FR" für „Factory Rebuilt" (werksüberholt) vorangestellt war. In diesem Fall waren Angaben über Lagerzapfen oder Kolbengröße auf einem Schild eingeschlagen, das am Motor oberhalb der Originalnummer saß. Die originalen „TS...E"-Motornummern selbst waren im Motorblock von vorne gesehen auf der rechten Seite unterhalb des Zylinderkopfs eingeschlagen. Diese Markierungen sind auf einigen Motorblöcken nur sehr schwer zu entziffern. TR-3B-Motoren hatten ebenfalls den Nachsatz „E"; vorangestellt war hingegen je nach Serie „TSF" oder „TCF". Bei einigen TR wurden bedauerlicherweise im Laufe der Jahre Standard-Vanguard-Motoren eingebaut, so daß Fahrzeuge mit Motoren ohne „TS" bzw. „E" mit Vorsicht zu genießen sind, sofern es sich bei dem Triebwerk nicht um ein Austauschexemplar handelt.

Die Karosserie der TR 2/3/3A war mit zwei Nummern versehen, die beide auf kleinen Messingschildern saßen, die wiederum an der vorderen Spritzwand oberhalb des Batterieträgers angeschraubt oder angenietet waren. Die Nummer auf einem dieser Schilder beginnt mit „EB", gefolgt von einer Zahl, die etwas höher als die der Kommissionsnummer liegt. Das andere Schild trägt eine sechs- oder siebenstellige Nummer ohne voran- oder nachgestellte Zeichen. In den Produktionsunterlagen, die vom British Motor Industry Heritage Trust aufbewahrt werden, erscheinen nur diese Nummern, und es ist leider sehr wenig über die Reihenfolge der Vergabe dieser Karosserienummern bekannt.

Ich habe gehört, daß die sechs- oder siebenstellige Nummer beim Hersteller Mulliner auf der blanken Karosserie angebracht wurde, während die „EB"-Nummer von Standard-Triumph stammte und für die komplettierte Karosserie galt. Vermutlich entspringt diese Theorie der Tatsache,

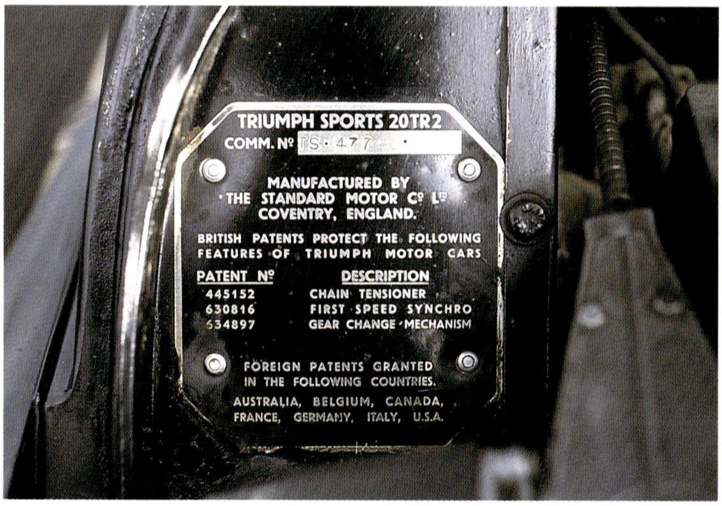

Das Kommissionsschild des TR 2 und früher TR 3 - zunächst quadratisch, aber mit abgeflachten Ecken. Die vier Befestigungsnieten entsprechen dem Original.

Das spätere Kommissionsschild ist wesentlich kleiner sowie länglicher und mit nur zwei Nieten befestigt. Bereits ab 1957 wurde das Fahrzeuggewicht in Kilogramm angegeben! Der Grund hierfür lag angeblich darin, daß eine Gewichtsangabe nur auf dem deutschen Markt erforderlich war. Der schwarze Bremsflüssigkeitsbehälter müßte eigentlich mit der Beschriftung „brake" (Bremse) und „clutch" (Kupplung) versehen sein.

daß die „EB"-Nummer in etwa mit der betreffenden Kommissionsnummer übereinstimmt, während zur anderen Nummer offensichtlich keine Verbindung besteht. Daß die „EB"-Nummer über der Kommissionsnummer liegt, könnte durch die Nummern erklärt werden, die Ersatzkarosserien zugewiesen wurden, die zur Reparatur von beschädigten Fahrzeugen dienten. Heute kann man allerdings nicht allzu viele Rückschlüsse aus einer der beiden Karosserienummern ziehen; vielleicht kann ja in der Zukunft etwas Licht in diese Angelegenheit gebracht werden.

Ein letzter Punkt hinsichtlich der TR-Nummern, der häufig für Verwirrung sorgt, muß noch geklärt werden. Im Zuge meiner Nachforschungen bin ich auf bislang drei TR 2 gestoßen, die in den Unterlagen als „Speed Models" auftauchen und offensichtlich hinter ihren Kommissionsnummern den Nachtrag „SP" aufwiesen. Ich habe von solchen Fahrzeugen weder etwas gehört noch ein derartiges Exemplar persönlich gesehen, und über ihre technischen Daten kann man nur Mutmaßungen anstellen. Ich vermute allerdings, daß es sich hierbei um Repliken von MVC 575, dem berühmten, 200 km/h schnellen „Jabbeke"-Wagen, handelte, möglicherweise mit Unterbodenverkleidung und metallenen Spritzdecken. Ob der Zusatz „SP" tatsächlich auf dem Schild mit der Kommissionsnummer eingeschlagen war, kann ich nicht sagen, da ich schließlich noch nie ein solches Exemplar gesehen habe, aber es spricht einiges dafür, daß diese geheimnisumwitterten Wagen tatsächlich gebaut wurden. Einer von ihnen wurde im Oktober 1953 auf der Earls Court Motor Show ausgestellt und erscheint in den Unterlagen als TS 19L (SP) O, was auf einen Linkslenker mit Overdrive hinweist.

Die korrekte Datierung eines TR ist recht einfach; allerdings ist hierzu die Kommissionsnummer oder bei Fahrzeugen mit Originalmaschine die Motornummer erforderlich. Akkurate Informationen anhand der Kommissionsnummer erhält man mit Hilfe der Werksunterlagen, aber auch die nachstehende Tabelle bietet einen guten Anhaltspunkt.

1953	Beginn der Produktion mit TS 1LO (22.7.53).
1954	Erster Wagen des Jahres: TS 306L (gebaut 1.1.54).
1955	Erster Wagen des Jahres: TS 5203LO (gebaut 4.1.55). Letzter TR2: TS 8636 (gebaut 6.10.55). Erster TR 3: TS 8637 (gebaut 11.10.55).
1956	Erster Wagen des Jahres: TS 9666-0 (gebaut 2.1.56).
1957	Erster Wagen des Jahres: TS 14999L (gebaut 1.1.57). Letzter TR 3: TS 22013 (gebaut 17.9.57). Erster TR 3A: TS 22014 (gebaut 17.9.57).
1958	Erster Wagen des Jahres: TS 25633 (gebaut 1.1.58).
1959	Erster Wagen des Jahres: TS 41668 (gebaut 1.1.59).
1960	Erster Wagen des Jahres: TS 65124*
1961	Erster Wagen des Jahres: TS 82030*
1962	Erster Wagen des Jahres: TS 82340* Letzter Wagen des Jahres: TS 82346 (möglicherweise auch TS 82347; s. oben).

* An dieser Stelle sind die Werksunterlagen leider nicht vollständig, so daß die hier angegebenen Informationen einer anderen Quelle entliehen werden mußten. Gegen Produktionsende des TR 3A wurde außerdem bei der Vergabe der Karosserienummern nicht immer die korrekte Reihenfolge eingehalten, so daß die Produktionszahlen eines Jahres nicht immer mit den im selben Zeitraum vergebenen Nummern übereinstimmen. Herstellungsdaten von Motoren lassen sich mit Hilfe der vorstehenden Liste grob schätzen, wobei allerdings berücksichtigt werden muß, daß die Motornummern immer etwas höher liegen als die zugehörigen Kommissionsnummern.

Was Produktionszahlen angeht, muß ich bemerken, daß die nachstehende Tabelle anhand der verfügbaren Unterlagen zusammengestellt wurde, wobei auch die 2044 „fehlenden" Nummern zwischen TS 47965 und TS 50000 nicht vergessen wurden.

Leider kann keine exakte Unterscheidung zwischen Links- und Rechtslenkern vorgenommen werden, zumindest nicht, ohne die Fertigungsunterlagen aller TR einzeln zu untersuchen – angesichts der über 80 000 gebauten Fahrzeuge ist es kein Wunder, daß sich bisher noch niemand dieser Aufgabe gestellt hat! Allerdings liegen nur für die Jahre von 1953 bis 1961 statistische Angaben vor, an denen man den Anteil der heimischen Produktion und der Exportproduktion erkennen kann. Außerdem darf man nicht vergessen, daß eine beträchtliche Anzahl von rechtsgelenkten Fahrzeugen exportiert wurde.

Addiert man die Zahlen für 1953 und 1954, so stellt man fest, daß von insgesamt 5202 gebauten TR 2 genau 2973 Exemplare in den Export gingen – also gut 57 Prozent. Hierbei gab es eine Vielzahl von Zielländern; der größte Abnehmer mit 1451 Fahrzeugen war Nordamerika, die restlichen Fahrzeuge wurden auf über 70 verschiedene Länder verteilt! Kanada, Belgien, Frankreich, Deutschland und Australien waren nach den USA die nächstgrößten Märkte, und in manche Länder (beispielsweise Ecuador, Haiti, die Insel Mauritius oder Neuguinea) ging nur jeweils ein einziges Fahrzeug. Einige der nach Belgien exportierten Wagen wurden teilweise zu Fixed-Head-Coupés umgebaut und erhielten die Bezeichnung „TR 2 Francorchamps"; insgesamt sollen 22 derartige Fahrzeuge gebaut worden sein.

Ich vermute, daß die Fahrzeuge, die in Großbritannien an Angehörige der amerikanischen Streitkräfte und an andere dort stationierte Ausländer verkauft wurden, nicht in den US-Exportzahlen enthalten sind, obwohl die betreffenden Wagen ja genaugenommen von ihren Besitzern exportiert wurden. Dies würde eine Unstimmigkeit erklären, auf die ich gestoßen bin; es geht darum, daß wesentlich mehr linksgelenkte TR gebaut wurden als in den Exportunterlagen des Werks angegeben! Als die TR-Produktion in den 50er Jahren immer weiter anstieg, nahm auch der Anteil der Fahrzeuge, die in den Export gingen, beträchtlich zu, bis etwa 1959/1960 auf dem eigenen Heimatmarkt nur zwischen drei und fünf Prozent der Gesamtproduktion abgesetzt wurden. Von den 21 186 im Jahre 1959 gebauten TR gingen 20 440 als Komplettfahrzeuge und 108 als Bausätze in den Export; nur 108 Exemplare fanden Abnehmer in Großbritannien. Das beste Produktionsjahr für die TR 2/3/3A war 1959; 1958 und 1960 waren allerdings fast genauso gut. Exakte Exportaufschlüsselungen nach den einzelnen Bestimmungsländern sind leider nicht verfügbar; ich schätze jedoch, daß bis 1959 mehr als 85 Prozent des Exports in die USA gingen. In Großbritannien selbst wurden sogar weniger TR 3A als TR 2 verkauft, obwohl der TR 3A doppelt so lange und siebenmal so oft gebaut wurde. Wahrlich ein absoluter Exportschlager!

Produktionszahlen

	TR 2	TR 3	TR 3A	TR 3B	Gesamt
1953	305				305
1954	4 897				4 897
1955	3 434	1 029			4 463
1956		5 333			5 333
1957		7 015	3 619		10 634
1958			16 035		16 035
1959			21 186		21 186
1960			17 054		17 054
1961			408		408
1962			7	3 334	3 341
Gesamt	8 636	13 377	58 309 (inkl. Italia)	3 334 (inkl. Italia)	83 656

Anmerkung:
In den oben angegebenen Gesamtergebnissen sind die CKD-Bausätze für den Zusammenbau im Abnehmerland enthalten sowie TR 3A/B, die als Fahrwerke für den Triumph Italia ausgeliefert wurden.

Farbpalette

Die Farbkombinationen für Karosserie und Innenausstattung der TR 2/3/3A/3B sind ein sehr komplexes Thema, das häufig von Restaurierern angesprochen wird, so daß ich ihm an dieser Stelle einen eigenen Abschnitt widmen möchte. Glücklicherweise sind die Werksaufzeichnungen in diesem Punkt recht vollständig vorhanden, obwohl es auch hier mitunter Lücken gibt, bei denen man nur spekulieren kann. Detaillierte Nachforschungen haben einige bisher unbekannte Tatsachen ans Licht gebracht, beispielsweise über Fahrzeuge mit der Lackierung „Sunset Red" oder über die geheimnisumwitterte Farbe „Jay Blue".

Werksseitig wurden weder Metallic- noch Zweifarbenlackierungen angeboten, auch wenn man heute manchmal Fahrzeuge mit solchen Farben sieht. Hierzu muß angemerkt werden, daß man gegen einen saftigen Aufpreis natürlich solche Ausstattungsvarianten ordern konnte; laut Werksunterlagen war dies jedoch nur sehr selten der Fall. Außerdem wurden manche TR als Bausätze ins Ausland geliefert, bei denen die Karosserie vermutlich nur grundiert war. Hier hatte das Werk selbstverständlich weder Einfluß darauf noch Unterlagen darüber, in welcher Farbe diese Wagen später lackiert wurden.

Die Stahlscheibenräder der Modelle TR 2 und TR 3 waren in derselben Farbe wie die Karosserie lackiert. Ab der Einführung des TR 3A wurden die Räder allerdings silbern oder aluminiumfarben lackiert, ähnlich wie die Farbe der optionalen Drahtspeichenräder.

Frühe TR 2 waren teilweise in recht bizarren Farbtönen lackiert, beipielsweise „Geranium Pink" oder „Olive Yellow". Außerdem gab es „Ice Blue", eine Farbe, die eigentlich überhaupt nichts mit Eisblau zu tun hatte, sondern eher einem hellgrauen Grün entsprach. Angeblich wurden diese Farben von Lady Black, der Frau des Chefs von Standard-Triumph, zu einer Zeit ausgewählt, als der TR 2 noch nicht als echter Sportwagen, sondern eher als „Flaniermobil" vorgesehen war. Von dieser Farbpalette rückte man jedoch bald ab und ersetzte sie durch angemessenere Farbtöne wie „British Racing Green" oder „Signal Red".

Während der Produktion des TR 2 gab es zwei verschiedene Farbpaletten. Zunächst wurden die Fahrzeuge mit den Farben ausgeliefert, die in einer Werksliste vom 23. Juli 1953 aufgeführt waren (siehe Tabelle 1). Diese Liste wurde laut BEC 115 (Body Engineering Change = technische Karosseriemodifikation) vom 15. April 1954 ab TS 1200 ungültig. Am 5. April 1954 erschien eine zweite Liste mit Farben für Karosserie und Innenausstattung (siehe Tabelle 2), die ab TS 1201 bzw. bis zum Ende der Produktion des TR 2 galt. Kommentare zu diesen beiden Tabellen finden sich in den Fußnoten.

Eine dritte Farbliste erschien parallel zur Einführung des TR 3 ab TS 8637 am 20. Oktober 1955 (BEC 192) (siehe Tabelle 3).

Der erste TR 3A (TS 22014) wurde am 17. September 1957 gebaut; für dieses neue Modell fand sich allerdings keine entsprechende neue Farbliste. Einige Farbtöne für den TR 3, von denen man im allgemeinen glaubte, daß sie für den TR 3A nicht erhältlich seien, wurden beibehalten, während einige neue Farben für den TR 3A (beispielsweise „Primrose Yellow" oder „Powder Blue") nicht sofort geordert werden konnten. Tabelle 4 habe ich anhand meiner Studien der werksseitigen Fertigungsaufzeichnungen zusammengestellt. Weiterhin bleibt noch anzumerken, daß keine speziellen Farbkombinationen für Karosserie/Hardtop festgelegt waren; eine Anmerkung in den Unterlagen weist darauf hin, daß „alle von der Verkaufsabteilung genehmigten Farben" für die Hardtops erhältlich waren.

Wie aus Tabelle 4 zu erkennen ist, ging man im Modelljahr 1957/58 hinsichtlich der Farben für Karosserie und Innenausstattung wohl nach dem Motto „möglich ist alles" vor. Im September 1958 (etwa ab TS 37000) wurde diesem Durcheinander allerdings ein Ende bereitet, als die neue, in Tabelle 5 aufgeführte Liste herauskam, obgleich nicht alle der genannten Farben von Anfang an erhältlich waren. Man muß an dieser Stelle anmerken, daß alle in Tabelle 5 genannten Farben für Hardtop, Verdeck/Steckscheiben und Innenausstattung für die einzelnen Karosseriefarben in jeder beliebigen Kombination erhältlich waren. So konnte ein Kunde beispielsweise einen Wagen in „Black" mit einem „Powder Blue"-Hardtop, „Targo Purple"-Innenausstattung und „Beige"-Seitenscheiben ordern! Hierdurch hätten zweifellos unschöne Farbkombinationen entstehen können, aber seitens des Werks vertraute man wohl auf den guten Geschmack der Kundschaft!

Für den TR 3B gab es eine eingeschränkte Palette mit nur vier Lackfarben (siehe Tabelle 6). Diese entsprach in etwa den frühen TR-4-Farben bis auf die Tatsache, daß in den Unterlagen keine Wagen in „British Racing Green" verzeichnet sind. Leider enthalten die Werksaufzeichnungen so wenige Fahrzeuge mit Hardtop, daß zuverlässige Aussagen hierüber nicht gemacht werden können.

Die Farben stammten hauptsächlich von Dokkers Ltd, später von Pinchin-Johnson Ltd (einer Tochterfirma von Courtaulds Ltd). Anfragen von Restaurierern sollten daher am besten direkt an diese beiden Firmen gerichtet werden. Es empfiehlt sich hierbei (sofern möglich), einem Anschreiben einen Lacksplitter mit der Originalfarbe beizulegen; originale Farbreste findet man meist unter dem Spritzwandbereich.

Tabelle 7 enthält detaillierte Angaben zu den Farbreferenznummern. Diese Referenznummern sind zwar nicht mehr gültig, aber man sollte immer so viele Informationen wie möglich angeben. Wo mehrere Referenznummern für jeweils dieselbe Farbe auftauchen, können unterschiedliche Farbschattierungen möglich sein; um hier den passenden Farbton zu finden, muß man schon ganz genau aufpassen. Weitere angegebene Nummern können sich außerdem auf eine andere Farbe derselben Schattierung beziehen.

Tabelle 1

TR-2-Farben bis TS 1200 (Liste vom 23.7.53)

Lack	Ausstattung	Verdeck und Steckscheiben
Ice Blue	Grey	Ice Blue
	Blackberry	Blackberry
	Geranium	Geranium
Geranium	Grey	Ice Blue
	Blackberry	Blackberry
	Geranium	Geranium
Olive Yellow	Grey	Ice Blue
	Blackberry	Blackberry
	Geranium	Geranium
Pearl White	Geranium	Geranium
	Grey	White
	Blackberry	Blackberry
Black	Geranium	Ice Blue, Blackberry, Pearl White
	Grey	Ice Blue, Blackberry, Pearl White
	Blackberry	Ice Blue, Blackberry, Pearl White

Anmerkungen

1. Laut Werksspezifikation war die Innenausstattung während des gesamten obigen Zeitraums in Vynid oder Leder erhältlich. Die ersten 150 Wagen hatten eine Lederausstattung; TS 151 war der erste TR mit Vynidausstattung.
2. Es gab auch einige Wagen mit „Versuchslackierung": TS 369 hatte den Farbton „Signal Red", TS 413 hingegen „British Racing Green". Diese beiden Farben wurden später in die offizielle Farbpalette aufgenommen.

Tabelle 2

TR-2-Farben von TS 1201 bis TS 8636 (Liste vom 5.4.54)

Lack	Ausstattung	Verdeck und Steckscheiben
Signal Red	Brown	Fawn, Black
	Stone[2)]	Fawn
	Red	Fawn (und evtl. Black)
British Racing Green	Red	Fawn, Black
	Brown	Fawn, Black
	Stone[2)]	Fawn
Black	Brown	Fawn, Black
	Blue	Fawn, Black
	Red	Fawn, Black
	Stone[2)]	Fawn
	Grey	Fawn (und evtl. Black)
Pearl White	Blue	Fawn, Black
	Red	Fawn, Black
	Brown	Fawn, Black
	Grey	Fawn, Black
Geranium	Geranium	Geranium, Black, Fawn
	Grey	Geranium, Black, Fawn

Anmerkungen

1. Ein Hardtop wurde werksseitig ab Oktober 1954 angeboten; es gibt allerdings bis zur Einführung des TR 3 im Oktober 1955 keinen Hinweis auf die zur Verfügung stehenden Farben (siehe Tabelle 3).
2. „Stone" als Farbton für die Innenausstattung gab es nur in Leder. Laut eines Vermerks in den Unterlagen sollten „die vorhandenen Bestände aufgebraucht werden", so daß diese Farbe vermutlich nicht während der gesamten Gültigkeit dieser Farbpalette angeboten wurde. Die übrigen Farben waren sowohl für Vynid als auch für Leder erhältlich.
3. Aus den Werksunterlagen geht eindeutig hervor, daß es auch noch andere Lackfarben als die offiziell genannten gab; es wurden noch Wagen in den Farbtönen „Olive Yellow" und „Ice Blue" ausgeliefert, *nachdem* diese aus der Liste gestrichen waren, vermutlich auf besonderen Kundenwunsch. TS 1911 (LO) beispielsweise war in „Olive Yellow", TS 1912 (LO) in „Ice Blue" lackiert; beide Wagen wurden am 26. Mai 1954 gebaut. „Ice Blue" wurde anschließend noch einige Zeit angeboten.
4. „Geranium" wurde aus dieser Liste gestrichen; leider ist der genaue Zeitpunkt nicht belegt. Mir sind keine Kurztürer (nach TS 4002) in diesem Farbton bekannt, so daß er vermutlich im Spätsommer 1954 auslief.
5. Einige ältere Ausstattungsfarben („Blackberry" und „Geranium") wurden wohl im Sommer 1954 auch in die Liste vom April 1954 aufgenommen, wahrscheinlich um Lagerbestände aufzubrauchen.

Tabelle 3

TR-3-Farben (Liste vom 20.10.55)

Lack	Ausstattung	Verdeck und Steckscheiben[1)]
Black	Blue, Beige, Red, Black, Brown, Vermillion, Stone, Grey	Fawn, Black
Signal Red	Beige, Red, Black, Brown, Vermillion, Stone, Grey	Fawn, Black
BRG	Beige, Red, Black, Brown, Vermillion, Stone, Grey	Fawn, Black
Pearl White	Blue, Red, Black, Brown, Vermillion	Fawn, Black
Salvador Blue[3)]	Blue, Red, Black, Vermillion, Stone, Grey	Fawn, Black
Beige[5)]	Blue, Beige, Red, Black, Brown, Vermillion, Stone	Fawn, Black
Apple Green[4)]	Beige, Red, Black, Brown, Vermillion, Stone	Fawn, Black

Farbenkombinationen für TR 3 mit Hardtop[2)]

Lack	Hardtop	Ausstattung	Steckscheiben
Black	Black	Blue, Red, Brown, Stone	Black
Pearl White	Pearl White	Blue, Red, Brown	White
	Black	Blue, Red, Brown	Black
BRG	BRG	Red, Brown, Stone	Fawn, Black
	Black	Red, Brown, Stone	Black
Signal Red	Signal Red	Brown, Stone	Fawn, Black
	Black	Brown, Stone	Black
Salvador Blue[3)]	Salvador Blue[3)]	Blue, Red, Stone	Fawn
	Black	Blue, Red, Stone	Black
Beige	Beige	Brown, Vermillion, Stone	Fawn
	Sunset Red[6)]	Brown, Vermillion, Stone	Fawn
Apple Green[4)]	Apple Green[4)]	Stone	Fawn

Anmerkungen

1. Verdeck und Steckscheiben waren auf besonderen Wunsch auch in „White" erhältlich.
2. In den Werksunterlagen findet sich der folgende Vermerk: „Es gibt keine Vorgabe für die Farbe des Hardtop in Verbindung mit Innenausstattung in 'Black'; Interessenten steht daher die gesamte Palette der für das Hardtop freigegebenen Farben zur Verfügung."
3. „Salvador Blue" wurde im September 1956 von „Winchester Blue" abgelöst. „Beige" und „Brown" wurden der bestehenden Innenausstattungs-Farbliste für Fahrzeuge mit Hardtop hinzugefügt.
4. Obwohl „Apple Green" laut Originalunterlagen nicht angeboten wurde, habe ich diesen Farbton für Karosserie und Hardtop in die Tabelle aufgenommen, da die Fertigungsunterlagen eindeutig belegen, daß Fahrzeuge in diesen Farben gebaut wurden, nicht nur für Werksrenner, sondern auch für private Kunden. Der genaue Zeitpunkt der Einführung ist ungewiß, ich nehme allerdings Herbst 1956 an.
5. Laut Fertigungsunterlagen wurden auch einige Fahrzeuge ohne Hardtop in „Beige" ausgeliefert, obwohl bisher immer angenommen wurde, daß nur Modelle, die werksseitig ein Hardtop hatten, in dieser Farbe erhältlich waren.
6. „Sunset Red" erscheint als neue Hardtop-Farbe. Den Unterlagen ist ebenfalls zu entnehmen, daß einige TR 3 (und frühe TR 3A) in „Sunset Red" als Karosseriefarbe ausgeliefert wurden, beispielsweise TS 20965 (O), gebaut am 16. August 1957.
7. Die Fertigungsunterlagen beweisen, daß mindestens zwei TR 3, TS 20322 (L) und TS 21218, in einer Farbe namens „Jay Blue" lackiert waren. Weitere Hinweise auf diesen Farbton sind leider nirgends zu finden. Für TS 20424 ist außerdem „Ivory" vermerkt, ebenfalls ohne weitere Hinweise.

Tabelle 4

TR-3A-Farben (ab TS 22014, Sep. 1957 bis Sep. 1958)

Lack	Ausstattung[1)]	Verdeck und Steckscheiben[2)]
Pearl White	–	–
BRG	–	–
Pearl Grey	–	–
Winchester Blue[3)]	–	–
Signal red	–	–
Sunset Red[4)]	–	–
Powder Blue[5)]	–	–
Black	–	–
Apple Green[6)]	–	–
Beige[3)]	–	–
Primrose Yellow[7)]	–	–

Anmerkungen

1. Vermerk in den Werksunterlagen: „Laut Vorgabe durch die Verkaufsabteilung können alle für die Innenausstattung freigegebenen Farben mit allen Lackfarben kombiniert werden." Bei den freigegebenen Farben handelte es sich offensichtlich um „Red", „Blue", „Black", „Beige" und „Grey" sowie später „Targo Purple" und „Silverstone Grey".
2. Vermerk in den Unterlagen in bezug auf Farben für Verdeck und Steckscheiben: „Alle von der Verkaufsabteilung freigegebenen Farben können verwendet werden („Black", „Beige" oder „White")."
3. Während der ersten Produktionsmonate sind „Beige" und „Winchester Blue" für viele TR 3A verzeichnet, die in die USA exportiert wurden; Rechtslenker in diesen Farbtönen gab es hingegen wohl nur wenige. Beide Farben wurden ab November 1957 nicht mehr angeboten.
4. Der Farbton „Sunset Red", von dem man bisher annahm, daß er nur als Hardtop-Farbe erhältlich war, ist auch als Lackfarbe bei einigen im Oktober 1957 gebauten TR 3A verzeichnet und war wohl nicht anstatt, sondern parallel zu „Signal Red" erhältlich. Ab November 1957 nicht mehr angeboten.
5. Ein Versuchsfahrzeug in „Powder Blue" (TS 22121) wurde am 20.9.57 gebaut; der erste Serienwagen in diesem Farbton erschien allerdings erst am 2.12.57 als TS 24707 (L).
6. TR 3A im Farbton „Apple Green" gab es sehr viele; es ist allerdings unklar, ob „Apple Green" tatsächlich bis September 1958 angeboten wurde.
7. Am 17.9.57 wurde ein Versuchsfahrzeug in „Primrose Yellow" gebaut (TS 22045 (O)); das erste Serienfahrzeug in dieser Farbe, TS 26657 (L), stammt allerdings vom 24.1.58.

Tabelle 6

TR-3B-Farben

Lack	Ausstattung	Verdeck und Steckscheiben
Spa White	Black, Red, Midnight Blue	Black, White
Powder Blue	Midnight Blue, Black	Black, White
Black	Red, Black	Black, White
Signal Red	Black, Red	Black, White

Anmerkungen

1. TSF-Modelle hatten in der Regel eine Lederausstattung, während bei den meisten TCF-Modelle die Ausstattung aus Vynidmaterial bestand.

Tabelle 5

TR-3A-Farben (ab Sep. 1958, ca. TS 37000)

Lack	Ausstattung	Hardtop	Verdeck und Steckscheiben
Black	Red, Blue, Black, Silverstone Grey[2)] Targo Purple[2)]	Black, Signal Red, Powder Blue, Pale Yellow, Sebring White[4)], Silverstone Grey[3)]	White, Black, Beige
Signal Red	Red, Black, Silverstone Grey[2]	Black, Signal Red, Sebring White[4]	White, Black, Beige
BRG	Red, Silverstone Grey[2)], Targo Purple[2], Red	Black, BRG, Sebring White[4], Silverstone Grey[3]	White Black,
Pale Yellow[1)]	Black, Silverstone Grey[2)], Targo Purple[2], Red	Black, Pale Yellow, Sebring White[4]	White, Black
Powder Blue	Blue, Black	Black, Powder Blue, Sebring White[4]	White, Black
Sebring White[1),4)]	Red, Blue, Black, Silverstone Grey[2], Targo Purple[2]	Black, Signal Red, BRG, Sebring White[4]	White Black
Silverstone Grey[1)]	Silverstone Grey[2)], Targo Purple[2)], Red	White, BRG, Sebring White[4], Silverstone Grey[3]	Black

Anmerkungen

1. Neue Farben erschienen etwa im Januar 1959: „Pale Yellow" statt „Primrose Yellow", „Sebring White" statt „Pearl White" und „Silverstone Grey" statt „Pearl Grey".
2. Eine wesentliche Änderung der Farbliste erfolgte erst im Juni 1960 (ca. TS 77000), als „Targo Purple" und „Silverstone Grey" nicht mehr für die Innenausstattung angeboten wurden. Außerdem konnte man nun nicht mehr „Pale Yellow" als Karosserielack und „Red" als Farbe für die Innenausstattung miteinander kombinieren - Gott sei Dank, kann man da nur sagen!
3. Die Werksunterlagen weisen weiterhin darauf hin, daß „Silverstone Grey" als Farbe für das Hardtop ab Juni 1960 nicht mehr zur Verfügung stand. Informationen über die Verwendung dieses Farbtons für die Karosserie findet man hingegen nicht; es ist daher anzunehmen, daß er bis zum Produktionsende des TR 3A angeboten wurde.
4. Der einzige Zusatz in der Liste vom Juni 1960 war „Spa White". Aus den Unterlagen ist klar ersichtlich, daß diese Farbe „Sebring White" für das Hardtop ablöste (24.6.60); „Sebring White" war allerdings wohl noch kurz als Karosseriefarbe erhältlich, so daß man während dieser Zeit beispielsweise eine Karosserie in „Sebring White" mit Hardtop in „Spa White" ordern konnte! „Spa White" ersetzte schließlich „Sebring White" als Karosseriefarbe, man kennt jedoch nicht den genauen Zeitpunkt; die Farben für die Innenausstattung blieben unverändert.

Tabelle 7

Farbcodes für TR 2/3/3A/3B

Lack	Referenznummer
Ice Blue	Dockers BF 4575
Geranium	Dockers BF 4863
Olive Yellow	Dockers BF 4862
Pearl White	Dockers BF 4861, BF 5460, BF 4881, CGW18 oder CHW4; ICI HILUX M-048-2857; Pinchin- Johnson PJ 414HS oder PJ 414LB; GIP Ltd GLS 5525; Berger (Ault and Wiborg) evtl. 17414.
Black	Dockers BF 4695, BF 5516, BF 5956, CGZ16 oder CHX3; ICI HILUX M-048-122; Pinchin- Johnson PJ 412HS oder PJ 412LB.
Signal Red	Dockers BF 5093, BF 5468, BF 5368, CGR33 oder CHR 14; ICI HILUX M-048-2859; Pinchin- Johnson PJ 427HS oder PJ 427LB; Berger (Ault and Wiborg) 1/18338.
BRG	Dockers BF 5092, BF 5761, BF 5531, CGG40 oder CHG65; ICI HILUX M-048-2855; Pinchin- Johnson PJ 428HS oder PJ 428LB.
Salvador Blue	Dockers BF 5323; ICI-2759.
Winchester Blue	Dockers BF 5944; ICI-2922.
Pearl Grey	Dockeers CHN121; ICI HILUX 2931; Berger (Ault and Wiborg) 40.1346.
Beige	Dockers BF 5967 oder BF 5992.
Apple Green	GIP Ltd GLS 5454; ICI 2920 oder 2472; Berger (Ault and Wiborg) 18353.
Sunset Red	Dockers BF 5968, BF 6465 oder BF 6477.
Powder Blue	Dockers CGB77 oder CHC38; ICI HILUX M-048-8013; Pinchin-Johnson PJ 427HS oder PJ 426LB; Berger (Ault and Wiborg) 20539.
Primrose Yellow	Dockers CGC45 oder CHX38; ICI HILUX M-048-3220; Pinchin-Johnson PJ 425HS oder PJ 425LB; Berger (Ault and Wiborg), evtl. 20589; GIP Ltd GLS 5592.
Pale Yellow	Keine Angaben in den Unterlagen.
Sebring White	Standard-Triumph-Farb-Nr. 555069; ICI 3276; Berger (Ault and Wiborg) 20884.
Silverstone Grey	Standard-Triumph-Farb-Nr. 555072; ICI 3277.
Spa White	Standard-Triumph-Farb-Nr. 555017 oder 565020; ICI 3436.
Radlack Aluminium/Silber	Ref. CD31568 (vermutlich Dockers).

Triumph TR 4/4A/5/250/6

Derek Pollocks TR4 befindet sich in tadellosem Originalzustand.

Fahrwerk

Die Fahrzeuge dieser Generation erfuhren im Laufe ihrer Bauzeit eine grundlegende Veränderung der Fahrwerkskonstruktion. Der TR 4 wurde zunächst auf dem weiterentwickelten Fahrwerk der Steckscheiben-Modelle aufgebaut. Später jedoch wurde das Fahrwerk zugunsten der Einzelradaufhängung völlig neu konstruiert. Die Modelle mit diesem sogenannten IRS-Fahrwerk erhielten die Bezeichnung TR 4A. Neben dieser neuen Konstruktion wurde speziell für den amerikanischen Markt eine Zwitterversion gebaut, die zwar auf dem neuen Fahrwerk basierte, aber wieder mit einer Starrachse ausgerüstet war.

Die Fahrwerksbeschreibung für die Typen TR 2/3/3A gilt im wesentlichen auch für den TR 4, allerdings mit folgenden Abweichungen: Die Spur war vorne um 102 mm auf 1245 mm und hinten um 77 mm auf 1220 mm gewachsen. An der Hinterachse wurde die Spurverbreiterung einfach mit längeren Achsrohren und Halbwellen bewerkstelligt. Vorne erzielte man die Verbreiterung, indem man an die vorderen Längsträger seitlich je ein 51 mm breites U-Profil anschweißte. Als unbeabsichtigter Nebeneffekt ergab sich eine deutliche Versteifung des bisherigen Kastenprofils. Der Radstand blieb gegenüber dem TR 3A unverändert bei 2236 mm.

Die vorderen Federbeintürme wurden geringfügig verlegt. Auf die Oberseite der vorderen Längsträger schweißte man zwei Lagerböcke, die oben nach innen geneigt waren und unten direkt vor dem ersten Querträger saßen. Diese Lagerböcke dienten zur Aufnahme des Lenkgetriebes für die erstmals verwendete Zahnstangenlenkung. Die Aufnahmen für die bisherige Lenkung und die kleine vordere Querstrebe verschwanden. Die Enden der vorderen Längsträger erhielten zusätzliche Aufnahmepunkte für die Karosserie. Da man die Grundform des Fahrwerks und damit auch den Abstand zwischen den Längsträgern beibehielt, mußten die rohrförmigen Karosserieträger mit den seitlich angesetzten Winkeln verlängert werden, um die breitere Karosserie aufnehmen zu können. Aufgrund dieser Bauweise ist es sogar möglich, eine geringfügig veränderte TR 3A-Karosserie auf ein TR-4-Fahrwerk zu setzen, was in der Praxis auch gelegentlich getan wurde. Die Querlenker und die Lenkgeometrie wurden von den früheren Modellen für den TR 4 übernommen, wobei man allerdings die hinteren Federbeinaufnahmen nochmals verstärkte.

Das Fahrwerk des TR 4A, das mit leichten Veränderungen bis zum TR 6 beibehalten wurde, unterschied sich ganz erheblich vom bisherigen Rahmen, da die Einzelradaufhängung an der Hinterachse eine völlig neue Konstruktion erforderlich machte. In der Draufsicht läßt das neue Fahrwerk mit Schräglenker-Hinterachse – die Abbildung stammt aus dem Ersatzteilkatalog des TR 4A – die Form einer Glocke mit einer nach hinten auslaufenden A-förmigen Verlängerung erkennen, deren Enden die hinteren Längsträger bilden.

Man verwendete erneut Längsträger mit Kastenprofil, die jedoch nur noch im Bereich des Motorraums parallel verliefen. An der Stelle, an der die Glockenform in die A-Form überging, war der Rahmen sehr schmal, was die Verwindungssteifigkeit des Fahrzeugs spürbar beeinträchtigte. Direkt hinter dem Punkt, an dem der Rahmen nach hinten wieder breiter wurde, befand sich ein massiver Querträger, der auf zwei Böcken saß und die obere Aufnahme für die Schraubenfedern bildete. Etwas weiter hinten, wo die Längsträger wieder parallel zusammenliefen, wurde ein zweiter Querträger in Brückenform eingebaut. Dieser zweite Träger enthielt die Aufnahmepunkte für die hinteren Stoßdämpfer und trug das Differen-

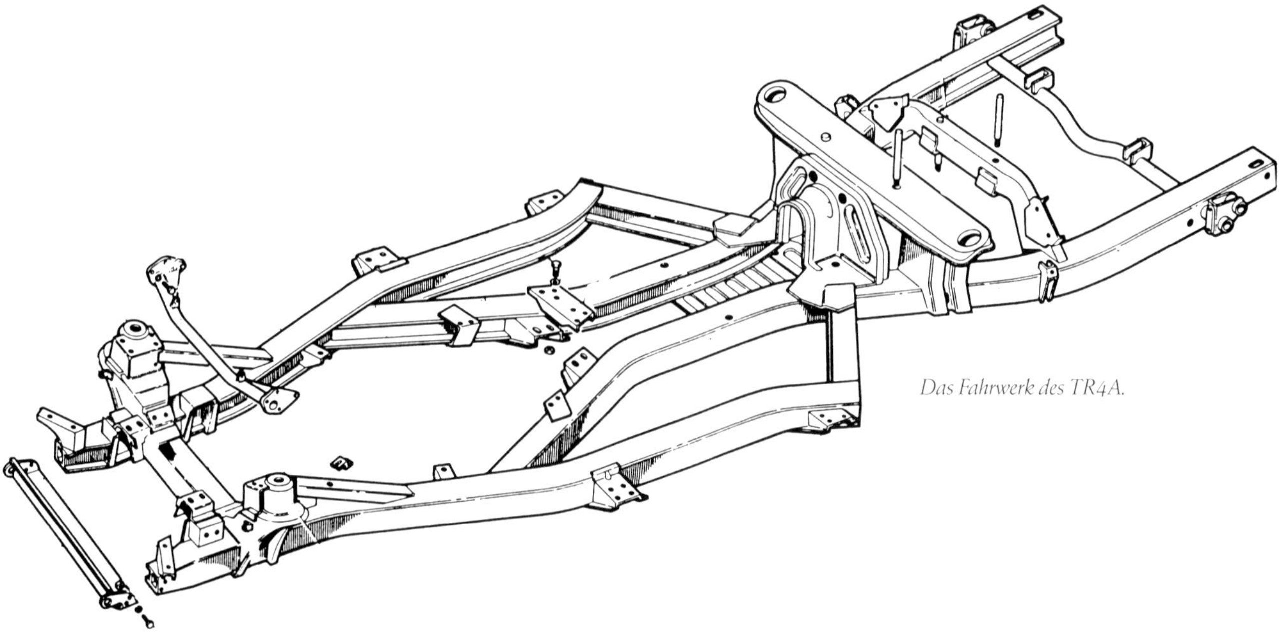

Das Fahrwerk des TR4A.

tialgehäuse, das in zwei Gummilagern an diesem Träger hing. Zwei weitere Gummilager an der Vorderseite des Differentialgehäuses dienten zur Befestigung des Differentials am ersten Querträger. Etwa 30 cm vor dem Ende des Rahmens war ein dritter, rohrförmiger Querträger angebaut, der die beiden Längsträger seitlich durchstieß. An den Enden des Rohres befanden sich die hinteren Montagepunkte für die Karosserie, und in der Mitte wurde die Auspuffanlage aufgehängt.

Durch die Mitte der Glockenform verliefen die beiden hinteren Längsträger, so daß der Rahmen auf einer Länge von gut 90 cm statt der üblichen zwei nun vier nebeneinander liegende Längsträger mit Kastenprofil aufwies. Zu Versteifungszwecken wurden die beiden Träger am Übergang zwischen Glockenform und A-Form durch ein Blech verbunden. Zusätzlich wurde über diesem Versteifungsblech ein Tunnelelement eingesetzt, durch das die Kardanwelle verlief. Die äußeren Längsträger waren mit Winkeln bestückt, die zur Aufnahme der Karosserie dienten. Die inneren Längsträger verband man dicht hinter dem Getriebe durch einen eingeschraubten Querträger. Einige Zentimeter vor der Stelle, an der die inneren an den äußeren Längsträgern ansetzen, waren die beiden nach vorne gerichteten Verstärkungsstreben, die oben an den Federbeintürmen befestigt wurden, mit den äußeren Längsträgern verschraubt. Die vorderen Federbeintürme wurden weitgehend von den früheren Fahrzeugen übernommen; ihre Basis wurde allerdings auf die Enden des vorderen Querträgers verlegt. Direkt vor dieser Basis befanden sich die Lagerböcke für das Lenkgetriebe. Als oberer Abschluß kam ein quer eingeschraubtes Rohr zum Einsatz, das wie bei den früheren Modellen die beiden Federbeintürme oben miteinander verband. Der weit vorne am Rahmen angeschraubte Kühlerschutz wurde ebenfalls übernommen. Dagegen waren die U-Profile, die man bei den früheren TR-4-Modellen an den vorderen Längsträgern ergänzt hatte, nicht mehr erforderlich, da man bei der Neukonstruktion des Rahmens auch gleich den Abstand zwischen den vorderen Längsträgern vergrößert hatte. Auf den vorderen Enden der Längsträger wurden nun Winkel zur Befestigung der Karosserie angeschweißt.

Mit der Schräglenker-Hinterachse hatte man ein Fahrwerk konstruiert, das auch bei den Modellen TR 5/250 und TR 6 zum Einsatz kam. Hier waren lediglich einige Änderungen erforderlich, die der längere Sechszylindermotor bedingte. So mußte der hinter dem Getriebe eingeschraubte Querträger leicht abgekröpft werden, um mehr Platz für den Motor zu schaffen. Auch das Lenkgetriebe wanderte an eine andere Stelle, und das Tunnelelement über der Kardanwelle verschwand völlig. In der Praxis erwies sich dieses Fahrwerk allerdings als weniger verwindungssteif als das frühere TR-4-Fahrwerk, was von den Testfahrern damals auch häufig bemängelt wurde. Wenn man die beiden Rahmen nebeneinander betrachtet, ist der Grund für diesen Mangel unschwer zu erkennen, denn es ist offensichtlich, daß das neue Fahrwerk mit seiner „Wespentaille" im hinteren Drittel an Steifigkeit eingebüßt hatte.

Zu der bereits erwähnten Sonderausführung des TR 4A mit Starrachse, die in den USA verkauft wurde, bleibt zu sagen, daß sich Triumph hier – wie schon beim TR 3B – dem Druck der US-Importeure beugen mußte. Diese waren der Meinung, daß die Einzelradaufhängung zu aufwendig und damit nur schwer zu verkaufen sei! So entstand – speziell für den amerikanischen Markt – die Sonderausführung des TR 4A mit Starrachse und Blattfederung, die parallel zur Schräglenkerversion vertrieben wurde.

Für den Einbau der angetriebenen Starrachse mußte das Fahrwerk des TR 4A entsprechend verändert werden. So wurden die Schräglenker entfernt und am unteren Ende der Glockenform Bügel eingebaut, die zur Aufnahme der vorderen Blattfederenden dienten. Die hinteren Enden der Blattfedern hängte man in gewöhnliche Laschen ein, die auf den äußeren Enden des rohrförmigen hinteren Querträgers montiert waren. Diese Bauweise ähnelte wieder stark der Konstruktion am früheren TR-Rahmen. Die Stoßdämpfer blieben in ihrer Position am brückenförmigen Querträger, während der vordere Querträger, der ja als Abstützpunkt für die Federn nicht mehr notwendig war, wegfiel. Stattdessen fand sich dicht über dem Rahmen die Starrachse wieder.

Vorderradaufhängung

Die ersten TR-4-Modelle waren mit derselben Vorderradaufhängung ausgestattet wie die letzten TR 3A und TR 3B. Auch die Lenkgeometrie und die Federkennlinien waren mit den früheren Modellen identisch, so daß sich nahezu alle Teile zwischen den beiden Baureihen austauschen lassen. Selbst die Einführung der Zahnstangenlenkung hatte keine direkte Auswirkung auf die Vorderachsgeometrie. Erst ab CT 4388 (Scheibenräder) und CT 4390 (Speichenräder) wurde die Lenkgeometrie modifiziert. Die oberen Querlenker erhielten eine neue Form; die Teleskopstoßdämpfer, die in Schraubenfedern saßen, wurden hingegen beibehalten.

Anmerkung: Im Buch „Die Triumph TR's" von Graham Robson heißt es: ... CT 4388 (Scheibenräder) bzw. CT 4690 (Speichenräder) ...

Eine ausführliche Beschreibung dieser Vorderradaufhängung findet sich im Kapitel über die Modelle TR 2/3/3A. Die Konstruktion blieb in ihren wesentlichen Zügen bis zum TR 6 gleich, wurde allerdings im Detail noch mehrmals verfeinert.

Bei den TR-4-Modellen ab CT 6344 (Scheibenräder) und CT 6389 (Speichenräder) wurden noch einmal neue obere Querlenker mit anderen Kugelköpfen eingeführt. Auch die Lenkhebel mit den zugehörigen Kugelköpfen wurden erneuert. Als nächstes verlieh man den Vorderrädern einen Nachlaufwinkel von 3°, um die Rückstellkraft der Lenkung bei höheren Geschwindigkeiten zu verbessern. Ab CT 7218 wurden die Dichtringe an den unteren Querlenker modifiziert. Ab CT 29984 baute man vorne längere Schraubenfedern ein, so daß die langen Distanzstücke über den Federtellern wegfallen konnten. In Unkenntnis dieses Wechsels von kurzen Federn mit langen Distanzstücken zu langen Federn ohne Distanzstücke hat sich schon mancher Bastler über die eigenartig hohe Schnauze und den ungewöhnlichen Federweg seines TR 4 gewundert! Auch wurden im Lauf der Zeit verschiedene Stoßdämpfer an der Vorderachse verwendet, wobei eine Version ausschließlich für den wichtigen US-Markt bestimmt war.

Beim Modellwechsel zum TR 4A wurden (leider, wie man aus heutiger Sicht sagen muß) auch die inneren Drehpunkte der unteren Dreieckslenker an der Vorderachse verändert. Beim TR 4 hatte man bisher das vom TR 3 bekannte Prinzip verwendet, bei dem die Drehzapfen der Querlenker auf den Rahmen geschweißt waren. Da sich durch die neue Hinterachse beim TR 4A die Fahrzeugrollachse nach oben verlagert hatte, mußte auch die Vorderachsgeometrie modifiziert werden. Aus diesem Grund verwendete man am vorderen und hinteren Drehpunkt des Dreieckslenkers einen einfachen Haltebügel mit zwei Buchsen und einer durchgehenden Schraube. Diese Haltebügel wurden zunächst mit einer, später mit zwei Schrauben am Rahmen befestigt. Damit erreichte man zwar den gewünschten Effekt für die Rollachse, doch sollte sich das neue System später als sehr anfällig erweisen. Wenn das Fahrwerk erst einmal durch Rost und Materialermüdung geschwächt war, konnte es passieren, daß sich die beiden Schrauben aus ihrem Sitz rissen oder der Rahmen an dieser belasteten Stelle einfach brach, was bei älteren Fahrzeugen eine hohe Unfallgefahr mit sich bringt. Durch die Ausrüstung mit breiteren Reifen im Laufe der Jahre erhöht sich diese Gefahr noch zusätzlich, doch sind inzwischen verstärkte Teile für diese Fahrzeugpartie erhältlich. Wer heute einen TR 4A/5/6 besitzt, sollte diese Partie seines Fahrzeugs in jedem Fall regelmäßig überprüfen.

Wie der TR 4 war auch der TR 4A an der Vorderachse mit unterschiedlichen Schraubenfedern ausgerüstet, die zum Teil mit den längeren Distanzstücken versehen waren. Hier ist ein eingehendes Studium des Ersatzteilkatalogs erforderlich, um den Federweg eines TR 4 korrekt einzustellen. Beim TR 5 wurden etwas straffere Federn verwendet, um das Gewicht und die höhere Leistung des Sechszylindermotors zu kompensieren. Ansonsten wurde die Vorderradaufhängung des TR 4A unverändert übernommen.

Beim TR 6 gehörte der Querstabilisator, der jahrelang nur als Zubehörteil erhältlich gewesen war, endlich zur Serienausstattung. Er war in hängenden Buchsen an den unteren Querlenkern und mit Haltebügeln und Schellen am vorderen Ende des Rahmens befestigt. Wieder einmal wurden an der Vorderachse verschiedene Schraubenfedern verwendet. Insbesondere die US-Vergaserausführung hatte völlig andere Federn als die Version mit Einspritzmotor.

Hinterradaufhängung

Bei der Hinterradaufhängung gab es zwei grundverschiedene Versionen. Die Hinterachse des TR 4 entsprach bis auf geringfügige Abweichungen der bei den Steckscheiben-Modellen verwendeten (siehe Beschreibung im vorstehenden Kapitel). Selbst die Kennlinien der halbelliptischen Blattfedern blieben zunächst gleich. Dennoch wurde die Federung des Fahrzeugs weicher, da der TR 4 hinten knapp 32 kg schwerer war. Die Federn wurden jedoch schon bald, nämlich ab CT 2829, durch neue Teile ersetzt, die auf beiden Seiten über gleiche Kennlinien verfügten. Bis zu diesem Zeitpunkt hatte man Federn mit unterschiedlichen Kennlinien eingebaut. Ab CT 23383 verpaßte man dem TR 4 noch einmal neue Blattfedern, bei denen zwischen Feder und Achse noch Aluminiumbeilagen eingesetzt wurden. Durch die Verwendung eines anderen Federbügels und die Verkürzung des Abstandes zwischen den Federaugen wurde auch eine leichte Veränderung des Fahrwerks erforderlich. Die hinteren Stoßdämpfer wurden ab CT 3434 und noch einmal bei CT 11479 geändert. Hier setzte man zuletzt dieselben Stoßdämpfer ein wie bei den TR-3B-Modellen. Ab CT 3434 wurde die US-Version mit anderen Stoßdämpfern ausgerüstet als die übrigen Fahrzeuge.

Nach dem Übergang zum TR 4A und der Einführung der Einzelradaufhängung Anfang 1965 wurde nur noch das bereits beschriebene neue Fahrwerk verwendet, wobei man die Funktionsweise der Einzelradaufhängung von der Triumph 2000 Limousine kopiert hatte, die 18 Monate zuvor auf den Markt gekommen war. Diese Hinterradaufhängung wurde mit wenigen Änderungen bis zum Auslauf der TR-6-Produktion beibehalten.

Die Hinterradträger saßen auf großen Schräglenkern, die jeweils in zwei Haltebügeln am Rahmen drehbar aufgehängt waren. Auf den hinteren Enden der Schräglenker stand je eine Schraubenfeder, die sich oben am ersten Querträger abstützte. Die Unterseite der Karosserie war auf beiden Seiten mit einem kegelförmigen Gummipuffer versehen, der bei voller Einfederung der Hinterachse als Anschlag für die Schräglenker diente. Die Hebelstoßdämpfer waren am zweiten Querträger quer mit einem Neigungswinkel von 45° eingebaut. Die Gelenkhebel der Stoßdämpfer waren in hängenden Gummibuchsen an den hinteren Enden der Schräglenker gelagert. Auch an der Hinterachse des TR 4A ging man im Laufe der Zeit von kurzen Federn mit Distanzstücken zu langen Federn ohne Distanzstücke über.

Die Verwendung der schräg laufenden Dreieckslenker stellte eine erhebliche Verbesserung gegenüber der beim Triumph Herald verwendeten Einzelradaufhängung dar und vermied die schlagartigen Sturzänderungen, die bei früheren Formen der Einzelradaufhängung oft aufgetreten waren. Dennoch erwies sich die neue Hinterachsfederung im Vergleich zu früheren TR-Modellen als weicher, was sich insbesondere beim Beschleunigen durch ein Absinken der Heckpartie bemerkbar machte. Später verlieh man den Hinterrädern einen negativen Sturz von 1 Grad (bei fahrfertigem Fahrzeug). Dieser vergrößerte sich jedoch automatisch bei beladenem Fahrzeug und bei Kurvenfahrten. Der vertikale Bewegungsspielraum der Räder lag deutlich höher als bei der TR-3A/TR-4-Konstruktion, was den Fahrkomfort und die Straßenlage spürbar verbesserte, aber auch einen gestiegenen Fertigungsaufwand und höhere Kosten zur Folge hatte. Die Bodenfreiheit blieb gegenüber dem TR 4 mit 15 cm unverändert.

Beim TR 5 dienten härtere Federn zur Kompensation der höheren Motorleistung. Die kegelförmigen Gummipuffer wurden von der Karosserie auf die Schräglenker selbst verlegt. Die Rückprallpuffer wirkten dagegen weiterhin auf die Gelenkarme der Stoßdämpfer. Eigenartigerweise blieben die Stoßdämpfer selbst unverändert – sie wurden sogar im TR 6 noch serienmäßig eingebaut, für den allerdings auch härtere Stoßdämpfer bestellt werden konnten. Der TR 6 erhielt ursprünglich dieselben Schraubenfedern wie der TR 5. Diese wurden jedoch ab CP 52868/CC 61571 durch härtere Federn ersetzt. Gleichzeitig wurden die Haltebügel der Schräglenker am Rahmen verstärkt. Die härteren Federn hatten eine Veränderung des Federweges und des Sturzes zur Folge; zum Ausgleich hob man die Anlenkpunkte der Schräglenker entsprechend an. Ansonsten wurde die Einzelradaufhängung in dieser Form beibehalten, bis die Produktion des TR 6 endgültig auslief.

Wie bereits erwähnt, wurde der TR 4A für die USA mit einer Starrachse ausgerüstet. Hierzu verwendete man die konventionelle Starrachse und die halbelliptischen Blattfedern des TR 4 in Kombination mit dem Fahrwerk des TR 4A. Dieses erhielt neue Haltebügel zur Aufnahme der vorderen Federenden und bewegliche Laschen für die hinteren Federenden. Diese Laschen wurden auf den beiden Endstücken des dritten Querträgers montiert, womit dieser Träger wieder eine seiner ursprünglichen Funktionen erfüllte. Wie bei der Einzelradaufhängung wurden Hebelstoßdämpfer eingebaut, die senkrecht auf die Distanzstücke zwischen Feder und Achse wirkten.

Da die Fahrzeuge mit Starrachse in der üblichen Konvention für TR-4A-Modelle fortlaufend mitnumeriert wurden (wenn auch mit den Anfangsbuchstaben „CT" des TR 4 anstatt des für TR-4A-Modelle üblichen „CTC"), läßt sich heute nicht mehr feststellen, wieviele Fahrzeuge mit Starrachse gebaut wurden; es müssen wohl mehrere tausend Exemplare gewesen sein. Die Ausstattungsvariante mit Starrachse fand sich später dann bei der US-Version des TR 250 und der US-Vergaserversion des TR 6 nicht mehr im Programm.

Lenkung

Beim Modellwechsel zum TR 4 wurden die TR-Sportwagen erstmals mit einer Zahnstangenlenkung ausgerüstet. Diese stammte von Alford & Alder und erleichterte das Lenken des TR bei gleichzeitig präziserem Lenkverhalten.

Das Lenkgetriebe saß direkt hinter dem Kühler quer zwischen den beiden Längsträgern. Befestigt wurde es mit Hilfe von Bügelschrauben an Halteklammern, die auf die Oberseite der Längsträger geschweißt waren. Vom Lenkgetriebe ausgehend waren die Spurstangenköpfe mit den Lenkhebeln verschraubt, die ihrerseits am senkrechten Abschnitt des Radträgers angeschraubt wurden. Die Enden des Lenkgetriebes waren mit Gummimanschetten versehen, um es gegen Schmutz zu schützen und um den Austritt von Schmiermittel zu verhindern. Die Spureinstellung wurde vorgenommen, indem man die Gewinde der Spurstangen in den Spurstangenköpfen verdrehte und sie mit Kontermuttern fixierte. Die Lenksäule, die über zwei bewegliche Kupplungen verfügte, bestand im wesentlichen aus drei Teilen: Einer inneren oberen Säule, einer äußeren oberen Säule sowie einer unteren Säule, die im Lenkgetriebe endete. Keilnuten ermöglichten eine gewisse Verstellung der Lenksäule in ihrer Länge. Zusätzlich ergab sich ein minimaler Sicherheitsgewinn gegenüber früheren TR-Modellen durch ein eventuelles „Kollabieren" der Lenksäule. Zwei verschiedene Lenkgetriebe kamen zum Einsatz; die Umstellung erfolgte bei CT 20064 (Linkslenker) und CT 20266 (Rechtslenker). Hierbei verschwanden auch die massiven Aluminiumklötze, die zur Montage gedient hatten; an ihre Stelle traten nun Gummibuchsen. Die Montage auf den Längsträgern und die Lenkhebel wurden ebenfalls modifiziert. Das Lenkgetriebe des TR 4A wurde dann im TR 5 und TR 6 beibehalten. Wie gewohnt verließen die meisten Fahrzeuge das Werk als Linkslenker.

Für den Volleinschlag der Lenkung von einem Anschlag bis zum anderen waren bei den frühen TR-4-Modellen nur $2^1/_2$ Lenkradumdrehungen erforderlich. Der Wendekreis wurde mit 10,06 m in beiden Richtungen angegeben. Die Fahrzeuge besaßen ein von Bluemels gefertigtes schwarzes Kunststofflenkrad mit 16 Zoll Durchmesser, dessen Speichen aus jeweils vier Drähten bestanden, die zusammen ein „T" bildeten. Der in der Mitte sitzende Hupenknopf war meist mit dem Triumph-Emblem versehen. Ein leichter Rückschritt beim TR 4A (und anscheinend auch bei den letzten TR 4) bestand darin, daß man die Anzahl der Lenkradumdrehungen von Anschlag zu Anschlag auf $3^1/_2$ erhöhte, vermutlich um die Lenkkräfte zu reduzieren. Der Wendekreis des TR 4A lag ebenfalls bei 10,06 m, und das 16-Zoll-Lenkrad ähnelte dem des TR 4.

Beim TR 5 und TR 6 wurde die Anzahl der Lenkradumdrehungen auf $3^1/_4$ reduziert. Da dasselbe Lenkgetriebe zum Einsatz kam wie beim TR 4A, hatte man wohl die Endanschläge leicht zurückgenommen, um den inzwischen größer gewordenen Rädern Rechnung zu tragen. Der Wendekreis war beim TR 5 noch unverändert, für den TR 6 wurde er hingegen mit 10,59 m nach links und 10,82 m nach rechts angegeben. Aus Gründen der Optik erhielt der TR 5 ein neues Lenkrad mit 15 Zoll Durchmesser, wobei Speichen und Lenkradkranz gepolstert und mattschwarz bezogen waren (die Speichen mit Vinyl, der Lenkradkranz mit Leder). Das Triumph-Emblem auf dem Hupenknopf wurde beibehalten.

Bei seiner Vorstellung hatte der TR 6 ein schwarzes 15-Zoll-Lenkrad, dessen ungepolsterte Speichen runde Löcher mit zur Mitte hin zunehmendem Durchmesser aufwiesen. Das Triumph-Emblem blieb auch weiterhin in der Mitte des Lenkrades. Dieses Lenkrad wurde aber schon 1970 (ab CP 50001) durch ein silberfarbenes Lenkrad mit eloxierter Oberfläche und längs geschlitzten Speichen ersetzt. Anfang 1971 erhielten die für Großbritannien bestimmten TR 6 ein Lenkschloß (ab CP 52786), das bei Linkslenkern bereits ab CP 50001 serienmäßig vorhanden war. Beim Übergang der TR 6 in die „CR"-Serie Ende 1972 wurde das Lenkrad erneut geändert. Es hatte nun einen Durchmesser von 14,5 Zoll, einen etwas dicker gepolsterten Lenkradkranz, imitierte Nähte rund um das Nabenpolster und trug statt des Emblems in weißen Buchstaben den Schriftzug „TRIUMPH" auf dem Hupenknopf. Die silberfarbenen Speichen hatten eine eloxierte Oberfläche und bildeten in etwa die Form eines „T".

Beim TR 4 betrug die Vorspur an den Vorderrädern 3,2 mm bei einem Radsturz von 2 Grad, einem Nachlauf von 3 Grad und einem Achsschenkelsturz von 7 Grad. TR 4A und TR 5 hatten eine Vorspur von 0 bis 1,6 mm, einen Radsturz von 0,5 Grad, einen Nachlauf von 2,75 Grad und einen Achsschenkelsturz von 8,5 Grad. Die TR-6-Modelle hatten dieselben Werte für Vorspur, Radsturz und Nachlauf, aber einen Achsschenkelsturz von 9 Grad.

Bremsen

Bei seiner Einführung hatte der TR 4 eine hydraulische Girling-Bremsanlage, die noch aus der TR-3A-Generation stammte. An den Vorderrädern wurden die geteilten Typ-B-Bremszangen und die 280-mm-Bremsscheiben beibehalten, an den Hinterrädern verwendete man Bremstrommeln mit den Maßen $9'' \times 1^3/_4''$. Insgesamt wirkten somit 570 cm^2 Reibbelag (180 cm^2 vorne und 390 cm^2 hinten) an den Scheiben und Trommeln auf eine Fläche von zusammengenommen 2232 cm^2. Eine mechanische Handbremse, die es bereits in den früheren TR gegeben hatte, wirkte auf die Hinterräder. Der Hebel war im Vergleich zum TR 3A leicht versetzt worden, aber ansonsten unverändert.

Ab CT 4388 (Scheibenräder) und CT 4390 (Speichenräder) wurden 1962 die Girling 16P-Bremszangen (wie beim TR 3B) eingeführt. Die Größe der Bremsklötze wurde reduziert, die Bremsscheiben leicht geändert. Die Reibfläche der neuen Bremsklötze betrug jetzt nur noch 134 cm^2. Ab CT 7630 (Speichenräder) und CT 7747 (Scheibenräder) wurden die Bremsklötze erneut geändert. Die hinteren Bremsen des TR 4 waren dagegen nur von einer einzigen Änderung betroffen: ab CT 5656 (Speichenräder) und CT 5783 (Scheibenräder) reduzierte man die Bohrung des Hauptbremszylinders von 1,9 mm auf 1,78 mm, um nach der Einführung der neuen Bremssättel das Bremspedal etwas weicher ansprechen zu lassen.

Der TR 4A behielt anfangs die Scheibenbremsanlage der letzten TR-4-Modelle. Der innere Aufbau und die Abmessungen der hinteren Bremsen waren ebenfalls ähnlich, doch wurden die Trommeln den infolge der Einzelradaufhängung geänderten Radnaben angepaßt. Die Handbremse des TR 4A war völlig neu (auch bei der Starrachs-Version) und wesentlich schlechter als bei den Modellen TR 2/3/3A/4. Jeder, der sein Fahrzeug einmal mit der Handbremse zum Stehen bringen mußte, wird dies bestätigen. Wahrscheinlich wollte man mit dieser Neuerung das alte Problem lösen, auf welcher Seite des Getriebetunnels der Handbremshebel montiert werden sollte, was ja davon abhing, ob es sich um einen Rechts- oder Linkslenker handelte. Der neue Handbremshebel saß nun oben auf dem Tunnel und war viel kürzer als der alte. Die Verkürzung des Hebels zusammen mit der sehr hohen Lage führte dazu, daß man nun erheblich weniger Kraft ausüben konnte. Die Möglichkeit, wie beim TR 4 die Handbremse durch einfaches Anlupfen des Hebels zu lösen, bleib erhalten, verschwand dann aber bei den TR-5- und TR-6-Modellen. Eine Gabel an der Basis des Hebels zog über ein Ausgleichsstück an zwei Bremszügen, die jeweils aus einer Seele und einer Außenhülle bestanden. Diese Züge verliefen über dem ersten Querträger, der zur Abstützung der Federn diente, und entlang der Schräglenker zu den Bremshebeln an den hinteren Bremsträgern. Diese Auslegung der Handbremsanlage blieb bis zur Produktionseinstellung der TR-6-Modelle unverändert.

Während bei den TR-4/4A-Modellen ein Bremskraftverstärker nur als Extra verfügbar war, bekamen die TR 5 den Bremskraftverstärker serienmäßig. Dabei handelte es sich um einen direkt wirkenden Verstärker, der sich – je nach Rechts- oder Linkslenkerfahrzeug – zusammen mit der Pedalerie und dem neuen Tandem-Hauptbremszylinder auf beiden Seiten einbauen ließ. Außerdem erhielt die Anlage einen modernen, halbdurchsichtigen Bremsflüssigkeitsbehälter mit großer Einfüllöffnung. Auch das Bremspedal und die Pedalerie insgesamt unterschieden sich von denen des TR 4A. Die Bremsscheiben und 16P-Bremssättel des TR 4A wurden beim TR 5 und TR 6 lediglich durch den Bremskraftverstärker ergänzt, und die Hinterradbremsen wurden ebenfalls unverändert übernommen. Während der Bauzeit des TR 6 stellte man die Gewinde der

Bremssättel von zölligem auf metrisches Gewinde (ab CP 76095 und CC 81079) um; weitere Änderungen erfolgten nicht.

Alle TR dieser Generation hatten ein hängendes Bremspedal (mit Pedalgummi), das über die Pedalerie direkt auf den Hauptbremszylinder wirkte. Die Bremsleuchten wurden seit den letzten TR 4 (ab CT 26931) über einen vom Bremspedal betätigten Federkolbenschalter betätigt, während die früheren TR-4-Modelle noch einen Hydraulikdruckschalter hatten.

Die Bremstrommeln waren bei allen Fahrzeugen schwarz lackiert, Bremszangen sowie Haupt- und Radbremszylinder blieben jedoch in ihrem Originalzustand. Das Bremsleitungssystem ähnelte dem des TR 3A mit zwei Bremsschläuchen für die Vorder- und einem für die Hinterräder, der vom Rahmen zur Achse verlegt war. Fahrzeuge mit Einzelradaufhängung hatten vier Bremsschläuche. Die beiden Bremsschläuche für die Hinterräder waren durch ein Rohr verbunden, das an der Vorderseite des ersten Querträgers verlief. TR 5 und TR 6 erhielten stärkere Bremsleitungen, um den höheren Sicherheitsanforderungen, die sich auch im Tandem-Hauptzylinder und in der Trennung der vorderen und hinteren Bremskreise niederschlugen, gerecht zu werden.

TR 250-/TR-6-Modelle für den US-Markt hatten eine mittels Druckdifferenzschalter betätigte Warnleuchte, die aufleuchtete, sobald einer der beiden Bremskreise ausfiel; bei Fahrzeugen für andere Märkte war diese Leuchte nicht vorhanden. Die Starrachs-Version des TR 4A war mit drei Bremsschläuchen ausgerüstet (einer je Vorderrad und einer am linken Hinterrad). Vom Bremsträger des linken Hinterrades ausgehend war ein Rohr entlang der Hinterachse verlegt, über das die rechte Hinterradbremse betätigt wurde.

Hinterachse und Übersetzungsverhältnisse

Auch hier wurden wieder zwei völlig verschiedene Systeme verwendet. Der TR 4 und die TR-4A-Modelle mit Starrachse hatten die konventionelle Banjoachse sowie das Differential und die Radnaben, die bereits im Kapitel TR 2/3/3A ausführlich beschrieben sind. Bei den TR-4A-Modellen mit Einzelradaufhängung war das Differential am Fahrwerk aufgehängt. Die Achswellen waren längsverzahnt und über Kreuzgelenke mit den Radnaben verbunden.

Die Achse des TR 4 war um 76,2 mm breiter als die der früheren Modelle. Diese Zunahme wurde durch einfaches Verlängern der Achsrohre und der Antriebswellen erreicht. Die Achsen wurden schwarz lackiert und mit einer eigenen „CT"-Zahl einzeln numeriert. Die Ölfüllmenge blieb bei 0,85 Liter. Alternativ standen auch weiterhin die Varianten 3,7 : 1 und 4,1 : 1 für die Hinterachsübersetzung zur Verfügung. Da diese Hinterachse Anfang der 60er Jahre voll ausgereift und absolut zuverlässig war, nahm Triumph nur noch eine einzige Änderung vor, welche die Anordnung der Druckscheiben betraf (ab CT 33066).

Ein 60-Speichen-Rad von Dunlop mit einer $4^1/_2$J-Felge und an beiden Enden verstärkten Speichen. Dieses Rad wurde montiert, wenn der Kunde Speichenräder wünschte. Auffällig ist übrigens, daß auf dem Zentralverschluß nur die Seitenangabe und die Drehrichtung zum Lösen angegeben sind, der Herstellername jedoch fehlt.

Die Fahrzeuge mit Einzelradaufhängung waren mit dem gleichen Differential ausgerüstet. Auch die beiden Alternativen für die Hinterachsübersetzung standen beim TR 4A zur Verfügung. Die Modelle TR 5 und TR 6 hatten dagegen eine Übersetzung von 3,45 : 1, wobei es keinen Unterschied machte, ob sie mit oder ohne Overdrive ausgeliefert wurden. Der leistungsschwächere TR 250 und die US-Vergaserversion des TR 6 fuhren jedoch weiter mit der ursprünglichen Übersetzung 3,7 : 1. Das immer noch schwarz lackierte Differentialgehäuse der IRS-Fahrzeuge war vorne und hinten mit angeschraubten Laschen versehen, die beim TR 4A zur Aufnahme von je zwei Gummilagern dienten. In diesen Gummilagern war das Differential am Fahrwerk aufgehängt. Bei den späteren Fahrzeugen mit höherer Leistung hatte das Differentialgehäuse einen anderen Deckel mit vier Laschen hinten, woraus sich insgesamt sechs Befestigungspunkte ergaben. Der Antrieb erfolgte über kurze Stummelachsen, die an beiden Seiten aus dem Differentialgehäuse ragten und deren Wellen zu einem Flansch liefen. An diesem Flansch war eine Welle angeschraubt, die an beiden Enden Kreuzgelenke trug. Das äußere Kreuzgelenk war mit einem kurzen Wellenzapfen verbunden, der im Radnabengehäuse auslief, das auf dem hinteren Schräglenker festgeschraubt war. Ein Keil in der konischen Antriebswelle griff in die Nut und den Konus des Antriebsflansches und der Radnabe selbst ein. Diese neue hintere Antriebseinheit bestand aus so vielen Einzelteilen, von denen die meisten mit Spezialwerkzeugen montiert werden mußten, daß der rapide Anstieg der Fertigungskosten nicht verwunderlich ist. Dennoch ist anzunehmen, daß die Triumph-Ingenieure bei der Entwicklung der Einzelradaufhängung ganze Arbeit geleistet hatten, denn ein Blick in die Ersatzteilkataloge zeigt, daß im Laufe der Produktion kaum Änderungen erfolgten; lediglich die Ausstattungsvariante mit Speichenrädern, die bis 1973 im Programm war, machte Distanzstücke zwischen Antriebsflansch und Radnabe erforderlich.

Die Kardanwelle der TR-4-Modelle war infolge der größeren Baulänge des inzwischen vollsynchronisierten Getriebes etwas kürzer als beim TR 3A. Wie schon früher wurde sie von Hardy-Spicer gefertigt und war schwarz lackiert. Obwohl für den TR 4A zwei verschiedene Kardanwellen verzeichnet sind, von denen eine dieselbe Nummer hat wie beim TR 4, handelt es sich wohl um die gleiche Welle; die unterschiedlichen Nummern weisen dabei nur auf zwei verschiedene Hersteller hin. Die Kardanwelle wurde unverändert für TR 5 und TR 6 übernommen; lediglich der Schmiernippel wurde beim TR 6 bei einer der aufgeführten Wellen entfernt.

Der Ersatzteilkatalog des TR 6 gibt an, daß für Rennzwecke die Übersetzungen 4,1 : 1, 4,3 : 1, 4,55 : 1 und 4,875 : 1 erhältlich waren. Bei der Standardausführung mit 3,45 : 1 für Fahrzeuge mit Einspritzanlage ergaben sich folgende Gesamtübersetzungen: 1. Gang 10,8 : 1, 2. Gang 6,92 : 1, 3. Gang 4,59 : 1, 4. Gang 3,45 : 1, Overdrive 2,82 : 1 und Rückwärtsgang 11,11 : 1. Als Fahrgeschwindigkeiten mit Standardreifen (165er Dimension) ergaben sich 34,11 km/h je 1000/min im 4. Gang und 41,67 km/h je 1000/min im Overdrive. Als 1973 der Overdrive Typ „J" den Overdrive Typ „A" im TR 6 ablöste, stiegen die Fahrgeschwindigkeiten auf 35,08 km/h je 1000/min im 4. Gang und 42,80 km/h je 1000/min im Overdrive.

Räder und Reifen

TR 4 und TR 4A waren wie die früheren Fahrzeuge mit Scheibenrädern der Größe $4^1/_2$J, verchromten Radkappen und den in der Mitte aufgesetzten „Medaillons" ausgerüstet. Gegen Aufpreis konnten auch Speichenräder bestellt werden. Die ersten TR-4-Käufer erhielten noch 4-Zoll-Felgen mit jeweils 48 Speichen, die der Gewichtszunahme des Fahrzeugs allerdings nicht gewachsen waren. Die $4^1/_2$-Zoll-Felgen mit 60 Speichen mußten separat nachbestellt werden, und auch heute ist es nicht ratsam, diese ersten TR 4 mit den ursprünglichen 48-Speichen-Rädern zu bestükken, es sei denn, man schwört auf absoluten Originalzustand und fährt dafür sehr vorsichtig und mit nur mäßigen Geschwindigkeiten. Im Laufe der TR-4-Bauzeit stieg Triumph dann allerdings auf 60-Speichen-Räder um, wenn der Kunde Speichenräder wünschte. Diese Ausführung wurde bei TR 4 und TR 5 beibehalten. Bei TR 4 und TR 4A wurden die Speichenräder mit verchromten Zentralverschlüssen befestigt, allerdings gab es für bestimmte Exportländer mit anderen Sicherheitsbestimmungen (insbesond. Deutschland) bereits ab 1962 Achtkantmuttern.

Die Scheibenräder wurden weiterhin in der im Kapitel über die TR 2/3/3A beschriebenen Silber-/Aluminiumfarbe lackiert. Speichenräder konnten in Aluminiumfarbe, Silberlack, mattem oder glänzendem Chrom bestellt werden.

Der TR 5 erhielt breitere 5-Zoll-Scheibenräder, auch wenn einige Fachzeitschriften damals $4^1/_2$-Zoll-Felgen erwähnten. Zusätzlich wurden Rostyle-Zierblenden montiert, die Ende der 60er Jahre sehr beliebt waren. Diese Blenden waren in der Mitte mattschwarz und hatten einen glänzenden Kranz, fünf glänzende Speichen sowie fünf Radmuttern-Imitationen. Die Speichenräder für den TR 5 waren die schon vom TR 4/4A geläufigen 60-Speichen-Räder mit $4^1/_2$-Zoll-Felgen; es ist jedoch anzunehmen, daß sie ab dann grundsätzlich mit Achtkantmuttern befestigt wurden. Laut Ersatzteilkatalog waren nun auch die Ausführungen in Mattchrom und Silberlack nicht mehr erhältlich. Im Katalog sind außerdem 6-Zoll-Druckgußräder verzeichnet; sollte es diese Räder wirklich gegeben haben, können sie nicht allzu oft verkauft worden sein, da ich noch nie ein Fahrzeug mit dieser Ausstattung gesehen habe.

Beim TR 6 wurden die Scheibenräder noch einmal verbreitert, und zwar auf $5^1/_2$ Zoll. Im Modelljahr 1969 erhielt auch der TR 6 die vom TR 5 bekannten Rostyle-Zierblenden in leicht modifizierter Form. Ab CP 50001 wurde eine neue Felge montiert, die am Radius statt der bisher 12 nun 15 Lufteinlaßöffnungen aufwies und in der Mitte einen mattschwarzen Ziereinsatz hatte, der die vier – inzwischen verchromten und erhabenen – Radmuttern besonders hervorstechen ließ. Die Haltestifte für die Radkappe entfielen. Der Radnabendeckel trug den Schriftzug „TR 6" in weißen Lettern auf rotem Grund. Mit dem Start der „CR"-Serie des TR 6 Ende 1972 waren die Zierblenden in der Mitte des Rades nicht mehr mattschwarz, sondern satinsilber. Später hatten viele der für Amerika bestimmten TR 6 tiefe Radzierblenden aus hochglanzpoliertem Aluminium.

Wie üblich, waren auch für den TR 6 Speichenräder (eine stärkere $5^1/_2$-Zoll-Felge mit 72 Speichen) als Zusatzausstattung lieferbar. Diese liefen jedoch im Mai 1973 aus, da ihre Popularität im Laufe der Jahre immer weiter gesunken war. Die ausgelieferten Speichenräder waren normalerweise verzinkt oder gegen Aufpreis verchromt und wurden mit Achtkantmuttern montiert.

Der TR 4 war serienmäßig mit 5.-90x15-Dunlop-Reifen ausgerüstet, die man schon beim TR 3A verwendet hatte. Als Extras wurden Dunlop-RS5-Hochgeschwindigkeitsreifen, Michelin-„X"-Radialreifen und Goodyear-Weißwandreifen angeboten; später kam auch der Goodyear

Die Rostyle-Radzierblenden gab es bei den TR 5/250 und den frühen TR 6 mit Scheibenrädern serienmäßig. Die fünf Radmuttern waren übrigens nur Attrappen. Die Reifen mit den roten Streifen kamen meist von Goodyear oder Michelin und gehörten beim Jahrgang 1968 zur Serienausstattung. Am Kotflügel unterhalb des „TR 250"-Schriftzuges befand sich eine rote Begrenzungsleuchte.

Die meisten TR 6 der Serie „CP" hatten dieses Scheibenrad mit dem schwarzen Teller in der Mitte (die Speichenräder waren damals immer noch als Extra erhältlich). Die 69er Fahrzeuge verfügten allerdings über die Rostyle-Radzierblenden, die auch auf dem TR 5 montiert waren.

Bei den TR 6 der Serien „CR" bzw. „CF" war der Teller in der Mitte des Rades nicht mehr schwarz, sondern satinsilber. Bei diesen Rädern hatte man die Felge nicht mehr an einzelnen Punkten, sondern am gesamten Umfang mit der Radschüssel verschweißt. Die Zierdeckel für die Radnabe waren allesamt rot. Auf diesem Bild läßt sich auch die Chromleiste an der Auflagekante des Hardtop erkennen.

Ein Blick in den Motorraum eines späten TR 4 zeigt, daß der Wasserkasten aus der TR-3A-Generation bereits verschwunden ist. Die Batterie entspricht dem damals verwendeten Typ mit Einfülldeckeln für jede einzelne Zelle und externen Zellenverbindern. Das weiße Hochspannungskabel der Zündspule hat die falsche Farbe.

Derselbe Motor von der anderen Seite aufgenommen zeigt die beiden Stromberg-175CD-Vergaser und den verbesserten Ansaugluftsammler. Man kann auch den neueren Öleinfülldeckel und die veränderten Luftfilter gut erkennen, die inzwischen auch mit der Kurbelgehäuseentlüftung verbunden waren. Die Signalhörner am oberen Bildrand gehörten nicht zur Originalausstattung.

„Motorway Special“ ins Programm. Durch Lieferengpässe kamen hin und wieder auch andere Marken zum Zuge. Der TR 4A war serienmäßig mit Diagonalreifen bestückt (meistens Goodyear Grand Prix); es gibt jedoch Hinweise, daß zumindest in Großbritannien die meisten Fahrzeuge mit Radialreifen verschiedener Hersteller ausgeliefert wurden. Die Diagonalreifen wurden anfangs in der Dimension 5.-90x15 ausgeführt, wenngleich in einem frühen Werbeprospekt auch die Dimension 6.-95x15 zu finden ist. Auch hier konnten Radialreifen der Marken Dunlop SP41 oder Michelin „X“ mit 165er Laufflächenbreite gegen Aufpreis bestellt werden. Bis zum Jahr 1967, als der TR 5 vorgestellt wurde, hatte der Radialreifen dem Diagonalreifen vollständig den Rang abgelaufen, zumindest bei den Fahrzeugen mit höherer Leistung. Soweit sich dies heute noch feststellen läßt, wurden alle TR 5, gleichgültig ob Scheiben- oder Speichenradversion, mit 165er-Radialreifen bestückt. Zum Einsatz kamen überwiegend Dunlop SP41 und der damals neue und revolutionäre (weil asymmetrische) Michelin XAS.

Auch der TR 6 war serienmäßig mit Radialreifen der Größe 165 HR 15 von Goodyear, Dunlop oder Michelin XAS ausgerüstet. Auf Speichen- und Scheibenrädern wurden damals dieselben Reifen montiert. Spätestens ab 1972, wahrscheinlich aber schon früher, erhielten die für Nordamerika bestimmten Fahrzeuge 185er-Reifen, was eine leichte Veränderung der Gesamtübersetzung zur Folge hatte. Man geht davon aus, daß in Großbritannien einige Fahrzeuge mit 175er Michelin XAS ausgeliefert wurden. Später wurde auch eine Reihe von Fahrzeugen, die nicht in die USA gingen, mit 185er-Reifen bestückt.

Der TR 4 behielt den vom TR 3A bekannten Spindelwagenheber bei, der mit Muttern am Fahrwerk befestigt wurde. Auch die Werkzeuge für den Radwechsel wurden nicht wesentlich verändert. Das serienmäßige Bordwerkzeug bestand damals aus einem Paar Gabelschlüssel, einer Fühlerlehre, einer Fettpresse, einem Schraubendreher, einem Radschlüssel, einem Ventilschlüssel, einer Zange, einem verstellbaren Schraubenschlüssel, einem Zündkerzenschlüssel mit Steckgriff und einem Radkappenabzieher. Bei den Fahrzeugen mit Speichenrädern war zusätzlich ein Hammer mit Kupferkopf beigelegt.

Die Modelle der Reihen TR 4A, TR 5 und TR 6 waren mit einem Scherenwagenheber ausgestattet, der mit einer Kurbel betätigt und an jeder beliebigen Stelle unter dem Rahmen angesetzt werden konnte. Die Befestigungsmuttern für den Rahmen waren bei dem neuen Fahrwerk nicht mehr vorhanden. Übrigens wies bereits die Zeitschrift *Autocar* in ihrem Fahrbericht über den TR 4A darauf hin, daß die Arbeit mit dem neuen Wagenheber gut und schnell vonstatten ging. Zu Zeiten des TR 5 und TR 6 war der Umfang des Bordwerkzeugs allerdings schon bedeutend geschrumpft; es umfaßte nur noch den Zündkerzenschlüssel mit Steckgriff, einen Steckschlüssel, drei Maulschlüssel, eine Fühlerlehre und die je nach montierten Rädern erforderlichen Werkzeuge zum Radwechsel. Bei den Speichenrädern mit Achtkantmutter war ein passender Achtkantschlüssel beigelegt.

Motor

TR 4 und TR 4A wurden mit dem klassischen Motor des Standard Vanguard mit nassen Laufbüchsen und 2138 ccm Hubraum bei einer Bohrung von 86 mm ausgeliefert (der 1991-ccm-Motor konnte beim TR 4 noch auf besonderen Wunsch bestellt werden, beim TR 4A hingegen wohl überhaupt nicht mehr). Da sich dieser im vorigen Kapitel beschriebene Motor im TR 3A als derart ausgereift und zuverlässig erwiesen hatte, brauchte er für den TR 4/4A so gut wie nicht modifiziert zu werden.

Der Motor erhielt lediglich eine neue Frontplatte, da die Aufhängungspunkte beim TR 4 weiter auseinander lagen. Wenn man die richtige Frontplatte einsetzt, ist es daher durchaus möglich, einen TR-3A-Motor in ein TR-4/4A-Modell zu hängen (und umgekehrt). Im Ansaugtrakt wurden einige Änderungen vorgenommen, die später noch im einzelnen beschrieben werden sollen. Ansonsten blieb der Motor des TR 4 – abgesehen

Zwei Aufnahmen eines TR-5-Motorraums. Der direkt wirkende Bremskraftverstärker bediente erstmals in einem TR zwei getrennte Bremskreise. Hier sieht man die richtige Lichtmaschine mit externem Spannungsregler. Dieses Fahrzeug ist zusätzlich mit einem Ölkühler ausgerüstet. Außerdem wurde eine zusätzliche Ölleitung zum Ventilgehäuse angebracht. Diese Leitung ist zwar nicht original, aber sehr empfehlenswert. Der Öleinfülldeckel müßte silber/grau sein, aber der verchromte Ventildeckel wurde original in den TR 5 und in die frühen TR-6-Modelle eingebaut. Dieses Fahrzeug hat bereits das neuere Entlüftungssystem; das alte hatte einen Messinganschluß am Ansaugluftsammler. Der Schlauch zum Bremskraftverstärker ist nicht korrekt verlegt, und die Lufteinlaßschläuche sind nicht original, da es keine Formschläuche sind. Im Original war der Gaszug grün und nicht blau. Die Verriegelung der Motorhaube müßte entweder in Wagenfarbe lackiert oder, was häufiger der Fall war, verzinkt sein.

vom Hubraum – gegenüber dem des TR 3A nahezu unverändert.

Die Verdichtung wurde im Zusammenhang mit der Hubraumvergrößerung von 8,5 : 1 auf 9 : 1 erhöht. Die höhere Verdichtung und die zusätzlichen 147 ccm ergaben eine Leistungssteigerung auf 100 PS und ein um acht Prozent gestiegenes Drehmoment von max. 170 Nm. Die Steuerzeiten wurden auf 17-57-57-17 Grad ausgelegt. Alle diese Maßnahmen sollten garantieren, daß die Leistung trotz des höheren Gewichts der neuen Karosserie gleich blieb. Am vorderen Ende der Kurbelwelle befand sich beim TR 4 immer noch ein Ansatzpunkt für die Anlaßkurbel; die Kurbel selbst war allerdings nur noch als Extra erhältlich, und beim TR 4A fiel diese Möglichkeit ganz weg.

Ab der Motornummer CT 21471 E erhielt der TR 4 einen modifizierten Zylinderkopf, und ab der Motornummer CT 14234 E machten sich bereits die Auswirkungen bevorstehender US-Bestimmungen bemerkbar, als der bisherige Öleinfülldeckel, der gleichzeitig Entlüftungsöffnungen enthielt, durch einen geschlossenen Deckel mit getrennten Kreisläufen ersetzt wurde. Der Ventildeckel war verchromt und trug den Öleinfülldeckel zur Motorspritzwand hin, während er beim TR 3A noch kühlerseitig gesessen hatte. Der Deckel mit der Entlüftungsöffnung war schwarz und trug in weißer Schrift den Vermerk „Recommended Oils“ (vom Hersteller empfohlene Motoröle). Der spätere Öleinfülldeckel des TR 4A, der eher einem Kühlerdeckel glich, war dagegen silberfarben und enthielt ein Ventil, durch das der Motor Luft ansaugen konnte. Während bei den früheren TR-Modellen die Gummilager für die Motoraufhängung länglich waren, hatten sie beim TR 4/4A eine kreisrunde Form. Der Hauptstromölfilter kam nun überwiegend von Automotive Products oder Tecalamit und nicht mehr von Purolator.

Der TR 4A hatte eine neu gestaltete Nockenwelle mit einem anderen Nockenprofil, das dem verbesserten Ansaugluftsammler bzw. Auspuffkrümmer Rechnung trug; die Leistung stieg hierdurch auf 104 PS an. Die Kurbelgehäuseentlüftung wurde in einem vollständig geschlossenen Kreislauf zusammengefaßt und mit einem von Smith hergestellten „Anti Smog“-Ventil versehen. Die späten TR 4 mit geschlossener Kurbelgehäuseentlüftung und alle TR 4A verfügten nunmehr statt der bisherigen Drahtgeflechtluftfilter über zwei silberfarbene, trommelförmige Filter mit Papierelementen. Wie zuvor wurden die Vierzylindermotoren und die wichtigsten Aggregate entweder schwarz lackiert oder im angelieferten Zustand belassen.

Etwa Mitte der 60er Jahre erkannte Triumph, daß nur eine deutliche Steigerung der Motorleistung den weiteren Verkaufserfolg der TR-Modellreihe sichern konnte. Nach zwei Fehlstarts (zuerst mit dem kostspieligen Doppelnockenwellenmotor „Sabrina“, dann mit einer verlängerten und auf 2,5 Liter Hubraum vergrößerten Version des vorhandenen Motors mit trockenen Laufbüchsen) entschied man sich zum Bau einer leistungsstärkeren Version des Sechszylindermotors, den man bereits im Triumph-2000-Werkswagen eingesetzt hatte. Dieses Aggregat war zuerst im Standard Vanguard „Vignale“ Six von 1959/60 zum Einsatz gekommen und später für den Triumph 2000 adaptiert worden; er basierte immer noch auf dem Vierzylindermotor des Standard Eight von 1953. Durch stetes Vergrößern der Bohrung, Hinzufügen von zwei weiteren Zylindern und schließlich eine Erhöhung des Hubs war aus einem „Motörchen“ mit ursprünglich 803 ccm und 26 PS ein Kraftprotz mit 2498 ccm und 150 munteren Pferdchen geworden!

Anders als der mit nassen Laufbüchsen ausgestattete Motor der Modelle TR 2 bis TR 4A verfügte der Motor des TR 5/6 über trockene Laufbüchsen und war recht konventionell ausgelegt.

Der makellose Motorraum des TR6 von Eric Barrett. Diese Maschine befindet sich in nahezu perfektem Originalzustand, abgesehen von folgenden Punkten: Den verchromten Ventildeckel gab es nur im Jahrgang 1969, die Flammensperre war grau statt rot, der Ausgleichsbehälter des Kühlsystems war oben schwarz, und der Haltebügel der Batterie war schwarz.

Motorblock und Zylinderkopf bestanden aus Gußeisen, wobei der Zylinderkopf mit 12 Aus- und Einlaßkanälen speziell für den TR konstruiert worden war. Die Kurbelwelle war vierfach gelagert und hatte am Ende ein Ritzel, das über eine Duplexkette die Nockenwelle antrieb. Der Verteiler (Lucas 22D6), die Kraftstoffpumpe und die Ölpumpe wurden über einen von der Nockenwelle abgehenden Zahnradsatz angetrieben. Bei Wasserpumpe und Lichtmaschine erfolgte der Antrieb hingegen über einen Keilriemen, der über eine Riemenscheibe an der Kurbelwelle lief. Die Kurbelwelle trug auf einem Verlängerungsstück übrigens auch den Kunststofflüfter für den Kühler. Der Motor hatte Flachkolben aus einer Aluminiumlegierung, die mit je zwei Verdichtungsringen und einem Ölabstreifring versehen waren, der aus zwei Dichtkanten und einem dazwischenliegenden Anpreßring bestand. Die 12 hängenden, mit doppelten Federn versehenen Ventile wurden durch Kipphebel über Stößel und senkrecht stehende Stoßstangen betätigt. Der AC-Hauptstromölfilter war unter dem Zündverteiler direkt an die Seite des Motorblocks angeflanscht.

Die Verdichtung betrug bei der Einspritzversion 9,5 : 1 und bei der Vergaserversion 8,6 : 1. Bohrung und Hub lagen bei 74,7 bzw. 95,0 mm. Das Ventilspiel betrug bei Einlaß- und Auslaßventilen jeweils 0,25 mm, und die Kraftstoffeinspritzung ermöglichte die unglaublichen Steuerzeiten von 35-65-65-35 Grad. Die Leistung wurde mit 150 PS angegeben, und das maximale Drehmoment von 219 Nm lag bei 3000/min an. Die Vergaserversion TR 250 war in dieser Hinsicht deutlich unterlegen: Die Höchstleistung entsprach mit 104 PS der des TR 4A, und das maximale Drehmoment von „nur“ 191 Nm wurde bei 3500/min erreicht. Die geringere Leistung war auf eine „zivilere“ Nockenwelle mit Steuerzeiten von 10-50-50-10 Grad zurückzuführen.

Dieser Motor wurde während der 15monatigen Bauzeit des TR 5/250 kaum verändert und ging sogar in die TR-6-Generation über. Es zeigte sich jedoch, daß die Laufkultur dieses „scharfen“ Einspritzmotors die Kunden nicht zufriedenstellen konnte, da sich die Beschwerden häuften. Hinzu kam eine strengere Abgasgesetzgebung, und so war Triumph gezwungen, den Einspritzmotor leicht zu drosseln. Dies geschah Ende 1972 beim Übergang zur „CR“-Serie. Die Nockenwelle wurde durch eine „zivilere“ Version mit 18-58-58-18 Grad ersetzt, die Verdichtung blieb allerdings weiterhin bei 9,5 : 1. Das Fahrzeug wurde zahmer und langsamer. Die Leistung wurde – erstmals nach DIN-Norm gemessen! – mit 124 PS angegeben.

Die Vergaserversion des TR 6 kam zunächst mit dem Motor des TR 250 aus, Ende 1970 führte man jedoch die Nockenwelle mit Steuerzeiten von 18-58-58-18 Grad ein bei gleichzeitiger Reduzierung der Verdichtung auf 7,75 : 1. Ende 1974 sank die Kompression sogar auf 7,5 : 1. Durch die Anpassung an die US-Gesetzgebung erhielten diese Fahrzeuge ein Abgasrückführsystem und schließlich auch noch eine Sekundärluftzufuhr, um den Schadstoffausstoß weiter zu reduzieren.

Bei den Einspritzmotoren war der Ansatzstutzen für die von der Nockenwelle getriebene Kraftstoffpumpe verschlossen; bei den Vergasermotoren fand sich hier eine von AC gebaute mechanische Pumpe. Die Vergasermotoren hatten einen Luftfilter, dessen silberfarbenes längliches Gehäuse direkt auf die Vergaser geschraubt war und zwei auswechselbare Filterelemente enthielt. Die Einspritzmotoren hatten einen trommelförmigen Filter, der an der Kühlerseite befestigt war. Die gefilterte Luft wurde zunächst durch eine zylindrische Vorkammer und von diesem über sechs mit Federklammern befestigte Schläuche in den Ansaugluftsammler geleitet.

Der Motorblock war normalerweise schwarz, die Ventildeckel silberfarben lackiert. Der Trend ging damals zu verchromten Ventildeckeln, weshalb man den Modellen TR 5, TR 250 und TR 6 des Jahrgangs 1969 solche Exemplare spendierte. Die meisten Aggregate beließ man in ihrer Originalfarbe; der Ansaugluftsammler wurde mattsilber lackiert, während die Luftfiltertrommel schwarz war.

Kühlsystem

Der Kühler des TR 4 war dem des TR 2/3/3A recht ähnlich. Selbst die Aussparung zum Durchstecken der Anlaßkurbel wurde beibehalten; die Kurbel selbst gab es allerdings nur noch als Zubehörteil. Der hinten angesetzte Wasserkasten und der Einfüllstutzen blieben gleich, auch wenn diese Bauweise in der neuen Karosserieform eigentlich nicht mehr nötig war. Der Kühler wurde mit Stehbolzen auf dem oberen Querträger des vorderen Rahmens befestigt. Ab CT 9553 wurde ein anderer Kühler eingebaut, bei dem sich Wasserkasten und Einfüllstutzen nun oben auf dem Kühler befanden. Außerdem setzte man vor dem Kühler ein aus Verbundwerkstoff bestehendes Luftleitelement ein.

Das System besaß eine konventionelle Wasserpumpe. Der vierflügelige Lüfter saß auf dem vorderen Ende der Kurbelwelle. Außerdem wurde ein kleiner Kühlkreislauf mit Thermostat vorgesehen. Das System hatte einen Betriebsdruck von 0,28 bar (bei den späteren TR 4 und beim TR 4A waren es 0,48 bar), und die Füllmenge (einschließlich Heizung) betrug 8 Liter. Für Großbritannien wurde ein bei 28 °C öffnender Thermostat eingebaut, es kamen aber auch Exemplare zum Einsatz, die für 31 °C ausgelegt waren. Je nach Exportland wurden noch weitere Thermostaten mit unter-

Im TR 5 war ein gelber Lüfter mit sieben oder acht Flügeln eingebaut. Der trommelförmige Luftfilter ist korrekt, aber wie bei vielen Fahrzeugen fehlt auch hier das Luftleitelement des Kühlers.

schiedlichen Öffnungstemperaturen verwendet. Kühler und Motorblock erhielten später je einen aus Messing bestehenden Ablaßhahn. Die normale Betriebstemperatur betrug, wie schon zuvor, 85 °C. Der Lüfter war ausgewuchtet und wirkte zusammen mit dem Verlängerungsstück, auf dem er saß, als Schwingungsdämpfer für die Kurbelwelle. Der Kühler und seine Befestigungselemente waren schwarz lackiert, der Lüfter aluminiumfarben mit schwarzen Stahlteilen, und das Thermostatgehäuse blieb in seinem Originalzustand.

Der TR 4 erhielt erstmals ein von Smiths gebautes Frischluft-Heizsystem, dessen Leistung mit 2,5 kW angegeben war. Es wurde von einer Frischluftklappe auf dem Windlauf gespeist und saß genau unterhalb dieser Klappe hinter dem Armaturenbrett. Darüber hinaus erhielt das System einen Gebläsemotor. Erstmals konnten auch alle Heizungsventile (einschließlich des Heißwasserventils) vom Fahrersitz aus bedient werden. Die Heizung und die Heizkanäle waren schwarz. Der Luftstrom zu den ebenfalls neuen Defrosterdüsen und zum Innenraum konnte über ein Bedienelement am Armaturenbrett gesteuert werden.

Der TR 4A hingegen hatte einen deutlich breiteren Kühler als die TR-4-Modelle. Die Füllmenge wurde auf 6,3 Liter (einschließlich Heizung) reduziert, und endlich fiel auch die Aussparung für die Anlaßkurbel im Kühler weg. Das Kühlsystem des TR 4A bestand nun aus einem geschlossenen Kreislauf, bei dem ein Kunststoffrohr vom Einfüllstutzen in einen Ausgleichsbehälter führte, der sich unten an der Seite des Kühlers befand. Die TR 4A für Großbritannien hatten den gleichen Lüfter wie die TR-4-Modelle, für wärmere Exportländer wurde hingegen ein Lüfter mit sechs Flügeln eingebaut. Der Ersatzteilkatalog für den TR 4A listet auch einen Kunststofflüfter auf; es läßt sich jedoch nicht feststellen, wann dieser

Die TR 6 der Serien „CR" bzw. „CF" waren original mit einem roten Kunststofflüfter mit dreizehn Flügeln ausgestattet.

genau eingeführt wurde. Wasserpumpe und Lichtmaschine wurden beim TR 4 und auch beim TR 4A durch den breiten Keilriemen angetrieben, der noch aus der TR-3-Generation stammte.

Bei den Sechszylindermotoren war das Kühlsystem im wesentlichen gleich ausgelegt, doch bereits beim TR 5 hatte der Kühler eine höhere Leistung. In der TR-6-Produktion verwendete man hingegen drei unterschiedliche Kühler, die einander allerdings sehr ähnlich sahen. Der erste wurde in den US-Fahrzeugen montiert, der zweite war identisch mit dem TR-5-Kühler und wurde zunächst für die Märkte außerhalb der USA verwendet; die dritte Version schließlich löste den TR-5-Kühler ab, als die TR-5-Produktion auslief. Der Ausgleichsbehälter wurde bei TR 5 und TR 6 beibehalten. Das Thermostatgehäuse war hier allerdings schon oben auf die Wasserpumpe geschraubt, wobei der Thermostat nicht mehr waagerecht, sondern senkrecht eingebaut wurde. Die Wasserpumpe wurde vom Motorblock an die Vorderseite des Zylinderkopfes verlagert, aber auch weiterhin von einem Keilriemen angetrieben. Dieser Keilriemen war inzwischen etwas moderner geworden und hatte einen kleineren Querschnitt als zuvor.

Wie üblich war auch beim TR 5 und beim TR 6 ein Lüfter, diesmal mit acht Flügeln, mit Hilfe eines Verlängerungsstücks an das vordere Ende der Kurbelwelle angeschraubt. Ab CP 52420 verwendete man dann einen Lüfter mit sieben Flügeln für den Rest der „CP"-Serie. In der „CR"-Serie kam ein Lüfter mit dreizehn Flügeln zum Einsatz. Die von Smiths gebaute Heizung des TR 4A wurde nahezu unverändert für TR 5 und TR 6 beibehalten; man brachte lediglich noch weitere Heizungsdüsen im Fußraum und in Kniehöhe an. Das Kühlsystem des Sechszylinders stand bei den späteren TR 5/250 unter einem Druck von 0,48 bar. In manchen Handbüchern findet sich auch die Angabe, daß die früheren Modelle dieser Reihe noch unter einem Druck von 0,28 bar standen.

In der Rückansicht dieses TR-6-Hardtop ist der neuere Tankdeckel zu erkennen, der im Gegensatz zu dem alten Tankdeckel mit Schnappzunge bei einem Überschlag des Fahrzeugs nicht mehr aufspringen konnte.

Der TR 6 hatte ein moderneres Kühlsystem mit einem Druck von 0,9 bar, und die Erfahrung hat gezeigt, daß alle Sechszylindermotoren der TR-Baureihe diesen Druck vertragen können. Die Öffnungstemperatur des Thermostats blieb bei 31 °C (kaltes Klima) bzw. 28 °C (normales Klima, was auch immer man darunter verstanden haben mag). Die Betriebstemperatur lag bei 85 °C, und die Füllmenge betrug auch weiterhin 6,3 Liter (inklusive Heizung).

Dieser Tankdeckel war bei allen TR 4/4A/5 und den frühen TR-6-Modellen ähnlich und unterschied sich kaum von dem des TR3A. Die Schnappzunge muß zur Fahrerseite zeigen.

Auspuffanlage

Der TR 4 hatte eine im Vergleich zum TR 3A/B leicht modifizierte Auspuffanlage; Krümmer, Hauptschalldämpfer, Zusatzschalldämpfer und die zugehörigen Verbindungsrohre blieben unverändert, die Halterungen und Aufhängungen wurden hingegen dem Fahrwerk des TR 4 angepaßt.

Der TR 4A hatte einen leistungsfähigeren Krümmer mit vier getrennten Abgasleitungen, die an der Übergangsstelle zu den beiden Auspuffrohren nicht in ein einzelnes Rohr, sondern in zwei separate Rohre mündeten. Somit waren die Abgase der inneren Auslaßkanäle von denen der äußeren getrennt und wurden erst im vorderen Schalldämpfer zusammengeführt, wo sie in ein gemeinsames Rohr übergingen. Dieses Rohr wiederum lief zu einem verlängerten „Y" mit zwei Ausgängen aus, die zu zwei ovalen Nachschalldämpfern führten; jeder dieser beiden Dämpfer besaß ein nach oben auslaufendes Endrohr sowie eine Aufhängung. Die zwei Endrohre liefen unter der hinteren Stoßstange fast in der Fahrzeugmitte aus.

Dieses System mit insgesamt drei Schalldämpfern war nicht sonderlich gut gelungen und außerdem recht teuer hinsichtlich Herstellung und Ersatz. Die Anlage war zwar leise, aber in Sachen Leistung nicht besonders effizient. Aus diesem Grund erfolgten bereits im Frühstadium der TR-4A-Produktion Änderungen. Der vordere Schalldämpfer wurde durch ein Y-förmiges Teil ersetzt, das die beiden separat nach unten verlaufenden Abgasrohre miteinander verband. Von dort aus leitete ein gekrümmtes Einzelrohr die Abgase zum Fahrzeugheck in einen großen, ovalen, querliegenden Einzelschalldämpfer, dessen Endrohr zur linken Fahrzeugseite hin verlief. Dieses System war wie üblich an der hinteren Motorhalterung befestigt; der querliegende Schalldämpfer war sowohl vorne als auch hinten mit flexiblen Halterungen am Fahrwerk befestigt. Die Anlage war zwar etwas lauter als die Vorgängerversion, aber immer noch leiser als beim TR 4 und schluckte auch weniger Motorleistung.

Ein ähnliches System wie bei diesem späteren Typ für den TR 4A wurde auch beim TR 5 eingesetzt; hier verwendete man allerdings durchweg eine Zweirohranlage, d.h. der Querschalldämpfer besaß je zwei Ein- und Auslässe. Der gußeiserne Krümmer hatte vier Abgasrohre, die für die sechs Auslaßkanäle jeweils paarweise zusammengefaßt waren. Dieser Krümmer verlief in einen Flansch, der mit den beiden nach unten führenden Abgasleitungen verbunden war. Der gleiche Auspuffkrümmer kam auch bei TR 6 mit Einspritzanlage und späteren Vergaserversionen dieses Typs zum Einsatz; frühere Vergaser-TR-6 (bis Motornummer CC 75000) und TR 250 hatten hingegen einen Krümmer mit nur einem Abgang sowie eine einfache vordere und mittlere Abgasleitung. Der Querschalldämpfer war hier mit einem Einlaß, aber zwei integrierten Endrohren versehen, während spätere Vergaser- und Einspritzversionen des TR 6 über ein Doppelrohrsystem ähnlich dem des TR 5 verfügten. In den Teileverzeichnissen sind mehrere alternative Schalldämpferspezifikationen für die unterschiedlichen Exportländer verzeichnet, vor allem für Frankreich, Deutschland und die Schweiz.

Eine gelungene Aufnahme eines sauberen, aber sichtlich „gebrauchten" Motorraums. Die SU-Vergaser vom Typ HS6 sind für einen späten TR 4 korrekt. Die Kraftstoffzuleitungen waren ursprünglich nur aufgeschoben; die meisten Fahrzeugbesitzer brachten jedoch als zusätzliche Sicherung eine Schlauchschelle an. Fanfaren und Relais sind Zubehörteile. Beim Kühler fehlt das Luftleitelement, was zu Überhitzung führen kann.

Vergaser und Einspritzanlage

Zu Beginn seiner Produktion verfügte der TR 4 über die traditionelle Zweivergaseranlage von SU, wobei die H6-Versionen des TR 3A mit 45 mm Durchmesser, Messingdomen und Drahtgeflechtluftfiltern beibehalten wurden. In den Kraftstoffleitungen verwendete man nun allerdings steckbare Gummiverbinder, und der Benzinhahn verschwand. Der schwarz lackierte Tank mit 53 Litern Fassungsvermögen war unter der hinteren Spritzwand in fast derselben Position wie bei den Vorgängermodellen eingebaut. Eine vom Tankoberteil nach oben abstehende Gummileitung führte zum altbekannten Verschluß des Tankeinfüllstutzens. Die Entlüftung des Tanks erfolgte an dessen Oberseite über eine separate Entlüftungsleitung, die mit einer Hohlschraube befestigt war. Serienmäßig wurden SU-Düsennadeln vom Typ SM eingebaut; aufgrund des angehobenen Motorhubraums war in diesem Punkt keine Änderung erforderlich gewesen. Die Kraftstoffversorgung erfolgte wie bisher über eine von der Nockenwelle angetriebene Pumpe.

Die SU-Vergaser mit 45 mm Durchlaß wurden bis Motornummer CT 16800E verwendet; anschließend setzte man versuchsweise in 100 Fahrzeugen Gleichdruckvergaser von Stromberg ein (175CD mit ebenfalls 45 mm Durchlaß). Triumph wollte diese Vergaser, deren Funktionsweise auf dem SU-Prinzip basierte, wohl nur deswegen einsetzen, weil sie von einem „unabhängigen" Hersteller und nicht wie die SU-Modelle vom Erzrivalen, der British Motor Company, stammten! Mit den neuen Vergasern kam auch ein neuer, verbesserter Ansaugluftsammler, die Befestigungspunkte blieben jedoch unverändert, so daß beide Vergaserversionen problemlos passen. Der Krümmer hatte einen Anschluß für das abgeschlossene System zur Rückführung von Kraftstoffdämpfen. Aus unbekannten, vermutlich vertragsrechtlich bedingten Gründen erfolgte der komplette Umstieg auf Stromberg-Vergaser erst einige Monate später; ab Motornummer CT 21471E waren jedoch alle TR 4 serienmäßig mit den neuen Vergasern und mit dem neuen Krümmer ausgerüstet.

Vergaser von Stromberg wurden auch noch zu Beginn der Produktion des TR 4A verwendet; ab Kommissionsnummer CT 62191 kehrte Triumph wieder zu SU zurück, allerdings in Verbindung mit dem verbesserten Krümmer. Dieser Rückstieg ist vermutlich darauf zurückzuführen, daß durch den Zusammenschluß mit der British Motor Corporation die SU-Vergaser nicht mehr von einem direkten Konkurrenten, sondern von einem Partner hergestellt wurden. Man verwendete nun die überarbeitete Version HS6 mit Düsennadeln vom Typ TW, schwarzen Vergaserdomen aus Kunststoff und einer verbesserten Kraftstoffversorgung zwischen Schwimmerkammer und Vergasergehäuse. Die Luftfilter mit Papierelementen der Stromberg-Vergaser wurden für die SU beibehalten, und im Teilekatalog ist von einer zusätzlichen „Luftfilter/Schalldämpfer-Kombination" die Rede, die jedoch nur auf speziellen Wunsch geliefert wurde. Hierbei waren die Luftfilter von einer länglichen, ovalen Abdeckung umschlossen; in wieviele Wagen diese Abdeckung eingebaut wurde, ist leider nicht bekannt. Beim TR 4A blieb die Kraftstoffanlage ansonsten fast unverändert gegenüber dem TR 4, bis auf Änderungen an Kraftstoffleitungen, Befestigungen und Gasgestänge, die wegen der neuen Vergaser und des neuen Krümmers erforderlich wurden.

Der TR 5 war bei seiner Einführung im Jahre 1967 das erste britische Serienautomobil mit Kraftstoffeinspritzung. Dieses System ermöglichte es, die Nockenwelle so günstig auszulegen, daß der TR in punkto Motorleistung mit der Konkurrenz sehr gut mithalten konnte. Triumph wollte natürlich eine im Heimatland hergestellte Einspritzanlage einsetzen, und nur Lucas hatte eine serienreife Anlage anzubieten; allerdings mußten die ersten Käufer noch als Versuchskaninchen herhalten!

Das Herz dieser Einspritzanlage bildete das Kraftstoffdosiersystem, das über Zahnräder von der Verteilerwelle angetrieben wurde und an der linken Motorseite zwischen Verteiler und Spritzwand angebracht war. Diesem System wurde über einen Kraftstoffilter und eine von Lucas speziell hierfür entwickelte Pumpe Kraftstoff aus dem Tank unter Hochdruck zugeführt. Der Pumpenantrieb erfolgte erstmals bei einem TR elektrisch; ursprünglich saß die Pumpe im Motorraum. Man erkannte allerdings bald, daß sie an dieser Stelle starker Hitze ausgesetzt war, was zu Dampfblasenbildung führte, so daß die Pumpe in den Kofferraum wanderte. Das Problem mit Dampfblasen in den Kraftstoffleitungen an heißen Tagen konnte allerdings trotz zusätzlicher Kühlrippen an der Pumpe und anderen Detailänderungen nie sonderlich zufriedenstellend gelöst werden.

Vom Kraftstoffdosiersystem aus wurde der Kraftstoff über sechs Kunststoffleitungen zu den einzelnen Einspritzventilen geführt, die in die Ansaugluftsammler geschraubt waren. Die drei Sammler hatten jeweils zwei Einlaßkanäle, so daß jeder Zylinder individuell mit Kraftstoff versorgt wurde. Die zur Verbrennung erforderliche Luft gelangte über sechs flexible Leitungen vom zuvor erwähnten Luftsammler in die Zylinder. Der Kraftstoff wurde unter konstantem Druck aus dem Tank gepumpt, und über eine Rücklaufleitung floß nicht benötigter Kraftstoff wieder zurück in den Tank. Über einen Chokeknopf konnten die Drosselklappen geöffnet werden, so daß für den Kaltstart ein fetteres Gemisch zur Ver-

Zwei Aufnahmen des Motorraums eines TR 6 der Serie „CP". Man erkennt das Kommissionsschild am Radkasten und den gelben Kunststofflüfter mit acht Flügeln. Einige der oberen Schlauchleitungen waren tatsächlich in diesem seltsamen Grünton eingebaut, der rote Schlauch am Überlauf hingegen müßte eigentlich ein duchsichtiges Kunststoffteil sein. Der Ventildeckel ist in der korrekten Farbe lackiert. Für einen TR 6 dieses Baujahrs (1970) stimmt allerdings der Halter für die Einspritzleitungen nicht; bei Fahrzeugen der Serie „CP" war hier ein Gummiband vorgesehen.

fügung stand. Betätigt wurden die Drosselklappen über einen Seilzug, einen Glockenarm und eine Nebenwelle. Bis auf die Verlegung der Kratstoffpumpe blieb diese neue Kraftstoffanlage während der gesamten, wenn auch kurzen Bauzeit des TR 5 weitgehend unverändert.

Aufgrund der immer strengeren Abgasgesetze in den USA wurden die für Nordamerika bestimmten Fahrzeuge nicht mit Einspritzanlage ausgeliefert, da man mit dieser überraschenderweise die geforderten Grenzwerte nicht einhalten konnte. Als Antwort auf dieses Problem baute Triumph den TR 250 mit dem neuen Sechszylindermotor und zwei Stromberg-Vergasern vom Typ 175CD, die über eine Einrichtung zur Schadstoffbegrenzung verfügten; dieses System genügte bei korrekter Einstellung den gesetzlichen Vorschriften. Negativer Nebeneffekt: Durch diese Maßnahmen lag die Leistung mit 104 PS nicht höher als beim TR 4A; immerhin war das maximale Drehmoment auf 191 Nm gestiegen. Positiver Nebeneffekt: Dieses System war wesentlich billiger als die Einspritzanlage.

Man entwickelte einen neuen Ansaugluftsammler („2-in-6"), der über eine Leitung von der Kühlwasserpumpe vorgewärmt wurde. Die mechanische Kraftstoffpumpe hatte nur eine einzige Zuleitung vom Tank und einen kleinen Kunststoffilter. Der Tank selbst entsprach weitgehend dem des TR 4A; allerdings findet man bei den drei Tanks der Modelle TR 4A/5/250 kleine Detailunterschiede. Was das jeweilige Fassungsvermögen angeht, findet man unterschiedliche Aussagen: 51, 52 oder 53 Liter.

Für TR 6 mit Einspritzung wurde die Kraftstoffanlage des TR 5 weitgehend unverändert übernommen; der Tank wich vom Vorgängermodell allerdings bereits ab Produktionsbeginn ab und wurde ab CP 50001 erneut modifiziert, um Aussetzer im Kraftstofffluß zu vermeiden, die mitunter zum Absterben des Motors geführt hatten. Ab CP 50001 erfolgte auch eine Änderung am Ansaugluftsammler; Luftfiltergehäuse und -element blieben hingegen durchgehend unverändert. Mindestens vier in Details unterschiedliche Einspritzpumpen kamen beim TR 6 zum Einsatz; außerdem wurde für bestimmte Länder auch eine spezielle Pumpe für „große Höhen" angeboten. Die Einspritzventile stammten unverändert vom TR 5. Mit der Einführung der „CR"-Serie des TR 6 wurden Kraftstoffleitungen, Befestigungen und Bogenstücke modifiziert; die Kraftstoffpumpe hingegen kannte man bereits vom TR 5. Im Kraftstoffilter saß das gleiche Filterelement wie bisher, während sich die Filtereinheit selbst leicht von der des TR 5 unterschied. Bei späteren TR 6 mit Einspritzanlage fand man einen Sicherheitsschalter, mit dem die Kraftstoffzufuhr bei einem Unfall abgeschaltet werden konnte.

Bei den Tankdeckeln für den TR 6 gab es drei unterschiedliche Versionen; einer stammte vom TR 5 und war wiederum anders als beim TR 4/4A, doch leider findet sich in den Unterlagen kein Anhaltspunkt dafür, welche Version zu welcher Zeit verwendet wurde.

Bei Vergaser-TR-6 verwendete man wieder die schadstoffsenkenden Gleichdruckvergaser von Stromberg mit einfacher Kraftstoffzuleitung und vom Motor angetriebener Kraftstoffpumpe. Insgesamt kamen vier im Detail unterschiedliche Ansaugluftsammler zum Einsatz: Bis Motornummer CC 50000E, von CC 50001E bis CC 75000E, von CC 75001E bis CF1 sowie ab CF1. Ab CC 50001E baute man zusätzlich zum Schadstoffbegrenzungssystem Aktivkohlefilter ein. Die Vergaser mußten diverse Änderungen über sich ergehen lassen; die jeweiligen Zeitpunkte sind angegeben mit bis CC 50000E, von CC 50001E bis CC 65346E, von CC 65347 bis CF1E und ab CF1E. Die Änderungen waren so zahlreich, daß eine detaillierte Aufstellung den Rahmen dieses Buchs sprengen würde.

Ein Blick unter die Motorhaube eines TR 250 zeigt den Sechszylindermotor mit Strombergvergasern und ovalem Luftfiltergehäuse. Man erkennt den direkt wirkenden Bremskraftverstärker und den Ausgleichsbehälter des Kühlsystems. Die Wechselstromlichtmaschine wurde zu diesem Zeitpunkt schon serienmäßig eingebaut, und das Kommissionsschild befand sich nun am vorderen Radkasten.

Die meisten TR 6 waren Vergasermodelle. Der TR 6 wurde sogar noch über ein Jahr, nachdem im Februar 1975 die letzte Einspritzversion gebaut wurde, für den amerikanischen Markt weiterproduziert. Die letzten Vergaser-TR-6 liefen im Juli 1976 vom Band, genau 23 Jahre nach dem ersten Serien-TR-2.

Getriebe

Am TR-Getriebe wurden im Laufe der Jahre bemerkenswert wenige Änderungen vorgenommen. Das mit dem TR 4 und den „TCF"-TR-3B eingeführte Bauteil war eine Weiterentwicklung des vorherigen TR-Getriebes, bei dem als praktisch einzige Neuerung der erste Gang synchronisiert war. Das Gehäuse mußte hierfür um knapp 1,5 Zentimeter länger ausgelegt werden. Obwohl man die Getriebe der TR 2/3/3A und TR 3B/4 mit kleinen Tricks gegeneinander austauschen konnte, war das Innenleben der TR-4-Version doch erheblich anders aufgebaut und weitgehend verstärkt, um die über 50 Prozent höhere Leistung des Sechszylindermotors verkraften zu können. Der grundlegende Aufbau des Getriebes sowie weitere Details finden sich im Kapitel über die TR 2/3/3A.

Das Schaltgestänge hatte man leicht modifiziert, um präzisere Schaltvorgänge zu ermöglichen; leider wurde die Schaltung beim TR 4 und bei seinen Nachfolgern hierdurch etwas hakeliger als zuvor. Die Übersetzungen der drei oberen Gänge waren mit denen der TR 2/3/3A weitgehend identisch; den ersten Gang sowie den Rückwärtsgang hatte man hingegen etwas länger übersetzt, so daß sich nun insgesamt die folgenden Übersetzungsverhältnisse ergaben: 1. Gang 3,14 : 1; 2. Gang 2,01 : 1; 2. Gang mit OD 1,65 : 1; 3. Gang 1,33 : 1; 3. Gang mit OD 1,09 : 1; 4. Gang 1,0 : 1; 4. Gang mit OD 0,82 : 1; Rückwärtsgang 3,22 : 1.

Dieses Getriebe wurde vom TR 4 von 1961 mit nur geringfügigen Änderungen bis zum zehn Jahre später gebauten frühen TR 6 verwendet. Im Teilekatalog sind für den TR 4 drei unterschiedliche Getriebeversionen und Kupplungsgehäuse verzeichnet: Bis CT 31506 (31636 OD), von CT 31507 (31637 OD) bis CT 50124 und ab CT 50125. Die Unterschiede waren allerdings geringfügiger Natur und hatten offenbar keine Auswirkungen auf die Austauschbarkeit. Auch für die Schalthebel der einzelnen Modelle findet man unterschiedliche Teilenummern; die verchromten Hebel selbst waren einander wohl recht ähnlich, während die Schaltknaufe voneinander abwichen. Die TR 4/4A hatten einen runden Knauf aus schwarzem Kunststoff mit weißem Schaltschema; TR 5 und TR 6 hingegen hatten serienmäßig einen leicht birnenförmigen Knauf, ebenfalls aus schwarzem Kunststoff. Ab CP 53854 wurde der Schaltknauf des TR 6 leicht abgeändert.

Mitte 1971 überarbeitete man das Getriebe schließlich grundlegend. Die neuen, verbesserten Innereien waren aus den Teilen des stärkeren Triumph-Stag-Getriebes weiterentwickelt worden. Diese Änderung betraf CP 51163 bzw. CC 89817 sowie nachfolgende Einheiten. Auch die Übersetzungsverhältnisse hatten sich leicht geändert: 1. Gang 2,99 : 1; 2. Gang 2,10 : 1; 3. Gang 1,39 : 1; 4. Gang 1,0 : 1; Rückwärtsgang 3,37 : 1. Die Gesamtübersetzung lautete daher nun folgendermaßen: 1. Gang 10,33 : 1; 2. Gang 7,25 : 1; 3. Gang 4,78 : 1; 4. Gang 3,45 : 1, Rückwärtsgang 11,62 : 1.

Eine weitere Getriebemodifikation erfolgte kurz nach Beginn des Modelljahrs 1973, als der bisherige Laycock-Overdrive vom Typ „A" (Übersetzung für direkten Gang 0,82 : 1) nach 20 Jahren ausgemustert wurde. Diese Änderung kam direkt nach Einführung der Modelle aus der CR-Serie, vermutlich ab CR 567, was ich leider nicht mit absoluter Gewißheit sagen kann; sie betraf aber offensichtlich nur die für den US-Markt bestimmten „CF"-Modelle. Der „J"-Overdrive von Laycock war zwar eine modernere Konstruktion, die aber bedauerlicherweise nicht für den zweiten Gang zur Verfügung stand, was das Aus für die bisher sieben Schaltstufen des TR bedeutete. Die Übersetzung der Nachfolgeversion lag bei 0,797 : 1 für den direkten Gang, so daß sich hier eine Gesamtübersetzung von 2,75 : 1 (bezogen auf ein Differential mit 3,45 : 1) ergab, die dem Fahrzeug in dieser Schaltstufe zu einer Geschwindigkeit von 42,8 km/h je 1000/min mit Serienrädern und -reifen verhalf. Mit dem für den US-Markt bestimmten Differential mit 3,7 : 1 und dem „J"-Overdrive lag die Gesamtübersetzung bei 2,95 : 1 bzw. die Geschwindigkeit im direkten Gang bei 42 km/h je 1000/min. Nach 20 Jahren als Zubehörteil wurde der Overdrive endlich serienmäßig eingebaut, vermutlich bereits ab Beginn des Modelljahrs 1974.

Getriebe und Overdrive waren auch weiterhin entweder als Gußteil belassen oder silbern/aluminiumfarben lackiert. Die Antriebswellen, die für Fahrzeuge mit oder ohne Overdrive identisch waren, waren schwarz lackiert.

Mit Einführung des TR 4A wurde auch die Kupplung modifiziert. Der TR 4 hatte weiterhin eine hydraulisch betätigte Einscheiben-Trockenkupplung von Borg & Beck mit 23 Zentimetern Durchmesser. Hinsichtlich einer leichteren Pedalbetätigung entschied man sich beim TR 4A hingegen für eine Membranfederkupplung, ebenfalls von Borg & Beck, deren Durchmesser mit 22 Zentimetern jedoch etwas niedriger lag. Hierbei handelte es sich genaugenommen um einen technischen Rückschritt; in zeitgenössischen Testberichten ist nachzulesen, daß die Kupplung zum Durchrutschen neigte, ein Phänomen, das dem zuvor verwendeten Bauteil fremd gewesen war. Die Membranfederkupplung stellte sich im Gegensatz zur Vorgängerversion bei Verschleiß selbst nach.

Die kleinere Kupplungsscheibe wurde auch für TR 5 und TR 6 übernommen; die Membranfeder mußte allerdings angesichts der erheblich gestiegenen Motorleistung verstärkt werden. Um den hierdurch erforderlichen höheren Pedaldruck zu vermeiden, wurde die Kupplungshydraulik entsprechend überarbeitet; unter anderem wurde ein Nehmerzylinder mit größerem Durchmesser eingesetzt. Bei manchen TR 5 und TR 6 stammten die Kupplungen nicht von Borg & Beck, sondern von Laycock. Kupplungsscheiben und -deckel von Borg & Beck bzw. Laycock dürfen übrigens nur jeweils zusammen eingesetzt werden; eine Scheibe von Laycock paßt nicht zu einem Deckel von Borg & Beck (das gilt auch für den umgekehrten Fall!), eine Tatsache, die im Laufe der Zeit viele unerfahrene TR-Besitzer schmerzlich zur Kenntnis nehmen mußten.

Elektrische Anlage und Leuchten

Für die Lieferung von Teilen der elektrischen Anlage war fast ausschließlich die Firma Lucas zuständig. In allen Fahrzeugen vom TR 4 bis zum TR 6 war die 12-V-Batterie hinter dem Motor mittig unter der Motorhaube auf einem Träger befestigt, der einen Teil der vorderen Spritzwand bildete. TR 4 und TR 4A hatten eine 57-A-Batterie vom Typ „BT9A"; beim TR 5 und bei frühen TR 6 ging man zum Typ C9 (bzw. CZ11/9 für Länder mit kaltem Klima) über, bei späteren TR 6 zum Typ P130 (AZ11 für Exportländer, AZ13 für Länder mit kaltem Klima). Die Batterie war schwarz lackiert und wurde mit einer rechtwinkligen Leiste sowie zwei am Ende abgewinkelten Gewindestangen links und rechts an Metallplatten angeschraubt, die einen Teil der Spritzwand bildeten. Die Leitungen des farbkodierten, kunststoffummantelten Kabelbaums waren mit Steckverbindern versehen.

Der TR 4 und die meisten TR 4A hatten eine Gleichstromlichtmaschine vom Typ C40/1. Für den TR 4A war gegen Aufpreis eine Wechselstromlichtmaschine erhältlich; leider ist nicht bekannt, wieviele Käufer von diesem Angebot Gebrauch machten. Beim TR 4 war die Masse positiv, beim TR 4A hingegen negativ. Der Regler (RB106/2) befand sich am rechten vorderen Innenkotflügel. Beim TR 5 war die Wechselstromlichtmaschine serienmäßig; sie wurde von einem Riemen angetrieben, dessen Durchmesser etwas niedriger lag als bei dem zuvor verwendeten Gleichstromaggregat. Die Typenbezeichnungen lauteten 15AC für die Lichtmaschine und 4TR für den getrennten Spannungsregler. Bei frühen TR 6 stieg man auf 15ACR um; bei diesem Bauteil war der Spannungsregler nun in die Lichtmaschine integriert. Für spätere TR 6 wurde für die meisten Märkte eine stärkere Lichtmaschine vom Typ 16ACR eingesetzt. Für die US-Modelle verwendete man die Typen 17ACR bzw. 18ACR; allerdings waren auch einige dieser Fahrzeuge mit Lichtmaschinen von AC Delco ausgerüstet. TR 4 und TR 4A hatten einen Sicherungskasten (4FJ) mit 35-A-Sicherungen; bei den Sechszylindermodellen lautete die Typenbezeichnung 7FJ. 4FJ beherbergte zwei Betriebssicherungen sowie zwei Ersatzsicherungen, 7FJ hingegen vier Betriebssicherungen und zwei Ersatzsicherungen.

Außer bei den späteren TR 6, die 15C6 (6-V-Zündspulen mit Ballastwiderstand) hatten, wurden durchgehend Zündspulen vom Typ HA12 verwendet. Bei den Vierzylindermodellen kamen Verteiler DM2P4 für die früheren TR 4 bzw. 25D4 bei späteren TR 4 (ab CT 17954) und allen TR 4A zum Einsatz. Fahrzeuge mit Sechszylindermotor hatten 22D6-Verteiler, die mehrmals für Exportfahrzeuge geändert werden mußten. Bei TR 4/4A verwendete man serienmäßig Zündkerzen von Champion (L87Y) oder Lodge (CNY), während im TR 5 sowie in früheren TR Champion UN12Y und bei späteren TR 6 Champion N9Y eingebaut waren. Der korrekte Elektrodenabstand betrug jeweils 6 mm. Die Zündkabel waren meist schwarz; bei späteren Fahrzeugen findet man aber auch andere Farben. Die Vierzylindermodelle hatten normalerweise um 90 Grad abgewinkelte Kerzenstecker; obwohl Fahrzeuge mit Sechszylindermotor meist gerade Kerzenstecker hatten, dürfen bei TR 5 oder TR 6 wohl beide Versionen als korrekt angesehen werden. Originale Zündkabelsätze für TR 5/6 von Lucas oder Ripaults haben in der Regel grüne Graphitkabel mit schwarzen Kunststoffendkappen.

TR 4 und TR 4A hatten immer noch den meist schwarz, manchmal aber auch rot lackierten Schraubtriebstartermotor M418G. Dieser Typ wurde ebenfalls beim TR 5 eingesetzt, allerdings als Schubschraubtriebstartermotor; alternativ wurde aber auch hier und beim TR 250 ein Schraubtriebstarter vom Typ M24G/1 eingesetzt. Bei frühen TR 6 verwendete man weiterhin M418G, bei späteren Modellen hingegen (ab CP 53637 bzw. CC 63845) fand man den Schubschraubtriebstarter 2M100. Der Magnetschalter 2ST der TR 4 und TR 4A wurde für die TR 5/6 vom Typ 4ST abgelöst.

Der TR 4 hatte serienmäßig noch einstufige Scheibenwischer mit automatischer Rückstellung, die von einem Lucas-PS7-Motor angetrieben wurden (der Typ DR3A ist ebenfalls in den Unterlagen verzeichnet), der unter dem linken Oberteil der vorderen Spritzwand saß und nach dem Öffnen der Motorhaube zugänglich war. Gegen Aufpreis konnte man auch einen zweistufigen Wischermotor ordern (58SA). Der TR 4A hatte serienmäßig zweistufige Wischer, allerdings in Verbindung mit einem anderen Motor, Typ DR3A, der auch für den TR 5 verwendet wurde. Beim TR 6 lautete die Bezeichnung des Motors 14W. Viele unterschiedliche Wischerblätter (meist mit 25 oder 26 Zentimeter Länge) und Wischerarme kamen bei diesen Fahrzeugen zum Einsatz, wobei die Originalblätter von Trico stammten. Wegen der in den oberen Teil des Windlaufs eingelassenen Belüftungsklappe mußte einer der beiden Wischerarme abgewinkelt werden; dies wurde wohl auch bei späteren TR 6 beibehalten, selbst nachdem die Klappe durch eine Lufteinlaßdüse ersetzt worden war. Bei TR 4/4A/5 verwendete man verchromte Blatthalter und Wischerarme. Beim TR 250 und bei vielen früheren TR 6 der Serien „CP" und „CC" waren diese Teile silberfarben mit Satinfinish, es gab aber auch einige verchromte Exemplare. Mit Einführung der Fahrzeugserien „CR" und „CF" wurden aus Modegründen mattschwarze Blatthalter und Wischerarme eingesetzt. Die TR 4/4A hatten eine manuelle Scheibenwaschanlage, bei den Sechszylindermodellen fand man hingegen eine elektrische Waschanlage von Lucas (5SJ). Die Sprühdüsen befanden sich an den Blenden der Wischerarmgelenke.

Alle Fahrzeuge hatten schwarz lackierte Doppelhörner (je ein Hochton- und ein Tieftonhorn). In der Regel stammten sie von Lucas (9H), einige Exemplare lieferte jedoch auch die Firma Clear Hooters Ltd.

Die Scheinwerfer beim TR 4 waren wie beim TR 3A vom Typ P700 für den britischen und in der Regel F700 für Exportfahrzeuge; frühe TR 4 hatten auch noch die dreigeteilte Streuscheibe. Anfangs verwendete man noch getrennte Glühlampen; im Laufe der TR-4-Produktion hielt jedoch auch bei Triumph der Fortschritt in Form von Sealed-Beam-Einsätzen Einzug. Lampenfassungen, Gummidichtungen und Lampenhalterungen wurden bereits im Abschnitt über die TR 2/3/3A beschrieben.

Alle TR 4A wurden mit Sealed-Beam-Einsätzen ausgeliefert, wobei für alle Scheinwerfer wohl die Lucas-Version F700 zum Einsatz kam, obwohl dieser Scheinwerfertyp sich später erheblich von den früheren F700-Typen unterschied. Die Bezeichnung „F700" galt offensichtlich für sämtliche Scheinwerfer, die bis zum Ende der TR-6-Produktion eingebaut wurden. Für die verschiedenen Exportmärkte verwendete man zwar auch unterschiedliche Lampengläser, aber bei Lucas erachtete man es wohl als unnötig, für unterschiedliche Bauteile auch entsprechend unterschiedliche Typennummern zu vergeben, was Originalitätsfanatikern heute erhebliches Kopfzerbrechen bereitet. Der Abblendschalter blieb am Boden montiert und fußbetätigt (Typ 103SA), bis gegen Ende 1972 dieses archaische System bei den „CR/CF"-Serie-Fahrzeugen durch einen handbetätigten Schalter links an der Lenksäule ersetzt wurde.

Die Heckleuchten sind bei TR4/4A/5 auf den ersten Blick identisch, d.h. Kombileuchten mit Rückstrahler, Bremslicht, Schlußlicht und Blinker von Lucas (Typ 669). Die Leuchteinheiten sind von einer verchromten Blende eingefaßt, und eine weitere Chromblende befindet sich oben zwischen dem orangefarbenen Blinkerglas (bei Fahrzeugen für den britischen Markt) und dem mittig sitzenden Rückstrahler. Das Lampenglas des Rücklichts hat bei späten TR 4, TR 4A und TR 5 ein senkrechtes Muster (Typennummer 799), während man bei den früheren TR 4 ein Glas mit kreisförmigem Muster findet. Die Rückfahrscheinwerfer vom Typ 661 sind für TR 4 und TR 4A als Zubehörteile verzeichnet; beim TR 5

Die Heckleuchte eines späten TR 4 mit kreisförmigem Muster auf dem oberen und unteren Glas; frühere Fahrzeuge hatten ein senkrechtes Muster.

Der TR 5 besaß zu beiden Seiten des Hecks serienmäßig Rückfahrscheinwerfer. Dieses Fahrzeug hat offensichtlich die Schlußleuchtengläser der vorherigen Modelle. Die aggressiv aussehenden Doppelendrohre der Auspuffanlage sind ebenfalls gut zu erkennen. Die lackierte Kotflügelbiese ist für diesen Wagen korrekt.

Eine Detailaufnahme der Kombileuchte mit Begrenzungsleuchte und Blinker, die man am TR 4A fand. Die verchromte Blende am Begrenzungsleuchtenglas liegt etwas zu tief; vermutlich handelt es sich hier um das Exemplar, das für Lotus, einen der wenigen anderen Abnehmer für derartige Leuchten, produziert wurde.

Eine Detailaufnahme der Heckleuchten eines frühen TR 6; die Begrenzungsleuchten des TR 5 hatte man nicht übernommen. Der Zierstreifen wurde nachträglich angebracht und ist nicht original.

hingegen gab es serienmäßig Rückfahrscheinwerfer (594) aus gewölbtem Milchglas mit Chromblenden, die unterhalb der Heckleuchten angebracht wurden. Um die Beleuchtung des hinteren Nummernschilds kümmerten sich bei TR 4/4A/5 zwei verchromte, gewölbte Lucaseinheiten (550), die jeweils in den Stoßstangenhörnern saßen, wo sie praktischerweise auch den geöffneten Kofferraum beleuchteten. TR 4/4A/5 für den deutschen Markt hatten die gleiche Kennzeichenbeleuchtung wie beim TR 3A und schlichtere Stoßstangenhörner.

Die Begrenzungsleuchten des TR 4 waren kleine Leuchten von Lucas (Typ 658) mit Milchglasscheiben aus Kunststoff, die neben den Hauptscheinwerfern in die oberen Ecken des Kühlergrills eingelassen waren. An den TR 4/4A/5 waren separate gelbe Blinkleuchten mit den üblichen gewölbten Gläsern und Chromeinfassungen von Lucas (Typ 594) angebracht, ebenfalls am Grill, jedoch in den beiden unteren Ecken. Auch der Blinkgeber stammte von Lucas (FL 5 bei TR 4/4A, 8FL beim TR 5). Bei TR 4A und TR 5 fand man vordere Begrenzungsleuchten vom Typ 658 in Kombination mit Zusatzblinkern (771), die in verchromten Formteilen vorne an den Kotflügeln saßen; diese Formteile bildeten jeweils den vorderen Abschluß der seitlichen Zierleisten, die an diesen Fahrzeugtypen angebracht waren. Der TR 250 hatte am Heck rote Markierungsleuchten (Typ 734), die recht tief an den hinteren Kotflügeln angebracht waren. Bei linksgelenkten Exemplaren dieses Modells gab es auch erstmals eine Warnblinkvorrichtung, wenn auch nicht bei allen Fahrzeugen, bei der die vorhandenen Blinker eingesetzt wurden.

Der TR 6 hatte die gleichen Hauptscheinwerfer wie seine Vorgänger, aber vollkommen neue, kombinierte Leuchteinheiten mit Begrenzungsleuchten und Blinkern (Typ Lucas 827), die an der

Ein sehr später TR 4 mit verchromten Drahtspeichenrädern, die vermutlich ebenso wie die Auspuffanlage nicht original sind. Die an diesem Wagen angebrachten Sonnenblenden gab es nur als Zubehörteile.

Die „Kraftbeule" der späten TR 4, die sich auf der rechten Seite der Motorhaube bis zu deren Hinterkante erstreckte, fand man auch beim TR 4A.

Frontschürze oberhalb der Stoßstange saßen. Zusatzblinker (Typ 844) waren an den vorderen Kotflügeln vor den Radausschnitten angebracht; bei US-Fahrzeugen fand man hier den Typ 827 mit integrierten Reflektoren. Späte US-Modelle hatten völlig neue Blinker/Begrenzungsleuchten an der Front, die in die vordere Stoßstange eingelassen werden mußten, um Platz für die schwarzen „Sicherheits"-Hörner zu schaffen.

Dem Heck des TR 6 hatte man neue Leuchteinheiten verpaßt, die sich harmonisch in die glattflächige Karosseriegestaltung einfügten. Sie zeigten ein streifenförmiges Muster; bei der äußeren Leuchte handelte es sich um den Blinker, der um die hinteren Ecken des Fahrzeugs herumgezogen war. An der Innenseite dieser Leuchteinheiten (Typ 832) saß jeweils der Rückfahrscheinwerfer, in der Mitte die Kombileuchte für Brems-/Schlußlicht sowie ein quadratischer Reflektor. Die gesamte Leuchteinheit war jeweils von einer Chromblende eingefaßt. Die Kennzeichenbeleuchtung erfolgte beim TR 6 ursprünglich mittels einer verchromten, streifenförmigen Leuchte (Typ 766), die oben an der hinteren Stoßstange angebracht war; die Fahrzeuge der Serien „CR" und „CF" wiesen hingegen eine andere Leuchte auf (angeblich Typ 908), die an die Unterseite der Nummernschildaussparung wanderte.

Schließlich erhielt der TR 6 noch eine Innenraumbeleuchtung; es handelte sich hierbei um eine am Tunnel angebrachte Leuchten-/Schaltereinheit in Kombination mit einer Handschuhfachleuchte. Das System wurde bis zur Einführung der „CR"- bzw. „CF"-Serie beibehalten; diese Modelle hatten zwei Innenraumleuchten (je eine pro Fußraum), die über einen Schalter an der Schaltkonsole sowie Schalter an den beiden A-Säulen betätigt wurden. Außerdem wies der TR 6 eine kleine Kofferraumleuchte auf, die an der vorderen „Wand" des Kofferraums angebracht war und beim Öffnen des Kofferraumdeckels aufleuchtete.

Bei diesem TR 5 sieht man den originalen fahrerseitigen, für diese Baureihe serienmäßig angebrachten Außenspiegel. Für die Beifahrerseite konnte gegen Aufpreis ebenfalls ein Spiegel geordert werden. Obwohl der Kühlergrill keine Aussparung mehr für die Anlaßkurbel hatte, war das Unterteil der Frontschürze immer noch an dieser Stelle ausgeschnitten! Aufmerksame Beobachter dürfen ihren Augen ruhig trauen: Der Wagen wurde speziell für diese Aufnahme mit Speichenrädern auf der einen und Rostyle-Scheibenrädern auf der anderen Seite ausgerüstet! Die Frontschürze des TR 5 hatte zwei Kühlluftschlitze, die man hier unterhalb des Kennzeichens erkennen kann, sowie eine hier nicht sichtbare Abschleppöse.

Diese Ansicht eines TR 4A zeigt Michelottis zeitlos elegante Linienführung. Der Gepäckträger paßt zum Baujahr des Wagens. Kugelförmige Außenspiegel waren in den 60er Jahren ein beliebtes Extra und gegen Aufpreis auch bei Triumph erhältlich. Die je 60 Speichen der Räder mit Zentralverschluß sind korrekt. 1967, als der hier gezeigte Wagen vom Band lief, wurden Zentralverschlüsse letztmalig verwendet.

Karosserie und Zierteile

Wie schon bei den Steckscheibenmodellen verwendete man auch hier viele anschraubbare Außenbleche; die innere Struktur der Karosserie hingegen war natürlich zusammengeschweißt. Aluminiumbleche kamen nicht zum Einsatz (mit Ausnahme des Mittelteils für das Surrey-Hardtop), sondern gepreßtes Stahlblech mit 0,9 bis 1 mm Stärke. Die Karosserien wurden im neuen Triumph-Werk (Speke in Liverpool) gefertigt und zur Komplettierung nach Coventry geliefert. Ihre Grundstruktur sowie die Konstruktionsverfahren waren ähnlich wie bei den früheren TR und sind weiter vorne in diesem Buch beschrieben; die Karosserie selbst war natürlich wesentlich moderner.

Auch wenn die Karosserie des TR 6 sich auf den ersten Blick deutlich vom Blechkleid der TR 4/4A/5 unterscheidet, hatte es die deutsche Firma Karmann geschafft, dem Wagen in einem extrem kurzen Zeitraum ein atemberaubendes Facelifting zu verpassen. Mittel- und Innenteil blieben fast unverändert, so daß von der Überarbeitung allein Kotflügel, Motorhaube, Kofferraumdeckel, Frontblech, Heckblech sowie die vordere und hintere Schürze betroffen waren. Aus diesem Grunde behandele ich alle „Kurbelscheiben"-TR in punkto Karosserie gleich.

Beim TR 4 wurde erstmals eine vorne angeschlagene Motorhaube mit innenliegenden Scharnieren verwendet, wodurch der Bereich um den Kühler herum wesentlich besser zugänglich war

Heckaufnahme eines TR 250 Roadster mit zeitgenössischem Gepäckträger und Verdeckabdeckung. Einige Fahrzeuge dieses Typs hatten angeblich serienmäßig einen „Monza"-Tankdeckel.

und der Motorausbau erheblich erleichtert wurde. Die Haubenentriegelung erfolgte vom Innenraum aus; die Schloßfalle war an der vorderen Spritzwand auf der Vergaserseite des Motors angebracht. Die Motorhaube des TR 4 hatte eine „Kraftbeule", da die Vergaser weit nach oben standen; obwohl diese Ausbuchtung bei der Einspritzversion des TR 5 eigentlich nicht mehr nötig war, behielt man sie doch bis zur Einführung des TR 6 bei. Insgesamt gab es vier verschiedene Motorhauben für die TR 4/4A/5. Die erste Version bis CT 6429 hatte eine recht kurze Beule. Die zweite Version von CT 6429 bis Karosserienummer CT 37689 erstreckte sich fast bis zur Hinterkante der Haube, und hier fehlten die Aufnahmen für die Haubenhalterungen an den hinteren Ecken. Die dritte Variante fand sich bei TR-4-Modellen ab Karosserienummer CT 37690 sowie bei allen TR 4A und war bis auf geringfügige Detailänderungen identisch mit der vorherigen Haube. Die Version für den TR 5 behielt die „Kraftbeule" bei, hatte aber geänderte Öffnungen für die neuen Embleme. Die Motorhaube des TR 6 hatte man speziell auf diesen Fahrzeugtyp zugeschnitten. Alle Hauben mußten von Hand mit einer gebogenen, an der Haube befestigten Strebe arretiert werden; die Strebe wurde hierzu in eine entsprechende Aufnahme an der Oberseite des rechten Radkastens gesteckt.

Die Kotflügel der TR 4/4A/5 unterschieden sich bis auf die Bohrungen für die unterschiedlichen äußeren Zierteile und Leuchten nicht voneinander; beim TR 6 hingegen war natürlich alles anders. Die Türen waren ebenfalls für alle Fahrzeuge ab dem TR 4 weitgehend identisch, d. h. die Tür eines TR 6 paßt auch an einen TR 4 und umgekehrt. In bezug auf Schlösser, Griffe, äußere Zierteile und Innenverkleidung findet man hingegen durchaus Detailunterschiede bei den verschiedenen Modellen. Die Kurbelfenster, die allen genannten Typen gemeinsam waren, hatten keinen Rahmen, was zu Problemen beim korrekten Ausrichten und zu Undichtigkeiten führen kann. Die Fensterscheiben blieben während der gesamten Produktionszeit unverändert; der Kurbelmechanismus hingegen wurde modifiziert. Der bei TR 4 und TR 4A verwendete Scherenmechanismus erwies sich als nicht sonderlich zufriedenstellend und wurde daher bei späteren Fahrzeugen anders ausgelegt. Die zweiteilige A-Säule sowie die B-Säule waren ebenfalls weitgehend gleich und unterschieden sich im Laufe der Jahre nur in kleinen Details voneinander; die Schloßzungen an den B-Säulen des TR 5 und TR 6 waren im Vergleich zu den Vorgängerversionen wesentlich stabiler ausgelegt. Türinnen- und -außenschweller mit jeweils einem Füllstück an den Enden waren mit Halterungen verschweißt, die an Boden und Fahrwerk angeschraubt wurden. Bei den Bodenblechen handelte es sich um gerippte Preßteile; ab dem TR 4A mußten sie wegen der geänderten Lage des Handbremshebels ebenso wie der Getriebetunnel mehrmals geringfügige Modifikationen über sich ergehen lassen. Überraschenderweise wurden die Öffnungen im Fahrzeugboden für den vom TR 4 her bekannten Wagenheber beibehalten; wollte man hier etwa die Eigentümer späterer TR-Modelle bewußt verwirren? Das hintere Querblech bestand aus einem Kofferraumblech, das den Bereich hinter dem Innenraum abschloß, aus zwei beidseitigen Verdeckblechen und den hinteren Innenkotflügeln, an die separate Radlaufbleche angeschweißt waren. Zwischen den Radläufen befanden sich eine Wanne für den Notsitz sowie ein Fersenblech, das mit dem hinteren Teil des Getriebetunnels verbunden war. Der vordere Teil des Getriebes lag unter einer angeschraubten Abdeckung, ähnlich wie beim TR 3A, die jedoch nun aus Geräuschdämmungsgründen aus einer Hartfaserplatte bestand. Da hierdurch die Steifigkeit etwas litt, setzte man zwischen Armaturenbrett und Bodenblechen bzw. Fahrwerk eine Y-förmige Halterung ein, die sich über die Getriebeabdeckung erstreckte.

Am Fahrzeugheck lag das Ersatzrad immer noch in einer Stahlblechwanne; der Zugang erfolgte nun jedoch nicht mehr über eine separate Klappe, sondern vom Kofferraumboden aus. An der Bodenwanne des Kofferraums waren abgestufte Seitenbleche mit Halterungen angeschweißt, die mit dem Fahrwerk verschraubt wurden. Das Fahrzeugheck erhielt eine neue Schürze, die zu beiden Seiten des Oberteils an den seitlichen Verdeckblechen angeschweißt wurde, wodurch die Kofferraumöffnung gebildet wurde. Die Stahlblechaufnahmen für die Heckleuchten waren mit den Innenkotflügeln verschweißt; darüber lagen die angeschraubten Außenkotflügel.

Schon im Stand erkennt man den leicht negativen Sturz an den Hinterrädern des TR 6. Das Anfahrnicken ist jedem, der in oder hinter einem TR 6 mit einzeln aufgehängten Hinterrädern fährt, wohlbekannt. Eine dunkle Lackierung stand diesen Fahrzeugen außerordentlich gut zu Gesicht.

Im Gegensatz zu späteren Modellen war bei TR 4/4A das Türschloß nicht unterhalb des Öffnungsgriffs angebracht, sondern in diesen integriert.

Der Kofferraumdeckel mit verchromten, außenliegenden Scharnieren und einer innen angeschraubten Versteifung wurde von einer selbstarretierenden Strebe gehalten, die in der Regel nicht lackiert war. Bei sehr frühen TR 4 fand man eine von Hand zu arretierende Strebe, ähnlich wie bei der Motorhaube.

Die Frontschürze war zweiteilig: Das Oberteil hatte Öffnungen für die Hauptscheinwerfer, das Unterteil eine Aussparung für die Anlaßkurbel; die Kurbel wurde auch durch ein Loch im Oberteil gesteckt. Das Frontschürzenoberteil des TR 4A hatte man im Detail etwas anders ausgelegt. Das Unterteil war hingegen ähnlich dem des TR 4; die Öffnung für die Anlaßkurbel wurde beibehalten, obwohl die Kurbel selbst den Fahrzeugen nicht mehr beilag. Beim TR 5 erhielt das Schürzenunterteil eine mittig liegende Aussparung, vermutlich zur besseren Motorkühlung; auch hier fand sich die Öffnung für die Anlaßkurbel, obwohl der neue Kühlergrill hierfür überhaupt nicht ausgelegt war. Wie am Heck wurden auch an der Fahrzeugfront die Innenkotflügel mit den Radläufen und an ihren hinteren Seiten mit einem großen Spritzwandpreßteil verschweißt, das zu beiden Seiten Übergangsbleche aufwies. Ein separater, zweigeteilter Windlauf wurde oben an der Rückseite der Spritzwand angeschweißt und bildete somit den Abschluß des Karosserievorderteils.

Trotz des unterschiedlichen Aussehens war die Karosserie des TR 6 ähnlich aufgebaut. Der fast flachliegende Kofferraumdeckel hatte nun innenliegende Scharniere und eine Versteifung an der Innenseite; das Heckabschlußblech war feststehend. Die Frontschürze bestand aus einem einzigen Teil mit zwei Kühlluftschlitzen, und TR 6 der Serien „CR" bzw. „CF" hatten zusätzlich schwarz lackierte Spoiler.

Innenbleche, Bodenbleche, der Bereich unter der Motorhaube und die Radläufe waren bei all diesen Fahrzeugen im gleichen Farbton wie die äußeren Teile der Karosserie lackiert.

Die Abdichtung der Türen erfolgte über eine Gummiaußendichtung und einen inneren Windblocker, der in der Teilliste als „Snappon" verzeichnet ist; es handelt sich hierbei vermutlich um eine Weiterentwicklung der alten Furflex-Dichtung. Bei Fahrzeugen mit Surrey-Hardtop verlief die Abdichtung ohne Unterbrechung von der Rückseite der Türöffnung am Hardtoprahmen entlang bis zum Oberteil der Türscheiben. Die Furflex-Dichtung wurde über den oberen Teil der Vorderkante des Hardtop-Heckfensters weitergeführt. Die Hinterkante der Motorhaube hatte eine Gummiabdichtung, die entlang des Windlaufoberteils eingelegt war; beim Kofferraumdeckel fand man eine Gummidichtung um die gesamte Öffnung herum. Für die Türoberkanten wurden eine Gummidichtung sowie ein separater Dichtkeder verwendet.

Bei diesen Fahrzeugen läßt sich unschwer erkennen, daß sie noch aus der „Chromära" stammen. Der Umstieg auf das „mattschwarze Zeitalter" erfolgte mit den späteren TR 6. TR 4 und TR 4A hatten verchromte Türaußengriffe mit Schlössern auf beiden Seiten. Auch bei den Innenverkleidungen der Türen dieser beiden Modelle fand man Chrom an den Fensterkurbeln, am Zuziehgriff an der Türoberkante und am Türöffner an der Vorderseite der Türen. Der TR 5 sowie frühe TR 6 verfügten noch nicht über den Zuziehgriff; hier genügte ein Formteil an der Verkleidung der Türoberkante. Bei den TR 6 der Serien „CR" und „CF" befand sich in der Mitte der Türverkleidung eine Aussparung, mit der man die Tür zuziehen konnte; diese Fahrzeuge hatten außerdem modernere „Sicherheits"-Innengriffe und -Fensterkurbeln. Beim TR 5 und TR 6 waren die verchromten Türaußengriffe schlanker als bei ihren Vorgängern, und die Schlösser lagen hier jeweils mehrere Zentimeter unterhalb der Griffe.

Diese Rückansicht eines TR 6 der Serie „CP" zeigt die an der hinteren Stoßstange angebrachte Kennzeichenleuchte und die Verbindungsstellen der dreiteiligen Stoßstange. Beim Tankdeckel handelt es sich um die Version, die auch bei früheren TR-Modellen verwendet wurde.

Bei diesem den US-Spezifikationen entsprechenden TR 6 der Serie „CF" (1975/76) sieht man einen Teil des Frontspoilers sowie die anderen Begrenzungsleuchten und Blinker, die wegen der großen „Sicherheits"-Stoßfängerhörner erforderlich waren. Auf dem Rad ist außerdem eine der polierten Felgenblenden gut zu erkennen, die viele Besitzer eines US-TR-6 anbauten. (Foto: Bill Piggott)

Bei TR 6 der Serien „CR" und „CF" wurde das hintere Kennzeichen nicht von einer in die Stoßstange integrierten Leuchte, sondern von zwei Leuchten auf der Heckschürze in der Aussparung oberhalb des Kennzeichens beleuchtet. Hier kann man auch die Heckembleme erkennen; das Wort „INJECTION" erschien bei TR 6 mit Einspritzanlage zusätzlich zur Typenbezeichnung.

Der Kofferraumgriff, ein T-förmiger Griff unterhalb des Kennzeichens mit integriertem Schloß, war bei allen TR 4/4A/5 jeweils identisch. Beim TR 6 erfolgte die Verriegelung des Kofferraums hingegen mittels eines verchromten Druckschlosses, das am feststehenden Heckabschlußblech saß; nach dem Drücken sprang der Deckel so weit nach oben, daß man ihn mit der Hand ganz öffnen konnte. Die selbstarretierende Strebe für den Kofferraumdeckel befand sich auf der linken Fahrzeugseite.

Alle genannten Fahrzeuge wiesen verchromte Stoßstangen mit schwarzen Halterungen auf. Der TR hatte eine verstärkte Stoßstange mit zwei Stoßstangenhörnern. Diese saß auf kräftigen Halterungen, die vorne am Fahrwerk angeschraubt waren; zusätzliche Ausleger sorgten für die Verbindung zwischen den Stoßstangenhörnern und den vorderen Radläufen; auf der Innenseite der Stoßstange dienten weitere Halterungen zur Versteifung. Beim TR 4A rückten die Stoßstangenhörner auf dem Stoßstangenblatt wesentlich weiter nach außen und saßen somit rechts bzw. links von den Hauptscheinwerfern. Hierfür mußte das Stoßfängerblatt mit neuen Bohrungen versehen werden; die Hörner selbst waren kürzer als zuvor, und die Streben zu den Radläufen fielen weg. Die vordere Stoßstange des TR 4A übernahm man auch für den TR 5, während der TR eine ganz neue, „superschlanke" Stoßstange erhielt. Für dieses Modell gab es übrigens insgesamt vier verschiedene Stoßstangen: Die Version der Serien „CP" und „CC" ohne Spoiler, den Typ „CR" bzw. „CF" mit Spoiler, die US-Variante von 1974 mit Gummihörnern und schließlich das US-Modell von 1975, ebenfalls mit Gummihörnern und außerdem mit versetzten Begrenzungsleuchten und Blinkern. Die Fahrzeuge ab CR1 bzw. CF1 erhielten zusätzliche kräftige Halterungen für die vorderen Stoßstangen, vermutlich um den amerikanischen Einparkgewohnheiten Rechnung zu tragen!

Die hintere Stoßstange war identisch mit dem Exemplar der TR 4/4A/5, also ebenfalls ein kräftiges, verchromtes Blatt mit zwei Stoßstangenhörnern, in welche die Kennzeichenbeleuchtung integriert war. Die Stoßstange verlief um das Fahrzeugheck herum und war daher nicht nur im Bereich der Hörner mit dem Fahrwerk verschraubt, sondern auch über Ausleger an den Stoßstangenseiten mit dem Querrohr am Fahrwerksheck. Weitere kleine Halterungen sorgten für die Verbindung zwischen der Unterseite der Hörner und dem Fahrwerk. Auch die hintere Stoßstange des TR 6 wies keine Ähnlichkeit mehr mit den bei früheren Modellen verwendeten Bauteilen auf. Sie bestand aus einem Mittelblatt und zwei Seitenteilen als Flankenschutz. Die drei Teile waren seitlich miteinander verbunden. Das Mittelblatt wurde mit den üblichen, kräftigen Halterungen am Fahrwerk festgeschraubt, die Seitenblätter hingegen saßen vorne auf Auslegern zur hinteren Fahrwerksquerstrebe. Für den TR 6 gab es drei verschiedene Mittelblätter: Die erste Version hatte auf der Oberseite die frühere Kennzeichenleuchte, die zweite, flachere Version wurde bei Fahrzeugen der Serien „CR" bzw. „CF" verwendet, und das dritte Modell (speziell für den US-Markt) war auf die Gummi-Stoßstangenhörner ausgelegt, die man bei den TR 6 der Jahrgänge 1974-1976 verwendete. Für den letztgenannten Typ mußten auch die Seitenblätter geändert werden, da diese nun höher an der Karosserie saßen.

Alle vier TR-Modelle unterschieden sich in bezug auf den Kühlergrill. Beim TR 4 sah der Grill ein wenig aus wie beim TR 3A und wurde aus ähnlichem, poliertem Alublech hergestellt. Er war an der Frontschürze angebracht und hatte Aus-

Dieses Bild zeigt den Kühlergrill eines TR 4 aus poliertem Aluminium mit Aussparung für die Anlaßkurbel und kleinen vorderen Begrenzungsleuchten bzw. Blinkern. Die Hauptscheinwerfer sind moderne Halogeneinheiten, und auch der Innenspiegel ist nicht original. Man sieht, daß der eine Wischerarm abgewinkelt war, um der Lüftungsklappe am Windlauf im geöffneten Zustand nicht im Wege zu stehen. Die Buchstaben „TRIUMPH" hatte man vom TR 3A übernommen.

Der Kühlergrill des TR 4A hatte immer noch eine Aussparung für die Anlaßkurbel, obwohl hier keine entsprechende Aufnahme auf der Kurbelwelle und auch keine Öffnung im Kühler selbst mehr vorhanden war! Beim TR 4A gab es zwei unterschiedliche Kühlergrills; bei der späteren, hier abgebildeten Version sind die Kanten der Streben eher flach. Die Hauptscheinwerfer entsprechen der korrekten Ausführung von Lucas.

Bei diesem TR 6 der Serie „CP" verläuft ein Zierstreifen aus Edelstahl unten am Kühlergrill entlang; bei einem 1970er-Modell müßte dieser Streifen allerdings aus Kunststoff sein. Die seitlichen Zusatzblinker fand man bei allen Wagen, und auf dieser Abbildung sieht man auch die Abschleppöse.

Diese Vorderansicht eines TR 6 der Serie „CR" zeigt die spätere Version des Kühlergrills mit oberer und unterer Chromeinfassung. Bei diesen Modellen waren die Halterungen für die vordere Stoßstange kräftiger ausgelegt, und die Stoßstange selbst saß wegen des Frontspoilers weiter vorne. Das „TR 6"-Emblem war emailliert. Die schwarzen Wischerblätter und -arme sind bei diesem späteren TR 6 korrekt.

sparungen für Hauptscheinwerfer, Anlaßkurbel, Begrenzungsleuchten, Blinker und Stoßstangenhörnerträger. Der Grill des TR 4A bestand bis auf eine einzelne senkrechte Verbindungsstrebe auf der Innenseite nur aus waagerechten Streben. Ähnlich wie die Vorgängerversion war er einteilig und hatte polierte Vorderkanten. Beim TR 5 sah der Kühlergrill ähnlich aus. Hier waren jedoch die nach oben weisenden Flächen der waagerechten Streben mattschwarz lackiert; poliert hatte man nur die Vorderkanten. Die untere Querstrebe besaß im Gegensatz zum TR 4A keine Aussparung mehr für die Anlaßkurbel.

Beim TR 6 kam ein mattschwarzer Kühlergrill zum Einsatz, der leicht nach hinten verlegt war und in seiner Mitte ein fast rechtwinkliges Emblem mit der Aufschrift „TR 6" trug. Eine waagerechte Strebe verlief in der Mitte des Grills; ein mattschwarzes Band auf der Strebe vermittelte den Eindruck, daß sie aus zwei dünnen Teilen bestünde. Für den TR 6 gab es zwei verschiedene Kühlergrillvarianten; die „CR"- bzw. „CF"-Fahrzeuge hatten eine Einfassung aus Edelstahl an der Ober- und Unterseite des Grills, was nicht nur meiner Meinung nach keinesfalls besonders gut aussieht.

Die Embleme des TR 4 waren recht ähnlich wie beim TR 3A. Das bekannte blau-weiße Medaillon vorne mit der Aufschrift „TR 4" saß mittig etwa 15 Zentimeter hinter der Vorderkante der Motorhaube, und davor waren Einzelbuchstaben angebracht, die wie bei den späten TR 3A das Wort „TRIUMPH" ergaben. Die gleiche Buchstabenkombination fand sich auch auf der Kofferraumhaube wieder, wo man sie in vorgebohrten Öffnungen an der Stelle angebracht hatte, wo der Kofferraumdeckel nach unten auslief. Das einzige zusätzliche Emblem war der neue verchromte Schriftzug „TR 4" in der Nähe der rechten unteren Ecke des Deckels.

Beim TR 4A wurden die „TRIUMPH"-Buchstaben an Fahrzeugfront und -heck ebenfalls verwendet. Das Medaillon suchte man hier jedoch vergebens: Es war durch ein rundes Kunststoffemblem mit Chromeinfassung und einer moderneren Version des Weltkugelmotivs ersetzt worden. Am Heck trug der Schriftzug den Zusatz „A" und die Buchstaben „IRS" für „Independent Rear Suspension" (hintere Einzelradaufhängung), damit auch jeder sehen konnte, was für ein tolles Auto man fuhr; bei den für die USA bestimmten TR 4A mit Starrachse fehlte dies selbstverständlich.

Detailaufnahme der hinteren Embleme und des Kofferraumgriffs eines TR 4. Ganz rechts erkennt man noch eine der Kennzeichenleuchten, die in die Stoßfängerhörner eingelassen waren.

Für die Kofferraumhaube des TR 4A gab es zwei verschiedene Versionen des „IRS"-Emblems. Bei dem hier gezeigten sind die drei Buchstaben von einem dicken Balken unterlegt; bei der anderen Variante war der Balken deutlich dünner.

Dieses Motorhaubenemblem gab es nur beim TR 4A.

Das Motorhaubenmedaillon des TR 4; diese Art Emblem fand man bei den nachfolgenden Modellen nicht mehr. Das Wort „TRIUMPH" erschien nicht auf dem Medaillon, da es in Einzelbuchstaben auf der Motorhaube angebracht war.

Beim TR 5 wurde an den Flanken deutlich auf den Hubraum hingewiesen. Die roten Begrenzungsleuchten gab es auch bei den Modellen mit britischen und europäischen Spezifikationen, obwohl sie nur für den US-Markt erforderlich waren. Das hier montierte Glas ist korrekterweise links angeschraubt und rechts mit einem Clip angebracht.

Die Embleme auf der Kofferraumhaube des TR 250; das „TR 250" erschien auch an den hinteren Kotflügeln. (Foto: Bill Piggott)

Eine Einspritzanlage war im Jahre 1967 ein fast schon revolutionäres Novum für ein Serienauto, so daß man diesen Umstand natürlich stolz mit einem entsprechenden Emblem auf der Kofferraumhaube vermerkte. Die Grundfarbe dieses Emblems war hellweiß, der Untergrund für den Zusatz „PI" schwarz.

Beim TR 5 erfolgte eine neue Änderung der Embleme, wobei der „TRIUMPH"-Schriftzug ersatzlos unter den Tisch fiel. Vorne fand man jetzt nur noch ein beige-cremefarbenes Emailmotiv mit einem umgekehrten Trapez und den Chrombuchstaben „TR 5" sowie einer Chromeinfassung. Dieses Emblem saß von vorne aus gesehen außermittig auf der rechten Seite der Motorhaube, was dem Wagen zweifellos noch mehr Charakter verlieh! Seitlich auf den hinteren Kotflügeln, direkt oberhalb der Begrenzungsleuchten, saßen verchromte Rechtecke mit der Zahl „2500" in schwarzer Schrift. Rechts am Kofferraumdeckel trug der TR 5 den Namen seines Herstellerwerks in verchromten Buchstaben auf einem beige-cremefarbenen Rechteck, das von einer Chromkante eingefaßt war. Bei Fahrzeugen mit Overdrive wies ein zusätzliches Emblem auf diesen Umstand hin, und darunter befand sich noch ein weiteres beige-cremefarbenes Emblem mit den Buchstaben „PI" für „Petrol Injection" (Benzineinspritzung). Diese beiden cremefarbenen Buchstaben saßen auf dunklem Untergrund, vermutlich um ebenfalls diese für das Jahr 1967 revolutionäre Tatsache zu betonen.

Auch beim TR 250 waren die Embleme anders als zuvor. Auf der Motorhaube saß ein Motiv in derselben Farbe und Form wie beim TR 5, allerdings mit der Aufschrift „TR 250". Am Heck fand man einen „TRIUMPH"-Schriftzug und darunter die Bezeichnung „TR 250" als Antwort auf „TR 5 PI"; dieses Emblem hatte man allerdings ganz in beige-cremefarben mit Chrombuchstaben ohne dunklen Untergrund gehalten. Ebenfalls einzigartig waren beim TR 250 die drei Lackstreifen auf der Motorhaube in reflektierendem Hellsilber. Ein breiter Streifen in der Mitte, der von zwei schmalen Streifen eingefaßt wurde, verlief hierbei seitlich von der Motorhaube aus zu den Radausschnitten. Ob diese Streifen bereits im Herstellerwerk oder erst bei den amerikanischen Triumph-Händlern angebracht wurden, ist leider nicht bekannt. Es existiert ein Foto, das einen TR 250 auf dem Fließband in Coventry mit diesen Streifen zeigt; andere Quellen sind sich jedoch sicher, daß die Fahrzeuge ohne Streifen nach Amerika

Das „TR 250"-Emblem war in den gleichen Farben gehalten wie das des TR 5; beim TR 5 war das Trapez allerdings oben breiter als unten.

Die schmalen Chromzierstreifen unterhalb der Tür entlang der Außenschweller gab es nur bei TR 5/250. Hier sieht man die Rostyle-Scheibenräder; zur Serienausstattung gehörten Sonnenblenden mit beifahrerseitigem Schminkspiegel. Das Schloß befand sich unterhalb des Türaußengriffs.

Der korrekte serienmäßige Außenspiegel auf der fahrerseitigen Tür eines TR 5. Dieser Spiegeltyp war nicht seitenspezifisch und konnte daher auch an der gegenüberliegenden Tür angebracht werden.

Bei den nach US-Spezifikation ausgerüsteten TR 6 der Serie „CF" fand man diese Aufkleber mit der britischen Nationalflagge an den hinteren Kotflügeln. Das hier gezeigte Exemplar ist original, aber im Laufe der Jahre schon etwas ausgebleicht. (Foto: Bill Piggott)

gelangten. Möglicherweise stimmen ja auch beide Versionen!

Was die Embleme des TR 6 angeht, habe ich ja das Motiv in der Mitte des Kühlergrills bereits erwähnt. Der Name des Herstellers erschien nur in Chrombuchstaben auf einer schwarzen Leiste auf dem Heckblech; dort saß es an der rechten Ecke zwischen der Unterseite des Kofferraumdeckels und der rechten Leuchteneinheit. Direkt darunter befand sich bei Fahrzeugen, die nicht für Amerika bestimmt waren, eine weitere Chromleiste mit dem Wort „Injection". Sofern ein Overdrive eingebaut war, wurde hierauf ebenfalls mit einem Chromemblem hingewiesen. Die hinteren Kotflügel trugen jeweils einen Aufkleber mit „TR 6", wobei die Farbe dieser Aufkleber von der jeweiligen Karosseriefarbe abhing. Bei den meisten Wagen verwendete man weiße Aufkleber; gelbe Aufkleber gab es für schwarze, rote Aufkleber für weiße TR 6. Bei den in die USA gelieferten Fahrzeugen der Serie „CF" hatten die Aufkleber die Form der britischen Nationalflagge, die in der Mitte geteilt und dort mit der senkrecht stehenden Beschriftung „TR 6" versehen war. Gegen Ende 1971 fand man bei der TR-Baureihe außerdem das Motiv von British Leyland an den Unterseiten der vorderen Kotflügel.

Der TR 4 hatte bis auf die genannten Embleme außen keine weiteren Chromzierteile, es sei denn, man zählt hierzu auch die Edelstahlbiesen, die entlang der Kanten der Außenkotflügel und am Fahrzeugheck unterhalb der Leuchten verliefen. Diese Biesen gab es auch beim TR 4A. Beim TR 5 hingegen hatte man die Biesen in Karosseriefarbe lackiert. Beim TR 6 fand man Biesen nur oben an den hinteren Kotflügeln, und das auch nur bis CP/CC 50000. Der hintere Teil des TR-4-Innenraums wurde von einer Abschlußleiste aus poliertem Aluminium begrenzt, in welche auch die Befestigungen des Kofferraumdeckels übergingen. Der TR 4A hatte einen Abschlußstreifen aus Edelstahl, der von oberhalb des Türgriffs aus zur verchromten Begrenzungs-/Blinkleuchtenkombination auf dem vorderen Kotflügel verlief. Die gleiche Art Streifen gab es auch beim TR 5, hier allerdings in etwas breiterer Form. Bei diesem Modell verlief zusätzlich eine schmale Edelstahlleiste an der Außenseite der Schweller direkt unterhalb der Türen zwischen den vorderen und hinteren Radläufen. Beim TR 6 fand man diese Schwellerverzierung ebenfalls, nicht jedoch die Streifen von der Tür zum vorderen Kotflügel.

Der TR 5 war das erste Modell aus der TR-Baureihe mit serienmäßigem Außenspiegel; es handelte sich hierbei um ein verchromtes Exemplar, das an der Fahrertür saß. Beifahrerseitig konnte gegen Aufpreis ein entsprechender Zweitspiegel geordert werden. Der TR 6 wiederum kam ohne Außenspiegel vom Band; die meisten Fahrer montierten ihn jedoch nachträglich. Für den TR 6 war bis 1973 auf besonderen Wunsch ein Spiegel wie beim TR 5 erhältlich; danach wurde ein modernerer Türspiegel angeboten.

Die Scheibeneinfassung ist bei diesem 1970er TR 6 korrekt in schwarz gehalten; bei den 69er Modellen war die Einfassung in Karosseriefarbe lackiert. Die hochstellbare Lüftungsklappe und die satinierten Wischerarme entsprechen ebenfalls dem Originalzustand.

Die obere Abschlußleiste der Windschutzscheibe bei einem mit Surrey-Hardtop versehenen Wagen. Das Mittelteil war über zwei große Bohrungen angeschraubt.

Bei TR 6 der Serien „CR" und „CF" löste dieser Kunststoffeinlaß die frühere Klappe für Lüftung/Heizung ab. Obwohl dies eigentlich nicht mehr erforderlich war, blieb der eine Wischerarm abgewinkelt. Man beachte die Lage der Wascherdüsen.

Der Innenspiegel saß nicht mehr auf dem Windlauf, sondern an einer Strebe am Oberteil des Windschutzscheibenrahmens. Der Spiegel des TR 4 hatte eine schwarze Strebe sowie eine mattschwarze Rückseite und ebensolche Ränder. Diese Version fand man ebenfalls an einigen TR 4A; es gab hier auch eine Version mit abgewinkelten Ecken. Leider läßt sich anhand des Teilekatalogs nicht feststellen, welche Spiegel wann verwendet wurden. Der TR 5 hatte einen abblendbaren Innenspiegel, der bei einem Unfall abgenommen werden konnte; diese Version war nicht mehr rechteckig, sondern oben kürzer als unten und hatte abgerundete Kanten, insbesondere an der Oberseite. Diese in schwarzer Farbe gehaltenen Exemplare verwendete man auch bei den meisten TR 6; für die Hardtop-Modelle kam allerdings eine andere Variante zum Einsatz, die ein größeres Blickfeld ermöglichte.

Die Windschutzscheibe blieb im Laufe der Jahre fast unverändert. Der Preßstahlrahmen hatte an seinen unteren Ecken jeweils Zapfen, die in einer versteckten Halterung im oberen Windlaufbereich angebracht war; die Zapfen hatten an ihrer Unterseite Sicherungsmuttern. Bei all diesen Fahrzeugen war die Windschutzscheibe somit abnehmbar, was aber häufig durch Rost und lange Nichtbenutzung unmöglich gemacht wurde. Für TR 4A bis TR 6 hatten alle Windschutzscheiben jeweils dieselbe Teilenummer; beim TR 4 hingegen waren die Befestigungspunkte für die Verdeckvorderkante anders ausgelegt. Bei TR 4 und TR 4A fand man an der Unterseite des Rahmens lediglich eine Gummidichtung. Spätere Modelle besaßen an dieser Stelle einen zusätzlichen inneren Dichtstreifen aus schwarzem Kunststoff; außerdem hatten sie mattschwarze Abschlüsse zu beiden Seiten der Scheibe sowie entlang des waagerechten inneren Oberteils der Scheibe. Das Scheibenglas selbst war mittels einer Gummidichtung mit einem eingesetzten Formteil befestigt, das verchromt oder in Satin gehalten war. Die

Zwei Aufnahmen des TR4 von Derek Pollock, einmal mit und einmal ohne Hardtop-Mittelteil, das mit vier Schrauben befestigt wurde. Anfangs bestand das Mittelteil aus Aluminium; die meisten Fahrzeuge erhielten jedoch ein strapazierfähigeres Teil aus Stahlblech. Schon so mancher Fahrer ist nach einem schönen „halboffenen“ Ausflug nach Hause gekommen, hat das Mittelteil provisorisch aufgelegt, um den Wagen vor Regen zu schützen, und am nächsten Morgen vor dem Losfahren vergessen, die Befestigungsschrauben festzuziehen …

Ein Surrey-Top im angebauten Zustand. Der Begriff „Surrey-Top“ galt zunächst für das gesamte Hardtop, wird heute jedoch hauptsächlich für das hier gezeigte Mittelteil aus Verdeckstoff verwendet. Der Stoff war über einen leichten Rahmen gespannt, und das Mittelteil wurde mit Druckknöpfen befestigt. Die Seitenteile des hier gezeigten Teils sind etwas weit nach unten gezogen. Der Spiegel paßt zur Bauzeit des Fahrzeugs, und der Anbringungspunkt der Antenne hinter der Heckscheibe wurde vom Hersteller empfohlen. Man beachte die Panoramascheibe des Hardtops.

Scheiben waren serienmäßig aus Sicherheitsglas; Verbundglasscheiben gab es als aufpreispflichtiges Extra, das viele TR-6-Käufer orderten. Bei TR 4/4A/5 waren die Scheibenrahmen in Karosseriefarbe lackiert, beim TR 6 hingegen durchgehend schwarz mit Ausnahme der Modelle des Jahrgangs 1969 (bis CP 50001), bei denen die Rahmen ebenfalls in Karosseriefarbe gehalten waren.

Das Ersatzrad lag bei den TR 4/4A/5 in einer Vertiefung an der Unterseite des Kofferraums. Ein nach oben weisender Haken war durch den Kofferraumboden hindurch mit der Fahrwerksquerstrebe etwa in deren Mitte verschraubt; dieses Teil griff mit einem flexiblen Haken mit Unterlegscheibe und Flügelmutter ein, der durch die Radnabe hindurchgesteckt wurde und so für die Befestigung des Ersatzrads sorgte. Im Kofferraum befand sich außerdem das für einen Radwechsel erforderliche Werkzeug. Das Ersatzrad war durch eine Hartfaserplatte abgedeckt, die als eigentlicher Boden des Kofferraums diente; sie hatte eine kurze Lasche sowie Druckknöpfe links und rechts an der Rückseite zur Befestigung. Beim TR 5 war diese Platte wegen des breiteren Rads leicht abgestuft, wodurch das Kofferraumvolumen etwas geringer ausfiel. Das Ersatzrad des TR 6 befand sich in der gleichen Einbaulage und war auf ähnliche Weise befestigt; der Zugang wurde allerdings dadurch erschwert, daß der Kofferraumdeckel nicht mehr bis zur Stoßstange heruntergezogen war. Auch hier fand man einen „vorgetäuschten“ Kofferraumboden in Form einer Hartfaserplatte, die mit einem um 180 Grad schwenkbaren Verschluß gesichert war.

Bei den Hardtops gab es zwei stark voneinander abweichende Versionen. Parallel zum TR 4 erschien das damals einzigartige „Surrey“-Hardtop, das später von anderen Herstellern als „Targa“-Dach kopiert wurde. Dieses Hardtop hatte ein gegossenes Heckteil aus Aluminium mit Panoramascheibe, das sozusagen „halbfest“ am Fahrzeug festgeschraubt wurde und als nützlichen Nebeneffekt ein wenig Schutz bei einem Überschlag bot. Zwischen dem Heckscheiben- und dem Windschutzscheibenrahmen befand sich in der Regel ein Mittelteil aus Stahlblech (bei frühen TR 4 auch aus Aluminium), das mit zwei Schrauben an den Scheibenrahmen befestigt war, so daß sich ein ganz geschlossenes Dach ergab. Da die Mittelpartie so groß war, daß man sie nicht im Wagen verstauen konnte, gab es auch ein passendes Teil aus normalem Verdeckstoff. Dieses wurde über einen leichten Faltrahmen gespannt, den man zwischen dem Oberteil des Windschutzscheibenrahmens und dem Heckscheibenrahmen anbrachte. Diese Konstruktion war durchdacht und äußerst praktisch, aber leider nicht ganz billig; man konnte es zusammen mit einem Neuwagen oder auch nachträglich ordern. Fahrzeuge, die mit einem Surrey-Hardtop ausgeliefert wurden, hatten in der Regel weder ein Verdeck noch das dazugehörige Gestänge. Diese Hardtop-Version war übrigens auch für die Typen TR 4A und TR 5 erhältlich. In Verbindung mit einer Neuwagenbestellung hatte sie meist dieselbe Farbe wie die übrigen Teile der Karosserie; auf Wunsch gab es jedoch

Diese Sitze sind für einen späten TR 4 korrekt, die hier gezeigte Mittelkonsole hingegen nicht.

auch Kontrastfarben (in der Regel schwarz oder weiß). Das Hardtop der TR 4A/5 unterschied sich leicht von dem des TR 4 in punkto Befestigungsschrauben und -scheiben. Beim Hardtop des TR 5 waren die Schrauben entweder verchromt oder „blackadized" (eine werksinterne Bezeichnung für mattschwarz).

Das Hardtop des TR 6 sah wiederum ganz anders aus. Es handelte sich um ein einteiliges Dach, das besser zur kantigen Linie des Wagens paßte. Auch diese Ausführung konnte wahlweise zusammen mit einem Neufahrzeug oder nachträglich sowie in Karosseriefarbe (Regel) oder in einer Kontrastfarbe (Ausnahme) bestellt werden. Dieses ganz aus Stahl gefertigte Dach hatte eine durchgehende Innenverkleidung sowie festverglaste hintere Seitenscheiben, die eine fast perfekte Rundumsicht ermöglichten. Da das Hardtop fest mit dem Fahrzeug verschraubt war, trug es ähnlich wie das Surrey-Dach erheblich zur Steifigkeit des TR 6 bei, machte den Fahrer weniger abhängig von den Launen des Wettergotts und bot zusätzlich noch einen gewissen Diebstahlschutz.

Maße und Gewichte

TR 4/4A

Länge	3,96 m
Breite	1,46 m
Höhe (mit Verdeck)	1,27 m
Radstand	2,23 m
Trockengewicht	970 kg
Leergewicht	1015 kg

TR 5
(Abweichungen zu oben)

Trockengewicht	981 kg
Leergewicht	1034 kg

TR 6 PI

Länge	4,04 m
Breite	1,47 m
Höhe (mit Verdeck)	1,27 m
Radstand	2,23 m
Trockengewicht	1041 kg
Leergewicht	1085 kg

Vergaser-TR-6
(Abweichungen zu oben)

Länge (Mod. 73/74)	4,12 m
Länge (Mod. 75/76)	4,16 m
Leergewicht	1120 kg

Anmerkung: Fahrzeuge mit Speichenrädern waren breiter: 1,52 m (TR 4/4A/5) bzw. 1,55 m (TR 6). Bei TR 4A mit hinterer Einzelradaufhängung wichen Trocken- und Leergewicht im Vergleich zu den Starrachsmodellen etwas ab. Der TR 250 war knapp 14 kg leichter als der TR 5. Das Leergewicht für die Vergaserversion des TR 6 richtet sich nach den Spezifikationen des jeweiligen Exportlands; der hier angegebene Wert steht für das Maximalgewicht, das für die zuletzt gebauten Fahrzeuge gilt.

Sofern keine Lederausstattung geordert wurde, waren die Sitze des TR 4A mit „Ambla" von ICI bezogen, welches das bisher verwendete Vynid ablöste. Der hier gezeigte Farbton heißt „Midnight Blue". Die Biesen waren ursprünglich ebenfalls aus einem Kunststoffmaterial, selbst bei lederbezogenen Sitzen. Die Schraube, die man am Türfach gerade noch erkennen kann, ist korrekt, das hellblaue „Furflex"-Material entlang der Türöffnung hat allerdings die falsche Farbe und müßte dunkler sein. Die Manschetten für die Handbremse gab es in unterschiedlichen Formen; das hier abgebildete Exemplar ist offensichtlich etwas weit ausgefallen!

Im Fond des TR 4 fand man einen Höcker, auf dem die als Zubehörteil erhältliche Notbank angebracht werden konnte. Die Gurtbefestigungen sind für Statikgurte korrekt, ebenso die Teppiche und Abstepungen im Heckbereich. Bei der Roadsterversion des TR 4 verbarg das hintere Verkleidungsteil (mit dickerer Polsterung) das Verdeck und konnte zum Aufklappen des Faltdachs zusammen mit den Seitenteilen angehoben werden.

Die Sitze des TR 5 gab es nur für dieses eine Modell; bei der Verkleidung der Türoberkante war der Zuziehgriff in das Formteil integriert. Der schmale, weiß lackierte Streifen hinter dieser Verkleidung ist korrekt, nicht jedoch die Automatikgurte, die eigentlich am senkrechten Teil des Radlaufs angebracht sein müßten. Die Innenausstattung bestand nun aus „geprägtem Ambla". Hier sieht man auch die B-Säule und die Schloßfalle der späteren Typen.

Innenraum, Kofferraum und Verdeck

Bei den frühen TR 4 fand man die Schalensitze des TR 3A mit Vynid oder gegen Aufpreis auch mit Leder überzogen. Beide Sitze waren auf am Boden befestigten Schienen (grau oder silberfarben lackiert) verstellbar, und der Fahrersitz ließ sich nach vorne umklappen, um Zugang zum Fond zu erhalten. Diese Sitze gab es bis etwa Ende 1962. Ab Karosserienummer CT 15076 wurde beim TR 4 eine neue Ausführung verwendet, bei der im Gegensatz zum Vorgängermodell nicht nur die Rückenlehne, sondern der gesamte Fahrersitz nach vorne umgeklappt werden konnte; ab Karosserienummer CT 20925 gab es diese Möglichkeit auch für den Beifahrersitz. Die neuen Sitze hatten flachere, breitere Sitzkissen, und die Lehnen wiesen im oberen Bereich fast schon die Form eines Rechtecks auf. Die Sitzrahmen waren vollständig neu, und die Sitze besaßen im Gegensatz zu den alten Modellen mit Federn und Roßhaarfüllung eine Schaumgummipolsterung über einer Gummiplatte. Alle Sitze hatten Keder, die in der Regel weiß, mitunter allerdings auch in derselben Farbe wie die Polsterung gehalten waren.

Die korrekten Sitze eines nicht für die USA bestimmten TR 6 der Serie „CP". Ab dem Modelljahr 1970 waren die Rückenlehnen mit Hilfe eines verchromten Hebels verstellbar. Der schwarze Kunststoffhebel diente dazu, die Sitze nach vorne umzuklappen. Übrigens hatten beide Sitze stets solche Lösehebel, obwohl es gar keine Notbank mehr gab! Gut zu erkennen ist hier auch die korrekte „Furflex"-Auskleidung entlang der Türöffnung.

Die hintere Notbank gab es nur gegen Aufpreis. Sie bestand aus einem rechteckigen Sitz mit Absteppungen und Längsbiesen, welche direkt am vorhandenen Höcker angebracht waren. Ob nun eine Notbank bestellt wurde oder nicht, im Heckraum der Roadster-Modelle verliefen (anders als bei Versionen mit Surrey-Top) an der Rückwand und an den Seiten in jedem Fall abgesteppte Verkleidungen, hinter denen sich das Verdeck samt seinem Gestänge verbarg. Wagen, die ab Werk mit Hardtop ausgeliefert wurden, hatten an diesen Stellen Verkleidungen ohne Polster. Die Notbank blieb weiterhin erhältlich, auch wenn ihre Praxistauglichkeit doch erheblich dadurch beeinträchtigt wurde, daß das neue Verdeck des TR 4A im zusammengefalteten Zustand sehr viel Platz beanspruchte. Für den TR 5 wurde sie daher wohl nicht mehr angeboten.

Beim TR 4A hatten die Sitze eine ähnliche Form wie die des späten TR 4, waren allerdings dicker gepolstert und nicht mehr mit Vynid, sondern mit dem damals neuen „Ambla"-Bezug von ICI versehen. Gegen Aufpreis gab es natürlich immer noch eine Lederpolsterung, auch für den TR 5, die jedoch immer seltener geordert wurde. Während beim späteren TR 4 die Sitze im gesamten Kissen- und Lehnenbereich in Längsrichtung abgesteppt waren, hatte der TR 4A nur in der Mitte des Kissens bzw. der Rückenlehne Steppnähte. Biesen fanden sich beim TR 4A nicht nur oben an den Lehnen, sondern auch auf der Innenfläche, von wo sie in etwas abgerundeterer Form als beim TR 4 in Richtung des Sitzkissens verliefen.

Die Sitze des TR 5 waren ebenfalls mit Ambla überzogen und nur im Detail geändert. Die abgesteppten Bereiche wiesen nun „Atemlöcher" auf, und die Steppnähte verliefen bis zur Vorderkante der Sitzkissen. In zeitgenössischen Testberichten

Hier die Sitze eines späteren TR 6 der Serie „CR" mit schwer entflammbarem Bezug, für die es gegen Aufpreis Kopfstützen gab. Diese Sitze waren nur mit Schaumstoff gepolstert und hatten weder Federn noch eine andere Polsterung. Beim TR 6 fand man keine Biesen an der Innenausstattung.

Selbst für TR 6, die werksseitig mit Hardtop ausgeliefert wurden, wurde keine hintere Notbank angeboten. Auf dieser Abbildung sieht man die spätere Version der Verkleidung der hinteren Spritzwand. Der Teppichboden ist korrekt und original.

Diese Türverkleidung eines TR 4 entspricht dem Originalzustand. Man erkennt die Kartentasche, die Griffe, das Türschloß und das Verriegelungsstück. Das Vynidmaterial gab es wahlweise fein- oder grobgenarbt.

Zwei Aufnahmen vom Kofferraum eines TR 4. Die Sperrholzabdeckung wurde mit Druckknöpfen und zwei kurzen Laschen befestigt. Man beachte die Versteifungen auf der Innenseite des Kofferraumdeckels und die korrekterweise unlackierte Deckelstütze. Gut zu erkennen sind auch die in die Stoßstangenhörner integrierten Kennzeichenleuchten. Der Kofferraum war nicht mit Teppich ausgekleidet. Das Ersatzrad wurde wie hier gezeigt von einem Haken mit Scheibe und Flügelmutter gehalten. Gerade noch zu erkennen ist der originale Spindelwagenheber, der allerdings schwarz statt rot lackiert sein müßte.

wurden der größere Sitzkomfort und der verbesserte Seitenhalt gelobt; die Rückenlehnen ließen sich allerdings nicht verstellen, und es war keine Möglichkeit zur Anbringung von Kopfstützen vorgesehen. In den Klappmechanismus hatte man eine Sperre eingebaut, um ein Kippen der Sitze bei scharfen Bremsmanövern zu verhindern.

Beim TR 6 gab es eine Vielzahl unterschiedlicher Sitze. Bei frühen Fahrzeugen, die nicht für den US-Markt bestimmt waren, verwendete man eine weiterentwickelte Version des TR-5-Sitzes, bei der allerdings die Steppnähte nicht mehr nach vorne, sondern seitlich verliefen. Die Atmungslöcher wurden beibehalten, und um den abgesteppten Bereich herum waren Polster angebracht. Bei diesen frühen Modellen konnten weder die Rükkenlehnen verstellt noch Kopfstützen angebracht werden. Die Sitze der ersten US-Versionen hatten hohe Rückenlehnen mit integrierten Kopfstützen, wobei die seitlichen Absteppungen direkt in diese nach vorne geneigten Stützen überliefen. Ab CP/CC 50001, zu Beginn des Modelljahrs 1970, baute man endlich einen Verstellmechanismus für die Rückenlehnen ein, wobei jeweils an den Außenseiten der Sitze, in der Nähe des Übergangs zwischen Sitzkissen und Rückenlehne, ein verchromter Betätigungshebel angebracht wurde; etwa an dieser Stelle befand sich auch der schwarze Lösehebel zum Vorklappen des Sitzes. Die Sitze mit hohen Rückenlehnen der Modelle für den US-Markt erfuhren im Laufe der Zeit einige Modifikationen, die mitunter durch die amerikanischen Sicherheitsbestimmungen bedingt waren, beispielsweise verstärkte Sitzschienen und -rahmen, bis Ende 1972 die Serien „CR" und „CF" eingeführt wurden. Zu dieser Zeit gab es für alle Zielmärkte identische Sitze, an denen passend bezogene und gepolsterte Kopfstützen angebracht werden konnten. Steppnähte und Polster der Sitze blieben weitgehend so wie bei den Vorgängerversionen. Angeblich hatten die für die USA und möglicherweise auch für andere Exportländer bestimmten Fahrzeuge aus gesetzlichen Gründen stets Kopfstützen; in Großbritannien waren sie zwar nur als Zubehörteile erhältlich, doch den meisten Interessenten dort war die erhöhte Sicherheit wohl den Aufpreis wert. Bei Fahrzeugen, die ohne Kopfstützen bestellt wurden, fand man kleine Abdeckstopfen an den Befestigungsstellen. Ab den Serien „CR" und „CF" war die Narbung der Sitzbezüge grober. An dieser Stelle sollte ich übrigens noch erwähnen, daß allein den Sitzen des TR 6, einschließlich aller Export- und anderer Versionen, im Teilekatalog von 1973 fast 60 Seiten gewidmet sind, so daß es mir hier bedauerlicherweise nicht möglich ist, sämtliche Varianten einzeln aufzuzählen!

Die Rückwandauskleidung im Heckraum, die ich schon zuvor beschrieben habe, blieb mit ihren senkrechten Steppnähten bis zu den frühen TR 6 fast unverändert, verbarg allerdings nicht mehr Verdeck und Verdeckgestänge, da man das Faltverdeck des TR 4A übernommen hatte. Bei späteren Wagen der Serien „CR" und „CF" war die Auskleidung flacher und hatte nur zwei waagerechte Absteppungen.

Beim TR 4 und auch bei seinen Nachfahren sahen Innenausstattung und Teppichauskleidung (falls nicht anders angegeben) immer folgendermaßen aus: Die Fußräume hatten Gummimatten mit abgesteppten Fersenpolstern, die so lang

Der Kofferraum eines TR 5. Bei diesem Modell war die Sperrholzplatte wegen des größeren Ersatzrads abgestuft. Ab Werk war keine Teppichauskleidung vorhanden; allerdings müßte in der rechten Ecke eine Lasche zur Befestigung des zum Radwechsel erforderlichen Werkzeugs angebracht sein. Bei dem hier abgebildeten Fahrzeug hat außerdem die Gummidichtung entlang der Kofferraumöffnung die falsche Stärke.

Der Kofferraum des TR 6 hatte eine Auskleidung sowie eine Leuchte, die automatisch beim Öffnen des Deckels anging. Außer auf der Rückseite wurde zur Auskleidung schwarze Hartpappe verwendet. Hier sieht man den bei späteren TR 6 beigelegten Werkzeugsatz. Die Teile sind weitgehend original, Wagenheber und Kurbel waren allerdings meist grün oder schwarz lackiert.

Hier der korrekte Innenspiegel samt Halterung für einen TR 4. Ebenfalls korrekt, wenn auch beim TR 4 nur gegen Aufpreis erhältlich, sind die gepolsterten Sonnenblenden mit ihren schwarzen Haltestreben.

waren, daß sie bis zum inneren Teil der vorderen Spritzwand reichten, und mit Druckknöpfen am Boden befestigt wurden. Die Teppichauskleidung umfaßte die hinteren Bodenbleche, die Differentialabdeckung, den Getriebetunnel, die Getriebeabdeckung, die Seiten sowie den Bereich der vorderen Spritzwand, der mit dem Getriebetunnel abschloß, die Teile der Innenkotflügel in den Fußräumen, die Versteifungspolster der B-Säulen, Fußstütze und Sitzhöcker im Heckraum sowie die Türschwellerkanten. Der Teppich hatte umsäumte Kanten und wurde je nach Anbringungsort mit Druckknöpfen befestigt oder angeklebt. Die hinteren Radläufe waren mit leicht gepolstertem Vynid (fein oder grob genarbt) ausgekleidet und mit Biesen entlang der Außenkante versehen. Die hinteren Seitenbleche und Türverkleidungen hatten Auskleidungen aus Pappe, deren Vynidbezug unsymmetrische Steppnähte aufwies. Die Türverkleidungen mit kleinen Kartentaschen, ebenfalls aus Vynid, reichten beim TR 4 nicht ganz bis zur in Wagenfarbe lackierten Türoberkante. Das Unterteil der Handbremse sowie der Handbremshebel wurden von einer Gummimanschette abgedeckt. Der Kofferraum besaß an seiner Vorderseite über dem Tank eine schwarz lackierte Pappverkleidung, war ansonsten in Wagenfarbe lackiert und hatte bis auf die schwarze Sperrholzabdeckung über dem Ersatzrad keine weiteren Verkleidungen.

Diese Ausstattung fand man auch bei den Typen TR 4A und TR 5, wenn auch mit kleinen Abweichungen. Am Heck wurden Seitenblechverkleidungen und Abschlußleiste entsprechend dem neuen Verdeck modifiziert, und wie bei den Sitzen löste auch hier Ambla das bisherige Vynid ab. Die Türen waren nun vollständig verkleidet; im oberen Bereich befand sich eine schwarz genarbte Abschlußleiste aus Kunststoff, welche die Verkleidung überlappte. Die Handbremse saß jetzt auf dem Getriebetunnel und wurde von einem in den Teppich eingelassenen Ambla-Beutel abgedeckt. Teppiche ersetzten auch die bisherigen Gummimatten im Fußraum, obwohl es fahrerseitig weiterhin eine Fersenmatte aus Gummi gab. Das Filzmaterial für die Bodenteppiche war nicht allzugut für den ihm zugedachten Zweck geeignet, da es Feuchtigkeit aufsog wie ein Schwamm und somit die Korrosion im Bodenbereich förderte. Beim TR 5 hatte die Türabschlußleiste anstelle des bis dahin verwendeten Chromgriffs ein Formteil, das als Zuziehgriff diente.

Sonnenblenden gab es für den TR 4 nur gegen Aufpreis; ab dem TR 4A waren sie in der Serienausstattung enthalten. Sie bestanden aus weißem, genarbtem PVC und waren über eine dreiteilige Schwenkleiste in der Mitte und zu beiden Enden am Oberteil des Windschutzscheibenrahmens befestigt. Die Sonnenblenden des TR 5 sahen etwas anders aus und enthielten auf der Beifahrerseite einen Schminkspiegel. Auch die Befestigung wurde geändert und stabiler ausgelegt. Der TR 6 hatte ähnliche Blenden, die allerdings schwarz statt weiß gehalten waren.

Die Innenraumausstattung des TR 6 entsprach bis auf die nachstehend aufgeführten Abweichungen weitgehend der seiner Vorgänger. Leder gab es wohl nicht einmal mehr gegen Aufpreis, obwohl ich gehört habe, daß einige Neufahrzeuge mit Lederausstattung ausgeliefert wurden und sich auch in einer Ausgabe des Teilekatalogs ein entsprechender Hinweis findet. Getriebetunnel sowie der Bereich von Fußstütze und unterer hinterer Spritzwand im Heckraum waren nun zur Geräuschdämmung mit Filz ausgekleidet. Unter den Radlaufverkleidungen fand man Dämmpolster aus „Fibroceta", und oberhalb des Getriebetunnels befanden sich weitere Auskleidungen unter dem Armaturenbrett. Der Kofferraum war nun vollständig ausgekleidet; ein umsäumter Teppich deckte den Boden ab, während die vier Seiten Pappabdeckungen hatten. Für die Ersatzradabdekkung verwendete man ein Spannschloß, und statt der Gummimanschette um den Schalthebel herum kam ein konischer Faltenbalg aus PVC/Ambla zum Einsatz. Die Türverkleidungen besaßen weiterhin Absteppungen und Kartentaschen; bei Fahrzeugen der Serien „CR" bzw. „CF" hatte sich allerdings die Anzahl der Steppnähte verringert. Die Auskleidung der hinteren Spritzwand wurde wie vorstehend beschrieben modifiziert.

Befestigungsmöglichkeiten für Sicherheitsgurte waren schon ab dem Beginn der TR-4-Fertigung 1961 vorhanden. Statische Becken- oder Schultergurte wurden für TR 4 und TR 4A als Zubehör angeboten. Am Ende der Bauzeit des TR 4A waren auf vielen Exportmärkten und auch in Großbritannien selbst Sicherheitsgurte bereits gesetzlich vorgeschrieben, so daß man sie zwar in der Regel ab Werk in die Fahrzeuge einbaute, aber als Extra ansah und berechnete. Erst im Mai 1972 gab es Becken- und Schultergurte serienmäßig; für Automatikgurte mußte man allerdings einen Aufpreis bezahlen. Die Befestigungsstellen der Dreipunkt-Statikgurte befanden sich in der Regel an den hinteren Radläufen, unten am Seitenblech und seitlich im hinteren Bereich des Getriebetunnels.

Der TR 4 verfügte über eine modifizierte Version des etwas veralteten Verdecks, das man beim TR 3A und auch bei vielen anderen Sportwagen der 50er Jahre fand. Das Gestänge, bestehend aus drei Querbögen, die über zwei Gewebebändern miteinander verbunden waren, wurde fest im Innenraum der Fahrzeuge zu beiden Seiten jeweils hinter der Oberkante des Türöffnung angebracht. Das Verdeck selbst bestand aus schwarzem oder weißem vinylbeschichteten Baumwollmaterial und hatte drei „Vybak"-Scheiben. Es war zwar vom Gestänge getrennt, doch konnten beide Baugruppen zusammen hinter aufklappbaren Heck- und Seitenblechen verstaut werden. Das Verdeck wurde mit mehreren Druckverschlüssen an der Verdeckabschlußleiste befestigt. Elastische Rie-

Diese Aufnahme der Türinnenseite eines TR 6 der Serie „CR" zeigt die spätere Version der Türverkleidung und das verstärkte Schloß. Die Einstiegsleiste aus Edelstahl ist nicht original.

Seitenansicht des Faltverdecks eines TR 4; gut zu erkennen der Druckknopf an der vorderen Ecke.
(Foto: Bill Piggott)

Heckansicht desselben Fahrzeugs. Man sieht die Drehverschlüsse (insgesamt 16 Stück), mit denen das Verdeck an der Abschlußleiste aus poliertem Aluminium angebracht wurde.
(Foto: Bill Piggott)

Eine Aufnahme der seitlichen Heckpartie des Verdecks, das ab dem TR 4A verwendet wurde, hier an einem TR 250. Die Drehverschlüsse hatte man durch schwarze Druckknöpfe ersetzt, deren Anzahl im Vergleich zum TR 4 gesunken war. (Foto: Bill Piggott)

Hier sieht man die gelungene Verdeckabdeckung des TR 6, die dem Fahrzeug übrigens serienmäßig beilag. Das Verdeck beanspruchte wegen seiner geänderten Konstruktion im zusammengefalteten Zustand so viel Platz, daß im Fond keine Notbank mehr untergebracht werden konnte. Die frühe Version der Innenraumleuchte, die man auf dem Getriebetunnel erkennen kann, müßte eigentlich eine Chromeinfassung haben.

men entlang der Innenseiten des Verdecks sorgten dafür, daß der Verdeckstoff straff an den Seitenscheiben anlag, und an seiner Vorderkante war das Verdeck mit einer dreiteiligen, über die gesamte Breite des Scheibenrahmens reichenden Dichtleiste mit Stahleinsatz angebracht. An den beiden vorderen Ecken erfolgte die Befestigung über Druckknöpfe und Haken. Von der Oberseite des Verdecks aus hingen seitlich knapp drei Zentimeter lange Klappen nach unten, wodurch eine bessere Abdichtung zu den Oberkanten der Seitenscheiben erzielt werden sollte.

Das Verdeck erforderte beim Hochklappen zwar etwas Zeit und Mühe, hatte jedoch den großen Vorteil, daß der Platz auf der hinteren Notbank ausgenutzt werden konnte, und dies sogar bei zusammengefaltetem Verdeck. Ab dem TR 4A fiel diese Möglichkeit leider weg, da das später verwendete Verdeck fest am Rahmen angebracht war; dafür ließ es sich wiederum schneller und leichter aufklappen. Bei den Nachfolgern des TR 4A war das Verdeck vom Aufbau her weitgehend gleich und wurde ständig weiterentwickelt.

Das neue Verdeck nahm im zusammengefalteten Zustand hinter dem Heckblech so viel Platz in Anspruch, daß eine separate Gestängeabdeckung vorgesehen war, welche an den hinteren Befestigungselementen des Verdecks angebracht wurde. Dieses Verdeck war mit einer schwarz lackierten Stahltraverse am Heckblech befestigt und hatte an seiner Vorderseite eine Dichtleiste mit dahinterliegendem Gummiprofil, das an der Oberseite des Windschutzscheibenrahmens festgeklemmt wurde und somit für die korrekte Abdichtung sorgte. Der Klemmechanismus bestand aus zwei Knebelverschlüssen. Im Gegensatz zur vorherigen Version hatte das neue Verdeck nun zusammenklappbare Metallstreben zwischen dem vorderen und hinteren Teil, die entlang der Oberseite der Seitenscheiben verliefen. Diese Streben hatten ne-

Das Armaturenbrett eines TR 4, dem Originalzustand entsprechend weiß lackiert und mit einem in schwarzem Schrumpflack gehaltenen Mittelteil. Man beachte die beiden Lüftungsgitter links und rechts sowie den in die Polsterung integrierten Haltegriff unterhalb des Handschuhfachs. Das Lenkrad ist zwar nicht original, paßt aber zur Bauzeit des Wagens; der Hupenknopf hingegen ist korrekt. Rechts neben dem Lenkrad sind zusätzliche Schalter angebracht, und an der Oberseite des Armaturenbretts sitzt eine zeitgenössische Leseleuchte.

ben der Aufgabe, das Verdeck zu spannen, auch eine Dichtfunktion; die Konstruktion war allerdings komplizierter und auch teurer. An diesen Streben waren ebenfalls die Verdeckquerstäbe befestigt, die immer noch über die beiden Riemen miteinander verbunden wurden. An den vorderen Verdeckecken befanden sich Druckknöpfe als zusätzliche Sicherungselemente. Mit den Druckknöpfen am hinteren Teil des Verdecks konnte die Verdeckabdeckung über dem zusammengefalteten Dach befestigt werden; beim TR 4A und TR 5 waren diese Druckknöpfe poliert, beim TR 6 hingegen schwarz.

Der TR 5 hatte ein Verdeck, das zwar ähnlich aussah wie das des TR 4A, aber zahlreiche Detailverbesserungen aufwies. Die Führungsleiste war anders ausgelegt, und die Befestigungsknebel konnten nun um 90 Grad gedreht werden, um einen noch höheren Anpreßdruck und somit eine noch bessere Abdichtung zu erzielen. Diese Knebel boten außerdem mehr Sicherheit, da die Hebel so ausgelegt waren, daß sie nicht mehr in den Innenraum ragten. Der Wetterschutz wurde weiterhin dadurch verbessert, daß die seitlichen Dachleisten nun zweiteilige Gummipartien besaßen, die für eine bessere Abdichtung zu den Seitenscheiben sorgten. Zusätzlich verwendete man Klettverschlüsse, um zu gewährleisten, daß der Verdeckstoff auch fest an den Dachleisten anlag. Die Druckknöpfe an den vorderen Ecken fielen weg. In zeitgenössischen Testberichten wurde dieses Verdeck als eines der besten seiner Art gelobt, so daß es nicht mehr als logisch war, für den TR 6 eine weitgehend identische Version zu verwenden; allerdings war hier das Heckfenster mit einem Reißverschluß eingesetzt und konnte ausgebaut werden. Das Teileverzeichnis weist auf ein spezielles TR-6-Verdeck „nur für den deutschen Markt" hin; leider habe ich bis heute nicht feststellen können, worum es sich hierbei genau handelte. Bei US-Modellen des TR 250 und TR 6 fand man häufig silberfarbene, reflektierende Streifen, die über den und an den Rückseiten der Seitenscheiben sowie am Heck an der Unterkante des Verdecks angebracht waren.

Zusätzlich zu der Verdeckabdeckung konnten Interessenten gegen Aufpreis auch eine Spritzdecke ordern (serienmäßig beim TR 6 nach Dezember 1973); bei Fahrzeugen, die ab Werk mit einem Hardtop ausgeliefert wurden, bestand diese Möglichkeit allerdings nicht. Die Spritzdecke konnte mit Druckknöpfen an der Karosserie angebracht werden, und beim TR gab es spezielle verchromte Befestigungselemente am Armaturenbrett direkt hinter der Windschutzscheibe in der Mitte sowie an den Kanten vor den Belüftungsdüsen. Ab dem TR 4A saßen auch jeweils drei Druckknöpfe an den Türoberkanten, mit Ausnahme der werksseitig mit Surrey-Top ausgelieferten Wagen. Die Spritzdecke, bei welcher der Reißverschluß wie gewohnt etwas außermittig in Richtung Beifahrersitz saß, wurde hinten am Fahrzeug entlang der Abschlußleiste des Innenraums mit Druckknöpfen gesichert; beim TR 4 erfolgte die Befestigung über Drehverschlüsse. Für die Spritzdecke verwendete man das gleiche Material wie für das Verdeck. Bei späteren Fahrzeugen mit Kopfstützen hatte man zusätzlich zur Hülle für das Lenkrad weitere Hüllen integriert.

Armaturenbrett und Instrumente

Das Armaturenbrett des TR 4 war ein etwas spartanisch ausgelegtes Metallpreßteil, das unabhängig von der jeweiligen Karosseriefarbe immer weiß lackiert war. Anfangs verwendete man den Farbton „Spa White", ging jedoch im März 1963 zu „New White" über. An seinen beiden Außenseiten saßen die damals einmaligen, aber inzwischen häufig verwendeten Gitter für die Belüftungsdüsen, die später angeblich von Ford „neu erfunden" wurden! Der Luftstrom ließ sich über gerändelte Räder in der Mitte der Gitter regeln. Das abschließbare Handschuhfach hatte eine ebenfalls weiß lackierte Klappe mit einer verchromten Öffnungsblende um das Schloß herum. Das Mittelteil des Armaturenbretts war ein trapezförmiges, mit schwarzem Schrumpflack überzogenes Blech, das die Zusatzinstrumente sowie den herausziehbaren Aschenbecher enthielt.

Links vor sich fand der Fahrer einen Tachometer mit 13 Zentimetern Durchmesser und Tageskilometerzähler, während rechts ein passender Drehzahlmesser mit einem Anzeigebereich bis 6000/min saß. Die meisten Instrumente der frühen TR 4 waren vom TR 3 übernommen worden und wurden bereits zuvor beschrieben; die Temperaturanzeige war nun allerdings elektrisch betätigt. Bei späteren TR 4 und allen TR 4A fand man immer noch die altbekannten TR-Instrumente, deren Gläser jedoch nicht mehr gewölbt, sondern flach waren. Außerdem zeigten sich die Ziffernblätter der vier Zusatzinstrumente jetzt nicht mehr vollständig, sondern hatten im oberen Bereich eine Abdeckung für den Zeiger. Zwischen Tachometer und Drehzahlmesser befanden sich zwei Kontrolleuchten (Typ WL11), eine grüne für die Blinker und eine rote für die Zündung. Die rote Fernlichtkontrolleuchte saß weiterhin unten im Tachometer. Alle Instrumente waren von innen beleuchtet.

Das Oberteil des Armaturenbretts, ein schwarz genarbtes Kunststofformteil mit Defrosterdüsen für die Windschutzscheibe, ragte etwas über den Handschuhfachdeckel und die Hauptinstrumente hinaus. Entlang der Unterkante des Armaturenbretts verlief eine ebenfalls schwarz genarbte, gepolsterte Leiste, die unterhalb des Handschuhfachs die Form eines Haltegriffs hatte. In der Mitte

Hier das korrekte Lenkrad für einen TR 5, allerdings mit leicht ausgeblichenem Lederbezug. Das Walnußfurnier war nun mit einem matten Lack überzogen. Die Manschette am Schalthebel ist im Gegensatz zu den schwarzen Instrumenteneinfassungen nicht korrekt. Beim TR 5 wurden Tachometer und Drehzahlmesser im Vergleich zu früheren Modellen seitenverkehrt eingebaut, und nun gab es auch Kugelausströmer sowie „Sicherheits"-Schalter.

Der makellose Innenraum von Ken Westwoods TR 4A mit walnußfurniertem Armaturenbrett sowie korrektem Lenkrad und Schalthebelknauf; die Manschette des Schalthebels müßte allerdings rund statt eckig sein. Der Teppichboden stimmt ebenfalls, während man darüber streiten könnte, ob beifahrerseitig tatsächlich eine Fersenmatte aus Gummi vorhanden war. Beim TR 4A wurden die Türoberkanten anders als beim TR 4 verkleidet.

Das Handschuhfach des TR 5 hatte eine Leuchte, die über den hier gezeigten Schalter betätigt wurde. Der Öffnungshaken am Schloß war weggefallen, ebenso der Handgriff in der Polsterung an der Unterkante des Armaturenbretts.

dieser Leiste befand sich eine flache Konsole mit Zündschalter sowie schwarzen und silberfarbenen Kunststoffbedienelementen für Hauptscheinwerfer (zweistufig), Scheibenwaschanlage, Scheibenwischer und Choke. Die Zündschalter stammten in der Regel aus den Serien „FP" bzw. „FS". Die Bedienelemente für die Heizung (sofern eine solche eingebaut war) bestanden aus einem Temperaturregler, der das Warmwasserventil am Motor öffnete oder schloß, einem einstufigen Gebläseschalter und einem Luftverteilungsregler. Diese Bedienelemente waren an einer Halteplatte angebracht, die den unteren Teil des Armaturenbretts mit dem Getriebetunnel verband. Oberhalb der Heizungsregler befand sich eine manchmal abgedeckte Aussparung zum Einbau eines Radios. Die Instrumentenbeleuchtung wurde über einen Drehschalter geregelt, der links neben der Lenksäule am Armaturenbrett angebracht war. Die Lüftungsklappe am Windlauf wurde über einen gebogenen Hebel betätigt, der fast zentral unter dem Armaturenbrett saß.

Die Blinkerbetätigung erfolgte beim TR 4 über einen Hebel an der Lenksäule, während der optionale Overdrive mit Hilfe eines Hebels auf der gegenüberliegenden Seite zugeschaltet werden konnte. Diese beiden verchromten Hebel besaßen an ihren Enden jeweils schwarze Kunststoffgriffe. Beim Handbremshebel handelte es sich um ein schwarzes Kunststoffformteil. Die Pedale im Fußraum hingen nach unten, und auf dem Brems- sowie auf dem Kupplungspedal befanden sich Trittgummis mit dem Buchstaben „T" für „Triumph".

Beim TR 4A waren die genannten Baugruppen ähnlich ausgelegt; das einteilige Armaturenbrett war nun jedoch mit poliertem Walnußfurnier überzogen, was die Qualität des Innenraums dermaßen steigerte, daß viele TR 4 entsprechend umgerüstet wurden. Bei bestimmten TR-4-Modellen für den Export in die USA war das Walnuß-Armaturenbrett angeblich serienmäßig vorhanden. Der Drehzahlmesser hatte zwischen 5000/min und 6000/min einen rot markierten Bereich statt wie bis dato einen roten Strich bei 5000/min; diese Version wurde möglicherweise auch in einige spätere TR 4 eingebaut. Der Regler für die Instrumentenbeleuchtung wanderte in die mittlere Schalterkonsole und ersetzte dort den Schalter für die Hauptscheinwerfer, der nun als dreistufiger Hebel an der Lenksäule saß, über den auch das Fernlicht ein- und ausgeschaltet wurde. Auf der gegenüberliegenden Seite der Lenksäule befanden sich Bedienhebel für Blinker und Overdrive. Beim TR 4A war die leicht gepolsterte Mittelkonsole nach hinten gezogen und umschloß den unteren Bereich des Schalthebels; für die Abdeckung des Unterteils des nun etwas kürzeren Hebels mußte die Gummimanschette entsprechend geändert werden. Für die Motorhaubenentriegelung fand man bei beiden Modellen einen

Der TR 5 hatte immer noch einen separaten Zündschalter; ein Lenkradschloß wurde erst 1971 serienmäßig eingebaut. Bei dem Drehschalter zwischen den beiden unteren Zusatzinstrumenten handelt es sich um den Helligkeitsregler für die Instrumentenbeleuchtung. Die verchromten Schraubenköpfe in der Zusatzkonsole müßten eigentlich schwarze Abdeckkappen haben, und die Kreuzschlitzschrauben im Armaturenbrett müßten schwarz sein.

Das Armaturenbrett beim TR 6 der Serie „CP" entsprach weitgehend dem des TR 5. Es hatte immer noch ein Amperemeter sowie bis 1971 einen separaten Zündschalter statt eines Lenkradschlosses. Lenkrad und Hupentaste dieses Modells sind korrekt, der Schalthebel hingegen stimmt ebensowenig wie die Mittelkonsole, die im Bereich der Radioaufnahme modifiziert wurde. Die Schrauben an der Unterkante der Windschutzscheibe müßten eigentlich schwarz sein.

Der Aschenbecher des TR 6 befand sich oben auf dem Armaturenbrett.

weißen Kunststoffhebel rechts unter dem Armaturenbrett, auch bei linksgelenkten Fahrzeugen.

Beim TR 5 und beim TR 250 wurde das holzfurnierte Armaturenbrett beibehalten, es war jedoch aus Sicherheitsgründen mit einem nicht reflektierenden Lack überzogen. Von der Anordnung der Baugruppen her entsprach es weitgehend der Version des TR 4A. Der Haltegriff fiel allerdings weg, und der Aschenbecher wurde nach oben zum Windlauf verlegt; an seine bisherige Stelle in der Mitte des Armaturenbretts rückte ein geänderter Regler für die Instrumentenbeleuchtung, der in schwarz gehalten war und ein weißes Symbol trug. Modernere Kugelausströmer aus schwarzem Kunststoff lösten die bisherigen Abdeckgrills für die Belüftungsdüsen ab. Auch die Schalterbaugruppe wurde überarbeitet und aus Sicherheitsgründen weiter hinten im Armaturenbrett angebracht. Man verwendete die gleichen sechs Instrumente wie zuvor, allerdings in abgeänderter Form mit mattschwarzen Blenden, ebensolchen Zifferblättern und weißer Beschriftung. Der Drehzahlmesser war nun zwischen 5000/min und 5500/min gelb und oberhalb dieses Bereichs rot abgesetzt. Die Scheibenwischer sowie die elektrische Scheibenwaschanlage wurden über zwei verlängerte, schwarze „Sicherheits"-Wippschalter von Clear Hooters Ltd betätigt; das Heizgebläse war jetzt zweistufig, und der entsprechende Schalter befand sich in der weiter nach hinten gerückten Konsole. In dieser Konsole saßen weiterhin viereckige Bedienelemente aus schwarzem Kunststoff mit weißen Symbolen für Luftverteilung, Heizung und Choke sowie der Zündschalter. Der Tachometer mit einem Anzeigebereich bis 120 mph enthielt zwei Kontrolleuchten für Blinker und Fernlicht, der Drehzahlmesser hingegen eine Ladekontrolleuchte und eine Öldruckwarnleuchte, wobei letztere zusätzlich zur bisherigen Öldruckanzeige hinzukam. Die weiteren Details entsprachen bis auf geringfügige Abweichungen dem TR 4A.

Armaturenbrett, Instrumente und Bedienelemente der frühen TR 6 waren mit Ausnahme des im Abschnitt „Lenkung" beschriebenen Lenkrads ähnlich wie beim TR 5 bzw. TR 250. Selbst der Zünd-/Anlasserschalter wurde statt eines an der Lenksäule angebrachten Lenkradschlosses beibehalten, bis auf dem Heimatmarkt ab CP 52786

TR 6 der Serien „CR" bzw. „CF" hatten dieses etwas kleinere Lenkrad mit der Beschriftung „TRIUMPH" auf dem Hupenknopf. Hier erkennt man das neue Lenkradschloß. Anstelle des Amperemeters fand man nun ein Voltmeter, und auch der Lichtschalter unter dem Kombischalter für Scheibenwischer und Scheibenwaschanlage war neu. Das hier abgebildete Fahrzeug hat vor der Windschutzscheibe Befestigungselemente für die Spritzdecke, obwohl es werksseitig mit einem Hardtop ausgerüstet war. Die Instrumente hatten nun wieder Chromeinfassungen und Ziffernblätter, die den übrigen Modellen von Triumph angepaßt waren.

Anfang 1971 ein solches verwendet wurde. Die Exportmodelle hatten schon etwas früher, möglicherweise bereits ab CP 50001, ein Lenkradschloß, und an der Stelle, an der zuvor der Zündschalter gesessen hatte, blieb eine entsprechende Aussparung zurück.

Weitere Änderungen erfolgten Ende 1972 mit Einführung der Serien „CF" bzw. „CR". Armaturenbrett und Bedienelemente erhielten ein Facelifting, das hauptsächlich in der Rückkehr zu Chromeinfassungen für die Instrumente und in der Verwendung von moderneren Ziffernblättern im Stile eines Dolomite oder Triumph 2000/2.5 bestand, wobei die Zeiger der Zusatzinstrumente nun nach oben statt nach unten wiesen. Der Abblendschalter wurde wie bereits erwähnt von Hand betätigt, und die Schalter für Hauptscheinwerfer und Begrenzungsleuchten wanderten von ihrer bisherigen Position links neben der Lenksäule auf die rechte Seite des Armaturenbretts an die Stelle, an der sich zuvor der Scheibenwischerschalter befunden hatte; dieser wiederum war nun mit dem Schalter für die Scheibenwaschanlage zu einer Einheit zusammengefaßt worden. Das Amperemeter tauschte man gegen ein Voltmeter aus, so daß sich das Ladesystem besser überwachen ließ. Bis zum Produktionsende des TR 6 im Jahre 1976 wurden das holzfurnierte und mattlakkierte Armaturenbrett ebenso beibehalten wie die oben beschriebene Anordnung von Instrumenten und Bedienelementen; es gab zwar einige Änderungen, die jedoch nur geringfügig waren. Bei den TR-6-Modellen für den amerikanischen Markt fand man auf den meisten Bedienelementen eine Beschriftung anstelle der bei den Europa-Versionen verwendeten Symbole, und einige Wagen nach CF1 hatten zusätzliche Warnleuchten, die anzeigten, daß bestimmte Wartungsarbeiten erforderlich waren.

Der TR 4 „GTR Dove“

Von hinten gesehen wirkt der Dove am elegantesten. An der Heckklappe war kein Öffnungsgriff vorhanden; sie wurde von innen entriegelt, und zum Öffnen steckte man einfach einen Finger in die Aussparung am Heckblech. Der Tankeinfüllstutzen saß links an der Heckschürze.

David Bishops ungewöhnlicher GTR Dove. Bei dieser Aufnahme kommt die Dachlinie besonders deutlich zum Ausdruck.

Dieses Kuriosum der TR-Baureihe darf auf keinen Fall vergessen werden; es wurde in beträchtlichen Stückzahlen hergestellt, wenn auch nicht bei Triumph selbst.

Von einem serienmäßigen TR 4 wurden Kofferraumdeckel, Heckblech, hintere Spritzwand sowie die Verdeckbleche entfernt. Anschließend baute man ein langgestrecktes, am Heck heruntergezogenes Fiberglasdach an und paßte die hinteren Kotflügel entsprechend an. Dieses Dach war über der Hinterachse so hoch, daß den Fondpassagieren eine Kopffreiheit von knapp über 80 Zentimetern zur Verfügung stand – genug, um zwei Kindern mittlerer Größe ausreichenden Platz zu bieten; für Erwachsene hingegen war es auf der Rückbank nicht sonderlich bequem.

Die Heckklappe war an ihrer Oberseite mit zwei Scharnieren befestigt. Vom Konzept her war der Dove ähnlich aufgebaut wie der MGB GT, der allerdings erst zwei Jahre später erschien. Als Kraftstofftank verwendete man einen Behälter mit einem Fassungsvermögen von 68 Litern, welcher an der Stelle untergebracht war, wo beim Serien-TR-4 das Ersatzrad saß. Dieses lag nun zwar über dem Tank, aber auch bei voller Besetzung blieb noch genügend Platz zur Unterbringung von Gepäck übrig.

Der Dove hatte ein Lenkrad mit Holzkranz und enthielt serienmäßig viele Teile, die es beim „normalen“ TR 4 nur gegen Aufpreis gab. Hinten fand man seitliche Ausstellfenster, und auch die Scheiben der Seitenfenster wichen im oberen Bereich von denen des Serienmodells ab. Der Tankeinfüllstutzen befand sich links unterhalb der Heckklappe. Der Wagen war innen vollständig ausgekleidet, und den Umbau hatte der Karosseriebe-

Der Vorderteil des Dove-Innenraums. Man erkennt die wie beim TR 4 lackierte Türoberkante; der Lackstreifen unten an der Tür dürfte eigentlich nicht sichtbar sein. Das Armaturenbrett ist im Gegensatz zu Lenkrad und Hupenknopf korrekt. Die Leseleuchte wurde nachträglich angebracht, stammt aber aus der richtigen Zeit. Die vorderen Fußräume des TR 4 waren in der Regel mit Gummimatten ausgekleidet; Dove verwendete hier wohl Teppichmaterial.

trieb Thomas Harrington and Co in West Sussex sehr professionell durchgeführt.

Bei Triumph zeigte man zwar Interesse an diesen Fahrzeugen und spielte schon mit dem Gedanken, die Werksgarantie auch auf sie zu übertragen; allerdings wurden die Chancen auf dem Markt wohl als nicht so groß angesehen, um eine Übernahme des Modells zu rechtfertigen, so daß nicht mehr als eine Kleinserie aufgelegt werden konnte. Bedeutete der große Erfolg des MGB GT, daß Triumph in diesem Punkt falsch lag? Der Dove war zwangsläufig wesentlich schwerer als ein Serien-TR-4 und erbrachte somit auch weniger gute Fahrleistungen, da man die Mechanik ja unverändert übernommen hatte. Außerdem war er sehr teuer; sein Preis lag etwa 30 Prozent über dem eines vergleichbar ausgestatteten TR 4. Dem Wagen lag ein umfangreicher Werkzeugsatz bei, der angeblich von den Krankenwagen stammte, die Harrington ebenfalls baute!

Die Typenbezeichnung leitete sich von L.F. Dove and Co ab, einem Triumph-Vertragshändler aus Wimbledon bei London, der mit dem Vertrieb beauftragt worden war. Die ursprüngliche Schreibweise lautete Dové, doch fiel im Laufe der Jahre der Akzent unter den Tisch. Der 1963 fertiggestellte Prototyp wurde von der Zeitschrift *Autocar* getestet und für gut befunden.

In den Jahren 1964 und 1965 lief der Verkauf gut, doch gibt es heute viele unterschiedliche Meinungen darüber, wieviele Wagen dieses Typs genau gebaut wurden. Aufzeichnungen von Dove selbst sind wohl nicht mehr vorhanden, und die Unterlagen, die sich im Besitz des British Motor Industry Heritage Trust befinden, sind in diesem Punkt auch nicht sonderlich hilfreich, da der

Die Auskleidung im Fond war sehr gelungen, doch blieben die Rücksitze wegen der geringen Kopffreiheit meist Kindern vorbehalten. Die Lehnen ließen sich nach vorne umklappen, so daß man bei unbesetzten Rücksitzen noch etwas mehr Gepäck verstauen konnte. Der Teppichboden ist zwar nicht korrekt, kommt dem Original aber doch sehr nahe. Der Schloßkasten an der B-Säule war normalerweise nicht lackiert.

Im geschlossenen Zustand lag die Heckklappe auf zwei schwarzen Gummipuffern auf. Der Boden des Gepäckraums war wegen des darunterliegenden Tanks und Ersatzrads recht weit oben angebracht.

GTR Dove ja ein Umbau von Fahrzeugen war, die aus der normalen „CT"-Serie stammten. Vermutlich waren es knapp unter 100 TR 4 und einige wenige TR 4A. Daß auch TR-4A-Modelle umgebaut wurden, wird mitunter bezweifelt, doch es gibt hierfür eindeutige Verkaufsunterlagen. Es existierten mindestens drei Dove auf Basis des TR 4A, die als Originalumbauten anzusehen sind. Die genaue Angabe von Stückzahlen wird außerdem durch die Tatsache erschwert, daß sich die Besitzer eines Serien-TR-4 auch nachträglich ihr Fahrzeug zu einem Dove umbauen lassen konnten.

Aus heutiger Sicht gesehen war der Dove ein mutiger Versuch, Praxistauglichkeit mit dem Flair des Ungewöhnlichen zu kombinieren; allzu großer Erfolg war ihm leider nicht beschieden. Die Linienführung ließ einiges zu wünschen übrig, insbesondere die etwas schwerfällig wirkende Heckpartie. Dies sowie der höhere Preis und die zu jener Zeit umfangreiche Palette an „serienmäßigen" Coupés von anderen Herstellern verhinderten einen besseren Absatz.

Der Innenraum des Dove in Richtung Heckklappe gesehen. Gepäckraumboden und Ersatzrad sind ausgebaut. Man erkennt die flache Oberseite des Kraftstofftanks, auf dem mit den beiden Riemen am linken und rechten Bildrand das Ersatzrad befestigt wurde. Das Holzteil links im Bild enthielt den Werkzeugsatz, der jedem Dove serienmäßig beilag.

Modellpflegemaßnahmen

Wichtige Änderungen nach Kommissionsnummer (und Motor- oder Karosserienummer, sofern erforderlich):

CT 1
Erster Serien-TR-4, fertiggestellt 18.7.61.

CT 2829
Hintere Federn statt TR-3A-Version verstärkte, nicht seitenspezifische Teile.

CT 3434
Hintere Stoßdämpfer modifiziert; unterschiedliche Spezifikationen für US-Modelle.

CT 4388 (Scheibenräder)
CT 4690 (Speichenräder)
Lenkgeometrie und Preßteile der oberen Querlenker geändert. Einführung der vorderen Bremszangen Typ 16P.

CT 5642 (Karosserienummer)
Automatische statt wie bisher manuelle Arretierung der Motorhaubenstütze.

CT 5656 (Scheibenräder)
CT 6389 (Speichenräder)
Obere Querlenker erneut geändert, ebenso obere Kugelgelenke, Spurstangenhebel und untere Drehzapfen.

CT 6429
Motorhaubenblech leicht modifiziert; längere „Kraftbeule".

CT 7218
Dichtungen an den unteren Querlenkern geändert.

CT 7630 (Speichenräder)
CT 7747 (Scheibenräder)
Vordere Bremsbeläge geändert.

CT 9553
Ersatz des nach hinten geneigten Wasserkastens des Kühlers durch einen integrierten Wasserkasten.

CT 11479
Hintere Stoßdämpfer erneut geändert.

CT 14234E
Bisher offenes System für Motorentlüftung/Öleinfülldeckel durch geschlossenes System ersetzt.

CT 15076 (Karosserienummer)
Neue Sitze.

CT 16800E bis CT 16900E
Versuchsserie von Fahrzeugen mit Stromberg-Vergasern Typ 175CD.

CT 20064 (RHD), 20266 (LHD)
Lenkungszahnstange und Halterungen geändert, ebenso Spurhebel und Karosseriebefestigungen.

CT 20925 (Karosserienummer)
Beide Sitze nach vorne umklappbar.

CT 21471E
Serienmäßig Stromberg-Vergaser 175CD an neuem Ansaugluftsammler und leicht überarbeitetem Zylinderkopf.

CT 23383
Hintere Federn und Achshaltebügel modifiziert.

CT 29984
Längere Schraubenfedern vorne; Wegfall der bisherigen Distanzstücke.

CT 31506 (31636 Overdrive)
Getriebe und Kupplungsgehäuse modifiziert.

CT 37689 (Karosserienummer)
Motorhaubenblech erneut leicht abgeändert.

CT 40304
Letzter TR 4, fertiggestellt 6.1.65.

CTC 50001
Einführung des TR 4A. Änderung siehe Textteil.

CTC 50125
Getriebe und Kupplungsgehäuse erneut leicht modifiziert.

CTC 59836
Distanzstücke an den vorderen Schraubenfedern geändert.

CTC 62191
Umstieg von Stromberg-Vergasern auf zwei SU-Vergaser, Typ HS6 mit 45 mm Durchlaß. Weiterverwendung des bisherigen Ansaugluftsammlers; Düsennadeln Typ „TW".

CTC 62637
Temperaturgeber und -anzeige geändert.

CTC 78684
Letzter TR 4A, fertiggestellt 10.7.67.

CP 1
Erster TR 5 (Prototyp).

CD 1
Erster TR 250, festiggestellt 11.7.67.

CP 2
Erster Serien-TR-5, fertiggestellt 29.8.67.

CP 3101
Letzter TR 5, fertiggestellt 19.9.68.

CD 8594
Letzter TR 250, fertiggestellt 19.9.68.

Anmerkung: Für den TR 5/TR 250 sind während des relativ kurzen Produktionszeitraums nur wenige Änderungen verzeichnet, die im Textteil im einzelnen beschrieben sind.

CP 25001
Erster Prototyp des TR 6.

CC 25003
Laut Unterlagen der erste Vergaser-TR-6, fertiggestellt 19.9.68.

CP 50001, CC 50001
Die ersten Wagen des Modelljahrs 1970 mit zahlreichen Änderungen: Neue Scheibenräder mit 15 Öffnungen, Wegfall der bisherigen Rostyle-Radblenden, Lenkrad nicht mehr schwarz und mit Bohrungen in den Speichen, sondern silbern eloxiert und mit Schlitzen in den Speichen. Rückenlehnen verstellbar. Windschutzscheiben-

rahmen unabhängig von der Karosseriefarbe immer schwarz. Ventildeckel nicht mehr verchromt, sondern silberfarben lackiert. Geänderter Ansaugluftsammler bei Vergasermodellen, neuer Kraftstofftank, Vorkammer geändert. Exportversionen mit Lenkradschloß.

CP 51163 (Getriebenummer), CC 89817
Getriebe mit verstärkten Bauteilen vom Triumph Stag.

CP 52420E
Kunststofflüfter mit sieben statt bisher acht Flügeln; Durchmesser weiterhin 32 Zentimeter.

CP 52786
Lenkradschloß nun auch serienmäßig bei Fahrzeugen für den britischen Markt. (Bei Exportversionen serienmäßig ab CP/CC 50001).

CP 52868, CC 61571
Hintere Federn und hintere Schräglenkerhalter verstärkt.

CP 53637, CC 63845
Einbau von Schubtriebstartermotoren.

CP 53854
Schalthebelknauf geändert.

CC 75001E
Vergaser-TR-6: Auspuffanlage mit Doppelrohren, neuer Ansaugluftsammler und Tankinhalt auf 47 Liter reduziert.

CR/CF1
Erste Wagen des Modelljahrs 1973 mit zahlreichen Änderungen: Leistung des Einspritzmotors auf 124 PS gesenkt, Lüfter mit 13 Flügeln (Durchmesser 37 Zentimeter), Radmitten silberfarben statt schwarz, Durchmesser des Lenkrads von 38 auf 37 Zentimeter reduziert, Hupenknopf mit Schriftzug „TRIUMPH" statt wie bisher Triumph-Medaillon, Sitze von Modellen, die nicht für den US-Markt bestimmt waren, mit Vorrichtung zum Anbringen von Kopfstützen, Sitzbezüge mit groberer Narbung und aus schwer entflammbarem Material, Türverkleidungen und Fondauskleidung geändert.

Kühlergrill mit Chromleisten an Ober- und Unterkante, schwarzer Spoiler unter der vorderen Stoßstange, Kennzeichenbeleuchtung an der Unterseite der Kennzeichenaussparung statt wie bisher an der Oberseite der hinteren Stoßstange, Wischerarme schwarz statt silberfarben, feststehender schwarzer Kunststoffgrill statt Lüftungsklappe, stärkere Halterungen für die vordere Stoßstange.

Sicherheitsschalter für Kraftstoffpumpe, Armaturenbrett, Instrumente und Schalter überarbeitet, Voltmeter statt Amperemeter, Abblendschalter nicht mehr im Fußraum, sondern an der Lenksäule. Statt der am Tunnel angebrachten Innenraumleuchten nun zwei Leuchten in den vorderen Fußräumen.

Kommissionsschild vom Motorraum zur linken B-Säule verlegt. Bei Fahrzeugen der Serie „CF" Overdrive Typ „J", neue Stromberg-Vergaser und Tankinhalt 43 Liter.

Anmerkung: Angeblich betrafen manche der vorstehenden Änderungen auch einige Fahrzeuge der Serien „CP" bzw. „CC", doch läßt sich nicht genau sagen, wann diese Änderungen erfolgten.

CR 567
Bei Fahrzeugen der Serie „CR" ersetzt der „J"-Overdrive den bisherigen Typ „A".

CF 27001
Vergasermodelle: Vorne und hinten große, schwarze Stoßstangenhörner aus Gummi zum Schutz der Karosserie bei Auffahrunfällen mit niedriger Geschwindigkeit; vordere Begrenzungsleuchten/Blinker nun unter der vorderen Stoßstange. Sekundärlufteinblasung in der Auspuffanlage zur Reduzierung des Schadstoffausstoßes.

CR 6701
Letzter TR 6 mit Einspritzanlage, fertiggestellt 7.2.75.

CF 58328
Letzter Vergaser-TR-6, fertiggestellt 15.7.76.

Anmerkungen

1. Die Zusätze „L", „O" und „U" wurden absichtlich weggelassen, um Mißverständnisse zu vermeiden.
2. Wegen der unzähligen Detailänderungen (besonders bei US-Modellen), die im Laufe der 15jährigen Bauzeit dieser Fahrzeuge erfolgten, kann die vorstehende Aufzählung natürlich keinen Anspruch auf Vollständigkeit erheben; sie enthält nur die wichtigsten Änderungen, bei denen auch der Zeitpunkt der jeweiligen Umstellung bekannt ist.
3. Änderungen der technischen Daten, die bei der Einführung neuer Modelle auftraten, sind im Text beschrieben und daher nicht in der vorstehenden Aufzählung enthalten; dort werden nur Änderungen behandelt, die während der Bauzeit des betreffenden Modelle durchgeführt wurden.
4. Bei Modellen nach dem TR 4A sind die tatsächlich in die Serie eingeflossenen Detailänderungen nicht mehr so ausführlich wie zuvor in den Teilekatalogen aufgeführt. Es wird dort zwar häufig auf Änderungen verwiesen, allerdings ohne Angabe des genauen Zeitpunkts. Aus diesem Grund ist es wesentlich schwieriger, für die späteren Fahrzeuge präzise Angaben zu machen, so daß die Informationen hier spärlicher ausgefallen sind.

Zubehörteile

Im Laufe der Jahre und als Antwort auf die steigenden Erwartungen potentieller Käufer waren die von Triumph ausgelieferten Wagen zwangsläufig immer besser ausgestattet, was auch zu Änderungen in den Zubehörlisten führte. Da weniger Fahrzeuge bei Rennen eingesetzt wurden, strich man auch viele der zuvor angebotenen Rennteile und nahm dafür mehr Komfort- und Sicherheitszubehör ins Programm.

Die folgenden Teile waren für den TR 4 und, sofern nicht anders vermerkt, auch für den TR 4A erhältlich. Vermutlich wurden einige Teile, die es zuvor für die TR 2/3/3A gab, auch für die Nachfolgemodelle angeboten, doch konnte ich in den mir zur Verfügung stehenden Unterlagen keine Bestätigung hierfür finden. Einige der nachstehend aufgezählten Artikel wurden zwischen den Jahren 1961 und 1971 möglicherweise geändert oder nicht mehr angeboten, doch können auch hierzu keine genaueren Angaben gemacht werden.

Ölwanne aus Aluminium. Einschließlich 16 längeren Schrauben zur Befestigung am Kurbelgehäuse. Für den TR 4A zwar nicht speziell aufgeführt, aber dennoch erhältlich.

Rennkerzen.

Erleichterte Schwungscheibe. Einschließlich Zahnkranz. Für den TR 4A zwar nicht speziell aufgeführt, aber dennoch erhältlich.

Rennstoßdämpfer. Angeblich angeboten, aber ohne genaue Hinweise.

Anlaßkurbel. Nicht für TR 4A.

Umbausatz auf zweistufige Scheibenwischer. Einschließlich Schalter, Motor und Verdrahtung. Serienmäßig beim TR 4A.

„Continental Touring"-Kit. Bestehend aus Zylinderkopfdichtung, Lüfterriemen, Zündkerzen, Schlauchleitungen, Verteilerdeckel, Verteilerfinger, Kondensator, Unterbrecher, Wasserpumpendichtung, Kraftstoffpumpenmembran, flexible Öl- und Kraftstoffleitungen, Einlaß- und Auslaßventile, Ventilfedern, Ventildeckeldichtung und Ersatzlampen.

Nebelscheinwerfer. Teile-Nr. 501702. Später durch Sealed-Beam-Einsatz Typ 569908 ersetzt.

Suchscheinwerfer. Teile-Nr. 501703. Später durch Sealed-Beam-Einsatz Typ 569907 ersetzt.

Außenspiegel. Teile-Nr. 502459.

Nachrüstsatz für Rückfahrscheinwerfer.

Spritzdecke. Wahlweise für Links- oder Rechtslenker, einschließlich Druckknöpfen und Befestigungselementen für Anbringung am Windlauf. Erhältlich in schwarz oder weiß.

Sicherheitsgurte. Mit Zwei- oder Dreipunktbefestigung für TR 4. Dreipunktgurte mit Beckengurt für TR 4A.

Elektrischer Scheibendefroster. Mit Saugnapf zur Befestigung an der Innenseite der Windschutzscheibe.

Heckscheibenheizung. Offensichtlich für die Heckscheibe des Surrey-Hardtops.

Umbausatz für Surrey-Hardtop. Erhältlich in schwarz oder weiß. Es handelte sich hierbei wohl nicht um einen kompletten Nachrüstsatz zum Umbau eines Roadsters in ein Hardtop-Modell, sondern um die Teile, die zum Einbau des „weichen" Mittelteils erforderlich und in der Regel nicht serienmäßig, sondern nur auf speziellen Kundenwunsch bei Fahrzeugen mit Hardtop vorhanden waren.

„Power Stop" Unterdruck-Bremskraftverstärker.

Lenkrad mit Holzkranz. Teile-Nr. 307245.

„Aerodynamische" Spiegel. Teile-Nr. 573677.

Außenspiegel, Typ „D". Teile-Nr. 560632.

Außenspiegel, Typ „Turina". Teile-Nr. 570409.

Außenspiegel, rund und feststehend. Teile-Nr. 608467/WL.

Außenspiegel, Typ „Morgan". Teile-Nr. 608467/M.

Radblenden. Teile-Nr. 502160.

Overdrive. Offiziell nur in Verbindung mit Neuwagen, aber normalerweise auch als Nachrüstsatz erhältlich.

Drahtspeichenräder. Für TR 4A mit 48 oder 60 Speichen (Details siehe Abschnitt „Räder und Reifen"). Für TR 4A nur 60-Speichen-Räder.

Hinterachse 4,1 : 1. Nur in Verbindung mit Overdrive und bei Neuwagenkauf.

Notsitzbank.

Lederausstattung.

Tupflack. In Dosen zu 140 ml.

Heizung. Frischluftheizung, nachträglicher Einbau möglich.

Hardtop. Mit Mittelteil aus Stahl oder Aluminium. Meist zusammen mit einem Neufahrzeug geordert, aber auch nachträglich erhältlich. Das „weiche" Mittelteil war normalerweise ein separates Zubehörteil für das Hardtop.

Goodyear-Weißwandreifen. Diagonalreifen der Größe 5.90x15.

Goodyear-Reifen „Motorway Special". Für TR 4A durch Dunlop-SP-Radialreifen ersetzt.

Michelin-X-Radialreifen.

Radio. Nähere Angaben siehe Zubehörliste für TR 3/3A.

Drucktastenradio. Nähere Angaben siehe Zubehörliste für TR 3/3A.

Scheibenwaschanlage. Serienmäßig bei TR 4A. Einschließlich Bedienelement zur Anbringung am Armaturenbrett, Leitungen und Flüssigkeitsbehälter. Manuelle Betätigung.

Im offiziellen Teileverzeichnis sind für den TR 5 nur die folgenden Zubehörteile aufgeführt. Sofern erforderlich, enthält die obige Liste für TR 4/4A nähere Informationen. Eine Heizung war nun serienmäßig eingebaut.

Türspiegel. Für die Beifahrerseite passend zum fahrerseitigen Exemplar. Teile-Nr. 622352.

Sicherheitsgurte. Zwei- oder Dreipunktbefestigung bzw. Becken-/Schultergurte.

Elektrischer Scheibendefroster.

Heckscheibenheizung. Nur für die Heckscheibe des Surrey-Hardtops.

Tupflack.

„Weiches" Mittelteil für Surrey-Hardtop. Schwarz oder weiß.

Ölkühler. Teile-Nr. 308367.

Ölwannenschutz. Teile-Nr. 308208. Zur Befestigung unter Ölwanne/Kühler.

„Continental Touring"-Kit. Größtenteils aus den zuvor beschriebenen Teilen bestehend.

Drahtspeichenräder. 60-Speichen-Räder mit achteckigen Schutzkappen.

Overdrive.

Radio. Drucktastenradio oder Standardausführung.

Spritzdecke.

Michelin-XAS-Radialreifen.

Hardtop. „Surrey"-Ausführung wie zuvor.

Lederausstattung. Wohl für den TR 5 angeboten, aber selten geordert.

Die rückwärtige Linie eines TR 6, besonders mit angebautem Hardtop, verleiht dem Wagen einen zweckmäßigen, aber auch kompromißlosen Touch, der von dem mattschwarz lackierten Heckblech noch unterstrichen wird. Bei diesem Fahrzeug der Serie „CR" kann man das Logo von British Leyland unten am linken vorderen Kotflügel erkennen.

Für den TR 6 waren die folgenden Zubehörteile erhältlich:

Spritzdecke. Serienmäßig ab Anfang 1974. Unterschiedliche Ausführungen für Links-/Rechtslenker bzw. Fahrzeuge mit oder ohne Kopfstützen.

Drahtspeichenräder. Mit je 72 Speichen und achteckigen Schutzkappen. Ab Mai 1973 nicht mehr angeboten.

Overdrive. Zunächst Typ „A" für die oberen drei Gänge, später Typ „J" für den dritten und vierten Gang ab CR 567 bzw. CF1 Ende 1972. Ab Dezember 1973 Overdrive serienmäßig.

Radio. Verschiedene Modelle und Ausführungen.

Sicherheitsgurte. Statikgurte (serienmäßig ab Mai 1972) oder Automatikgurte. Für bestimmte Märkte in Verbindung mit akustischem Warnsignal.

Lenkradbezug. Aus Kunstleder oder echtem Leder. Lenkrad mit Holzkranz nicht mehr erhältlich.

Türkantenschoner. Nur paarweise erhältlich. Aus Gummi, mit oder ohne Rückstrahler.

Warndreieck.

Außenspiegel für Beifahrerseite.

Türspiegel. Konvex, mit langem oder kurzem Ausleger.

Außenspiegel. In den USA serienmäßig ab CF1, eventuell auch serienmäßig bei Fahrzeugen der Serie „CR".

Diese kräftigen Befestigungselemente für das Hardtop wurden an den Befestigungspunkten des Faltverdecks angebracht. Ein Hardtop-Modell kann in einen offenen Roadster umgebaut werden, und auch der umgekehrte Fall ist möglich; werksseitig wurden entsprechende Umrüstsätze angeboten.

„Continental Touring"-Kit. Zwei Versionen für Vergaser- bzw. Einspritzmodelle. Umfang weitgehend wie bisher.

Elektrischer Windschutzscheibendefroster.

Heckscheibenheizung. Für die Heckscheibe des Hardtops.

Hardtop. Einteilig für TR 6.

Kopfstützen. Verstellbare Ausführung. Serienmäßig bei US-Modellen, bei späteren Wagen für andere Märkte gegen Aufpreis.

Tupflack.

Anhängerkupplung.

Ölkühler.

Lenkradschloß. Serienmäßig ab CP 52786. Dieses Zubehörteil gab es wohl bereits für den TR 4A, obwohl ich in der gesamten Fachliteratur keinen Hinweis hierauf gefunden habe.

Ölwannenschutz.

Umbausatz Hardtop/Faltverdeck. Bestehend aus allem, was zum Umbau eines werksseitigen Hardtop-Modells in einen offenen Roadster erforderlich war. Es gab zwei Versionen, eine für die USA sowie eine für den „Rest der Welt".

Identifizierung, Datierung & Produktionszahlen

Das Kommissionsschild des TR 4/4A war an der Innenseite der vorderen Spritzwand angebracht. Bei diesem Schild von Ken Westwoods Wagen steht „56" für die Lackierung „Royal Blue", „16" für die Innenausstattung „Midnight Blue" und das „O" hinter der Kommissionsnummer für den werksseitig eingebauten Overdrive. Hätte der Wagen eine Lederausstattung, müßte vor der Nummer für die Innenausstattung ein „H" stehen.

Bei TR 6 der Serie „CR" bzw. „CF" befand sich das Kommissionsschild an der B-Säule. Die Schilder wurden übrigens bei British Metal Engraving Ltd hergestellt und bereits mit fortlaufender Kommissionsnummer versehen an Triumph geliefert; Angaben über Lack, Innenausstattung oder ähnliches wurden allerdings erst in Coventry eingeschlagen.

Wie bei den vorherigen Modellen verwendete Triumph auch hier eine fortlaufende Serie von Kommissionsnummern mit vorangestellten Buchstaben sowie Zusätzen, anhand derer sich bestimmte Fahrzeuge leicht identifizieren lassen. Die einzelnen Bauserien waren jeweils durch zwei vorangestellte Buchstaben gekennzeichnet. Der Zusatz „L" stand weiterhin für linksgelenkte Wagen und „O" für einen ab Werk eingebauten Overdrive; aus unbekannten Gründen ging man für die Linkslenker ab Ende 1971 allerdings zum Buchstaben „U" über. Der Begriff „Kommissionsnummer" ist im Abschnitt über die TR 2/3/3A erklärt.

Beim TR 4 begann die Nummer immer mit „CT", und das allererste Fahrzeug dieses Typs, CT1, wurde am 18.7.1971 gebaut. Die Numerierung wurde bis zum letzten TR 4, dem am 6.1.1965 gebauten CT 40304, kontinuierlich weitergeführt. Einige Daten zur genaueren Identifizierung von Fahrzeugen: 1961 lief als erstes Fahrzeug CT 2649 vom Band (1.1.62), 1963 vermutlich CT 18605 („vermutlich", weil hier der entsprechende Mikrofilm nicht mehr aufzutreiben ist), 1964 CT 28709 (1.1.64) und 1965 CT 40193 (1.1.65).

Beim TR 4A begann die Kommissionsnummer mit „CTC". Bei den Starrachsern für die USA verwendete man weiterhin „CT", die Numerierung erfolgte jedoch in derselben Reihenfolge wie bei den „CT"-Modellen. Der erste je gebaute TR 4A hatte die Nummer CTC 50001; da es sich bei CTC 50001 bis CT 50005 um Prototypen handelte, muß man aber eigentlich CT 50006 (5.1.65) als die eigentliche Nummer Eins ansehen. Der erste Wagen des Jahres 1966 hatte die Nummer CTC 64148 (3.1.66), und im darauffolgenden Jahr CTC 75172 (2.1.67). Als letztes Modell der TR-4A-Familie lief am 10.7.1967 oder am 17.7.1967 CTC 78684 vom Band; hier widersprechen sich die Werksunterlagen. Aufmerksamen Lesern wird nicht entgangen sein, daß das hier angegebene Datum für die Produktionseinstellung etwas früher liegt als das zuvor erwähnte Ende der Vierzylinder-TR, doch weisen die Unterlagen eindeutig darauf hin, daß die Produktion des TR 4A im Juli 1967 auslief.

Einige Fahrzeuge verließen Coventry in Form von vormontierten Bausätzen, und in diesem Fall vergab man häufig einen anderen Anfang für die Kommissionsnummer. TR 4A, die in Belgien zusammengebaut wurden, begannen beispielsweise mit der Buchstabenkombination „ICTC"; in Belgien erfolgte übrigens auch teilweise die Montage des TR 6. Die Kommissionsnummern 40305 bis 50000 wurden nicht vergeben.

Die für die Vereinigten Staaten bestimmten Modelle numerierte man ebenfalls in der genannten Reihenfolge, der Importeur versah sie jedoch manchmal auch mit einem zusätzlichen Schild, das die Beschriftung „STC" (Standard-Triumph Corporation) trug, gefolgt von den beiden letzten Stellen des betreffenden Modelljahrs. In den Papieren eines US-Modells kann daher beispielsweise die Kommissionsnummer „STC 67 CTC 70001 LO" eingetragen sein.

Als Name des Herstellers war auf dem Kommissionsschild des TR 4 „Standard Motor Company Limited" angegeben, was beim TR 4A sowie bei darauffolgenden Wagen bis Ende 1970 jedoch in „Standard-Triumph Motor Company Limited" geändert wurde. Von Januar 1971 bis zum Auslauf der „CP"-Serie des TR 6 lautete die Bezeichnung „Triumph Motor Company Limited". Alle TR 6 der Serien „CR" bzw. „CF" trugen als Herstellernamen „Triumph Motors, British Leyland UK Limited".

Beim TR 5 begann die Kommissionsnummer mit „CP", wobei es sich bei CP1 um einen Prototyp handelte. Als allererstes Serienfahrzeug ist CP2 verzeichnet (gebaut 28.8.1967). Der erste im Jahre 1968 gebaute TR 5 war CP 586 (1.1.68), der letzte trug die Kommissionsnummer CP 3101 (19.9.68). Soweit sich mit Sicherheit sagen läßt, wurden insgesamt nur 2947 „echte" TR 5 gebaut, obwohl die Numerierung mit 3101 endete. An welcher Stelle der Produktion Lücken entstanden, läßt sich nicht genau feststellen. Angesichts der Seltenheit und des Werts eines TR 5 wurden mitunter Vergaser-TR-250 zu angeblich originalen TR 5 „umgebaut"; wer sichergehen will, daß ihm kein solches Exemplar angedreht werden soll, nimmt am besten Rücksprache mit dem British Motor Industry Heritage Trust und überprüft die Kommissionsnummer, bevor er seine Ersparnisse in einen dieser „Pseudo"-TR-5 steckt.

Einige TR 5 wurden als sogenannte „Completely Knocked Down kits" (CKD-Kits, d.h. teilweise vormontierte Bausätze) in Belgien zusammengebaut. Diese Wagen hatten „I" voran- sowie „P" zusätzlich zu der Kennzeichnung für linksgelenkte Fahrzeuge nachgestellt, so daß sich beispielsweise die Nummer ICP 500-LP ergab. Bei den in die USA exportierten TR 250 verwendete man eine eigene Reihenfolge, beginnend mit „CD" und mit einem „L" am Ende. Der allererste TR 250 war CD1-L, gebaut am 11.7.1967, das erste Modell des Jahres 1968 hieß CD 2685-L, und als letzter verließ CD 8594-L am 19.9.1968 das Werk. Auch hier müssen bei der Numerierung Lücken entstanden sein, da angeblich 8484 TR 250 gebaut wurden.

Die TR 6 mit Einspritzanlage wurden wie folgt numeriert (je nach Serie „CP“ oder „CR“):

1968 Das erste Modell, CP 250001, angeblich ein Prototyp. CP 25002 bis CP 25145 waren CKD-Kits. Der allererste komplett montierte TR 6 war CP 25146 (gebaut am 28.11.1968).
1969 Erster Wagen des Jahres: CP 25159 (gebaut 2.1.69). Letztes 1969er-Modell: CP 26998 (vermutlich 10.9.69). Erstes Modell des Jahrgangs 1970: CP 50001 (gebaut 1.9.69). Bei CP 50002 bis CP 50436 handelte es sich angeblich weitgehend um CKD-Kits.
1970 Erster Wagen des Jahres: CP 50465 (gebaut 1.1.70).
1971 Erster Wagen des Jahres: CP 52786 (gebaut 1.1.71). Letztes 1971er-Modell: CP 54572 (gebaut 7.9.71. CP 54573 bis CP 54584: CKD-Kits. Erstes Modell des Jahrgangs 1972: CP 75001 (gebaut 27.9.71).
1972 Erster Wagen des Jahres: CP 75455 (gebaut 3.1.72). Letztes 1972er-Modell: CP 77718 (gebaut 21.9.72). Erstes Modell des Jahrgangs 1973: CR 169 (gebaut 15.11.72). CR 1 bis CR 168: CKD-Kits.
1973 Erster Wagen des Jahres: CR 665 (gebaut 2.1.73). Letztes 1973er-Modell: CR 2911 (gebaut 17.10.73). Erstes Modell des Jahrgangs 1974: CR 5049 (gebaut 14.9.73. CR 5001 bis CR 5048: CKD-Kits.
1974 Erster Wagen des Jahres: CR 5613 (gebaut 1.1.74).
1975 Erster Wagen des Jahres: CR 6631 (gebaut 1.1.75). Letztes Modell mit Einspritzanlage: CR 6701 (gebaut 7.2.75).

Die Vergaserversionen des TR 6 hatten eine eigene Numerierung, die zunächst mit „CC“ und später mit „CF“ begann:

1968 Erster Wagen: CC 25003 L (gebaut 19.9.68). CC 25001 und CC 25002 sind in den Unterlagen nicht verzeichnet.
1969 Erster Wagen des Jahres: CC 27384 L (gebaut 2.1.69). Letztes 1969er-Modell: CC 32142 L (gebaut 19.12.69). Erstes Modell des Jahrgangs 1970: CC 50001 L (gebaut 22.11.69).
1970 Erster Wagen des Jahres: CC 51033 L (gebaut 1.1.70).
1971 Erster Wagen des Jahres: CC 60903 L (gebaut 1.1.71). Letztes 1971er-Modell: CC 67893 L (gebaut 20.8.71). Erstes Modell des Jahrgangs 1972: CC 75001 L (gebaut 20.8.71).
1972 Erster Wagen des Jahres: CC 78813 L (gebaut 3.1.72). Letztes 1972er-Modell: CC 85737 U (gebaut 5.10.72). Erstes Modell des Jahrgangs 1973: CF 1 U (gebaut 11.9.72).
1973 Erster Wagen des Jahres: CF 4029 U (gebaut 2.1.73).
1974 Erster Wagen des Jahres: CF 17002 U (gebaut 2.1.74). Letztes 1974er-Modell: CF 25777 U (gebaut 18.9.74). Erstes Modell des Jahrgangs 1975: CF 27002 U (gebaut 22.8.74).
1975 Erster Wagen des Jahres: CF 29581 U (gebaut 2.1.75). Letztes 1975er-Modell: CF 39991 U (gebaut 23.8.75). Erstes Modell des Jahrgangs 1976: CF 50001 U (gebaut 29.8.75).
1976 Erster Wagen des Jahres: CF 52315 U (gebaut 5.1.76). Allerletzter TR 6: CF 58328 U (gebaut 15.7.76).

Beim TR 4 und auch beim TR 4A waren die Kommissionsschilder unter der Motorhaube an der vorderen Spritzwand neben dem Scheibenwischermotor angenietet. Bei den Modellen TR 5, TR 250 und TR 6 wurde dieses Schild mit Nieten an der Oberseite des vorderen Radlaufs angebracht (bei Rechtslenkern normalerweise auf der linken Seite). Bei TR 6 der Serien „CR“ bzw. „CF“ war das Kommissionsschild an der linken B-Säule angenietet und bei geöffneter Tür sichtbar.

Den Motornummern des TR 4 und TR 4A stellte man „CT“ voran und den Buchstaben „E“ nach. Werksüberholte Motoren trugen den Nachsatz „FRE“. Die Motornummer war jeweils links am Motorblock eingeschlagen. Motoren, deren Nummern mit „CTA“ beginnen, haben einen Hubraum von 1991 ccm.

Die Motornummern des TR 5 beginnen mit „CP“ und enden mit „E“ oder „HE“. Beim TR 250 lautet der Anfang „CC“ (und nicht „CD“ wie man erwarten könnte) und das Ende „E“. Bei allen TR 6 beginnt die Motornummer mit der Bezeichnung der jeweiligen Serie (CP, CC, CR oder CF). Einspritzversionen ist ein „HE“ nachgestellt, während Vergasermodelle hier bis Ende 1971 „E“ oder „HE“ aufwiesen und später mit „UE“ gekennzeichnet waren. Es ist möglich, daß einige nach kalifornischen Spezifikationen gebaute Wagen den Zusatz „UCE“ trugen, konkrete Beweise hierfür liegen mir allerdings nicht vor.

Was die Karosserienummern angeht, so hatte im Gegensatz zu den Steckscheibenmodellen jede Karosserievariante eine eigene Nummer, die man in der Regel auf einem Schild fand, das unter der Motorhaube an der Spritzwand befestigt war. Es handelte sich hierbei durchweg um fortlaufende Nummern, die in etwa den betreffenden Kommis-

Produktionszahlen

	TR 4	TR 4A	TR 5 PI	TR 250	TR 6 PI	TR 6 Verg.	Gesamt
1961	2 470						2 470
1962	15 933						15 933
1963	10 082						10 082
1964	11 518						11 518
1965	250	13 735					13 985
1966		11 097					11 097
1967		3 633	150	2 357			6 140
1968			2 797	6 127	51	1 468	10 443
1969					2 053	6 632	8 685
1970					2 401	9 702	12 103
1971					2 681	10 810	13 491
1972					2 674	10 766	13 440
1973					2 901	11 924	14 825
1974					1 072	11 440	12 512
1975					79	9 113	9 192
1976						6 083	6 083
Gesamt	40 253	28 465	2 947	8 484	13 912	77 938	171 999

Anmerkungen

1. Die Gesamtergebnisse der einzelnen Jahre stehen für die jeweils gebauten, nicht für die ausgelieferten Fahrzeuge.
2. Der Unterschied zwischen Vergaser- und Einspritzmodellen im Jahre 1971 ist nicht auf die offiziellen Triumph-Produktionszahlen bezogen, sondern auf die Fahrzeugnummern, da Triumph diese beiden Modelle in jenem Jahr in der Statistik zusammen aufführte.

sionsnummern entsprachen und keine vorangestellte, sondern nur nachgestellte Zeichen hatten. Beim TR 4 sowie beim TR 4A verwendete man „CT“, beim TR 5 „CP“, beim TR 250 „CC“ und beim TR 6 dieselben Buchstaben wie zu Beginn der betreffenden Kommissionsnummer. Auch Hinterachsen und Getriebe waren bei allen Fahrzeugen mit fortlaufenden Nummern versehen, die ebenfalls mit ähnlichen Zeichen begannen wie bei dem betreffenden Fahrzeug.

Die hier abgedruckten Produktionszahlen stammen aus den Werksunterlagen, die sich im Besitz des British Motor Industry Heritage Trust befinden. Diese Zahlen stimmen nicht in allen Fällen mit bereits zuvor veröffentlichten Zahlen überein, und man muß berücksichtigen, daß nicht alle Ziffernfolgen ununterbrochen vergeben wurden; es gibt zweifellos Lücken und somit auch Diskrepanzen bei einigen Gesamtergebnissen. Wie schon im Abschnitt über die TR 2/3/3A erwähnt, kann man diese Lücken nur zurückverfolgen, wenn man über 170 000 einzelne Unterlagen durcharbeitet, wozu bisher niemand Zeit, geschweige denn Lust hatte!

Die in der zweiten Tabelle aufgeführten Zahlen für den heimischen Markt und für die Exportländer sind recht genau, obwohl auch hier wieder einige Unstimmigkeiten auftreten. Wie von den älteren Modellen gewohnt, ging auch hier der größte Teil (90 bis 95 Prozent) aller TR ins Ausland, so daß es sich bei den meisten dieser Fahrzeuge um Linkslenker handelte. Fast alle TR 250 und TR 6 mit Vergasermotor gingen in die USA; es gab allerdings auch einige „persönliche Exportexemplare“ für andere Länder, meist für Angehörige der amerikanischen Streitkräfte.

Liefermärkte

	GB	Export	CKD
TR 4			
1961	10	2 448	12
1962	964	14 309	660
1963	796	9 142	144
1964	819	10 657	42
1965	3	247	0
TR 4A			
1965	1 073	11 714	948
1966	1 000	8 993	1 104
1967	1 002	2 079	552
TR 5 PI			
1967	25	29	96
1968	1 136	1 661	n.a.
TR 6 PI			
1968	0	51	n.a.
1969	704	461	888
1970	1 308	1 093	n.a.
1971	1 288	1 393	n.a.
1972	1 720	954	n.a.
1973	2 002	899	n.a.
1974	826	246	n.a.
1975	41	38	n.a.

Anmerkungen

1. Alle TR 250 sowie alle Vergaser-Versionen des TR 6 wurden exportiert. Soweit sich mit Sicherheit feststellen läßt, gab es diese Fahrzeuge nicht als CKD-Kits; die Gesamtzahlen sind daher dieselben wie in der Tabelle „Produktionszahlen“.
2. Steht bei den CKD-Kits „n.a.“ (für „nicht angegeben“), so ist die Zahl der in dem betreffenden Jahr gebauten Kits in den Gesamtzahlen für die Exportmärkte enthalten.

Farbpalette

Wie bei den älteren Exemplaren der TR-Baureihe waren auch bei den Modellen TR 4/4A/250/6 die einzelnen Farbpaletten ein sehr komplexes Thema mit zahlreichen Variationen. Ab dem TR 4 mit der Kommissionsnummer CT 28807, der am 3.1.1964 das Licht der Welt erblickte, erhielten die unterschiedlichen Farben eine zwei- oder dreistellige Codeziffer, die auf dem Kommissionsschild vermerkt war; bei neu hinzukommenden Farben wurde die Ziffernliste entsprechend erweitert. Außerdem befand sich auf diesem Schild noch eine zweistellige Zahl, welche die jeweilige Innenausstattung angab. Dieses Farbnummernsystem behielt man bis zum Auslauf der TR-6-Produktion bei. Die einzelnen Farben für die Modelle TR 4 bis TR 6 können der nachstehenden Tabelle entnommen werden; es ist hierbei jedoch zu beachten, daß einige Farben nur für die Lackierung, andere nur für die Innenausstattung und andere wiederum für beides zur Verfügung standen.

11	Black
12	Matador Red
13	Light Tan
16	Midnight Blue
17	Damson
19	New White
23	Siena Brown
25	Triumph Racing Green (Conifer)
26	Wedgwood Blue
27	Shadow Blue
32	Signal Red
33	New Tan
34	Jasmine Yellow
54	Saffron Yellow
55	Laurel Green
56	Royal Blue
63	Chestnut
64	Mimosa Yellow
65	Emerald Green
66	Valencia Blue
72	Pimento Red
73	Maple Beige
74	Beige
75	British Racing Green (1975)
82	Carmine Red
84	Topaz Yellow
85	Java Green
92	Magenta
93	Russet Brown
94	Inca Yellow
96	Sapphire Blue
106	Mallard Blue
126	French Blue
136	Delft Blue
146	Tahiti Blue

Die wenigen Farben, die bei den TR 4 vor 1964 verwendet wurden und anschließend wegfielen, erhielten keine Nummern; es handelte sich hierbei um „Spa White", „Powder Blue", „British Racing Green" vor 1964 und „Velasquez Cream". Im Gegensatz zu den früheren Modellen habe ich an dieser Stelle keine Farbreferenzen der einzelnen Hersteller angefügt, da passende Farben für TR 4 bis TR 6 heutzutage problemlos aufgetrieben werden können, denn die betroffenen Fahrzeuge sind schließlich erheblich jünger als ihre Vorfahren. Praktisch alle der vorstehend genannten Farben sind auch heute noch im Programm der führenden Hersteller.

Weitere Einzelheiten in bezug auf Farben für Lack, Innenausstattung und Verdeck der einzelnen Modelle können den nachstehenden Tabellen entnommen werden.

Farben für Triumph TR 4

Lack	Innenausstattung
Spa White[1]	Black, Red[8]
Powder Blue[2]	Midnight Blue[9], Black
British Racing Green[3]	Black, Red[8]
Black	Black, (Matador) Red[8]
Signal Red	Black, Matador Red[8]
Velasquez Cream[4]	Black, Red[8]
New White[5]	Black, Matador Red[8]
Wedgwood Blue[6]	Midnight Blue[9]
Triumph Racing Green[7]	Black

Anmerkungen zur Tabelle

1. Spa White war nur bis CT 21495 (März 1963) erhältlich.
2. Powder Blue war nur bis CT 20916 (März 1963) erhältlich.
3. British Racing Green war nur bis CT 19518 (Januar 1963) erhältlich.
4. Velasquez Blue gab es nur bei einigen Fahrzeugen des Jahres 1961.
5. New White war erst ab CT 21520 (März 1963) erhältlich.
6. Wedgwood Blue war erst ab CT 21247 (März 1963) erhältlich.
7. Triumph Racing Green (auch als „Conifer" bezeichnet) war erst ab CT 19521 (Januar 1963) erhältlich und entsprach möglicherweise „British Racing Green".
8. Es ist unklar, ob die rote Innenausstattung von Produktionsbeginn an im Farbton „Matador Red" gehalten war oder ob sich der Farbton änderte. In einem amerikanischen Verkaufsprospekt vom Oktober 1961 ist zu lesen, daß „Spa White" zusätzlich zu „Red" und „Black" auch noch mit blauer Innenausstattung erhältlich war.
9. Es ist unklar, ob die blaue Innenausstattung von Produktionsbeginn an im Farbton „Midnight Blue" gehalten war oder ob sich der Farbton änderte.

Allgemeine Hinweise

Die Verdecke konnten bei allen Fahrzeugen in Weiß oder Schwarz geordert werden. „Velasquez Cream" bildete in dieser Beziehung eventuell eine Ausnahme, da hier vermutlich nur ein schwarzes Verdeck geordert werden konnte. Die Farbe der Spritzdecke entsprach in der Regel der des Verdecks. Auch die „weichen" Mittelteile des Surrey-Hardtops waren wahlweise in Schwarz oder Weiß erhältlich. Hardtops konnten in Schwarz, Weiß oder in Karosseriefarbe geordert werden. Bei der Innenausstattung stand Vynid oder Leder zur Auswahl; bei Lederausstattung war bei Wagen von 1964-66 der Ausstattungscodenummer auf dem Kommissionsschild vor der Farbnummer ein „H" vorangestellt.

Farben für Triumph TR 4A

Lack	Innenausstattung
Black	Black, Matador Red
New White	Black, Matador Red
Triumph Racing Green	Black
Wedgwood Blue	Midnight Blue
Signal Red	Black, Matador Red
Royal Blue[1]	Black, Midnight Blue

Anmerkung zur Tabelle

1. „Royal Blue" war eine neue Farbe, die vermutlich im März 1966 ab ca. CTC 67685 eingeführt wurde.

Allgemeine Hinweise

Die Verdecke konnten bei allen Fahrzeugen in Weiß oder Schwarz geordert werden. Die Farbe der Spritzdecke entsprach immer der des Verdecks. Auch die „weichen" Mittelteile des Surrey-Hardtops waren wahlweise in Schwarz oder Weiß erhältlich. Hardtops konnten in Schwarz, Weiß oder in Karosseriefarbe geordert werden. Bei der Innenausstattung konnte der Kunde zwischen Ambla und Leder wählen; bei einer Lederausstattung erschien vor der Farbnummer auf dem Kommissionsschild der Buchstabe „H".

Während der letzten Produktionsmonate des TR 4A stand für den TR 5 wohl auch der Lackton „Valencia Blue" (wahrscheinlich in Verbindung mit „Tan" für die Innenausstattung) zur Verfügung; obwohl diese Farbe nicht in den offiziellen Listen von Triumph auftaucht, sind mehrere Fahrzeuge mit einer entsprechenden Lackierung bekannt.

Farben für Triumph TR 5/250

Lack	Innenausstattung
New White	Black, Matador Red
Triumph Racing Green	Black, Light Tan
Signal Red	Black
Jasmine Yellow	Black
Royal Blue	Black, Midnight Blue[1]
Valencia Blue	Black, Light Tan

Anmerkung zur Tabelle

1. Eine Innenausstattung in „Midnight Blue" gab es vermutlich bei einigen Fahrzeugen mit der Lackierung „Royal Blue".

Allgemeine Hinweise

Bei den Modellen TR 5 und TR 250 fand man jeweils identische Farbtabellen vor; die Farbe der Streifen auf der Motorhaube des TR 250 ist im Abschnitt „Karosserie und Innenraum" beschrieben. Die Verdecke waren weitgehend schwarz gehalten, in den Werksunterlagen tauchen allerdings auch einige Fahrzeuge mit weißem Verdeck auf; vielleicht war Weiß tatsächlich mit allen Karosseriefarben kombinierbar. Die Farbe der Spritzdecke entsprach stets der des Verdecks. Das Hardtop war in Schwarz, Weiß oder in Karosseriefarbe erhältlich. Die Innenausstattung bestand in den meisten Fällen aus Ambla; Leder wurde nur sehr selten geordert. „Black" als Karosserielack behielt man vermutlich bei.

Farben für Triumph TR 6 (Serie „CC" bzw. „CP", nach Modelljahr)

Lack	Innenausstattung 1968-69	Innenausstattung 1969-70	Innenausstattung 1970-71	Innenausstattung 1971-72
Damson	Black Light Tan	Black New Tan[1]	Black New Tan	Black New Tan
New White	Black Matador Red Light Tan	Black Matador Red New Tan[1]	Black Matador Red New Tan	Black Matador Red New Tan Shadow Blue[2]
Triumph Racing Green[3]	Black Light Tan Matador Red¿			
Signal Red	Black Light Tan	Black New Tan[1]	Black New Tan	
Jasmine Yellow	Black Light Tan	Black New Tan[1]	Black New Tan	Black New Tan
Royal Blue[4]	Black Shadow Blue	Black Shadow Blue	Black Shadow Blue	
Siena Brown		Black New Tan[5]	Black New Tan	Black New Tan
Laurel Green		Black New Tan[1] Matador Red¿	Black New Tan[6]	Black
Saffron Yellow			Black New Tan	Black New Tan
Sapphire Blue[4]			Black Shadow Blue	Black Shadow Blue
Pimento Red				Black New Tan
Emerald Green				Black

Anmerkungen zur Tabelle

1. „New Tan" löste Anfang 1970 „Light Tan" ab, so daß bei früheren Fahrzeugen der Modelljahre 1969–70 stattdessen „Light Tan" verwendet wurde.
2. Bei Fahrzeugen mit der Lackierung „New White" vor dem Modelljahr 1971–72 wurde wohl auch eine Innenausstattung in „Shadow Blue" angeboten.
3. „Triumph Racing Green" wurde häufig auch als „Conifer" bezeichnet.
4. „Royal Blue" wurde wohl Anfang 1971 durch „Sapphire Blue" ersetzt, so daß im Modelljahr 1969–70 beide Farbtöne verwendet wurden.
5. „Siena Brown" wurde vermutlich Anfang 1970 eingeführt, also wohl nie zusammen mit einer Innenausstattung in „Light Tan" verwendet.
6. Eine Innenausstattung in „New Tan" wurde vermutlich im Modelljahr 1969–70 für Wagen mit der Lackierung „Laurel Green" angeboten.

Allgemeine Hinweise

Es wird angenommen, daß bei den Farbtönen kein Unterschied zwischen Vergaser- und Einspritzmodellen gemacht wurde. Verdecke und Spritzdecken (sofern vorhanden) waren normalerweise schwarz, Weiß fand sich hier jedoch auch bei ein paar frühen Wagen des Jahrgangs 1968–69. Hardtops hatten in der Regel dieselbe Farbe wie die Karosserie. Schwarz und Weiß standen angeblich bei allen Lackierungen zur Verfügung, aber vermutlich nur in Verbindung mit „British Racing Green".

Farben für Triumph TR 6 (Serie „CF" bzw. „CR", nach Modelljahr)

Lack	Innenausstattung 1972–73	Innenausstattung 1973–74	Innenausstattung 1974–75	Innenausstattung 1975–76	Innenausstattung 1976[1]
New White	Black	Black	Black	Black	Black
	Chestnut	Chestnut	Chestnut	Chestnut	Chestnut
	Shadow Blue	Shadow Blue	Shadow Blue		
Siena Brown	Black				
	New Tan				
Mimosa Yellow	Black	Black	Black	Black	
	Chestnut	Chestnut	Chestnut	Chestnut	
Emerald Green	Black	Black			
Pimento Red	Black	Black	Black	Black	Black
	Chestnut	Chestnut	Chestnut	Chestnut	
Carmine Red	Black	Black	Black	Beige	Beige
	New Tan	New Tan	Beige[2]		
Magenta	Black	Black			
Sapphire Blue	Black	Black			
	Shadow Blue	Shadow Blue			
Mallard Blue	Black	Black			
	New Tan	New Tan			
French Blue	Black	Black	Black	Black	
Maple	Black	Black	Beige		
		New Tan	Beige[2]		
British Racing Green		Black	Black	Beige	
(1975)		Beige[2]	Beige		
Topaz Yellow			Black	Black	
				Beige	
Java Green			Black	Black	Black
Delft Blue			Black	Black	
			Shadow Blue	Beige	
Russet Brown					Beige
Inca Yellow					Black
Tahiti Blue					Black

Anmerkungen zur Tabelle

1. In der letzten Spalte sind Farbtöne aufgeführt, die kurz vor der Produktionseinstellung im Juli 1976 verwendet wurden. Bei „CF"-Modellen (Vergaser-Versionen für den US-Markt) war die Farbpalette für die letzten Monate geändert und reduziert worden. Die Farbtöne „Russet Brown", „Inca Yellow" und „Tahiti Blue" gab es auch für den MGB und den MG Midget. „Mallard Blue" entspricht allerdings *nicht* dem MG-Farbton „Green Mallard", und offensichtlich gibt es auch für das „British Racing Green" des TR 6 keine Entsprechung bei den Farben von MG bzw. BMC. Das „Carmine Red" des TR 6 ist möglicherweise derselbe Farbton wie „Carmine Red" von MG.
2. „Beige" wurde im Laufe des Jahres 1975 wohl schrittweise eingeführt.

Allgemeine Hinweise

Die hier aufgeführte Farbliste ist möglicherweise nicht ganz erschöpfend. Die Farben der Teppiche waren normalerweise auf die Innenausstattung abgestimmt. Teppiche im Farbton „New Tan" gab es allerdings nur in Verbindung mit „Chestnut" und „Beige" für die Innenausstattung. Verdeck und Spritzdecke waren vermutlich stets in Schwarz gehalten, aber möglicherweise gab es diese Teile auf speziellen Wunsch auch in Weiß. Ab dem Modelljahr 1973 war das Hardtop stets in Wagenfarbe lackiert.

Kaufberatung

Wer sich einen originalen TR im Bestzustand wünscht, ist in der Regel am besten beraten, wenn er nach einem Fahrzeug Ausschau hält, das zwar heruntergekommen ist und einer Komplettrestaurierung bedarf, aber sich im Originalzustand befindet und (das Wichtigste überhaupt!) an dem keine Originalteile fehlen. Bei teilweise oder vollständig zerlegten Wagen ist äußerste Vorischt geboten, denn in einem solchen Fall ist es fast unmöglich, festzustellen, ob alle Teile vorhanden sind, und man muß davon ausgehen, daß hier bereits andere Teilesucher fündig geworden sind; natürlich handelt es sich hierbei in der Regel gerade um die Teile, die am schwierigsten aufzutreiben sind.

Der Kauf eines zwar heruntergekommenen, aber kompletten und originalen TR mit anschließender Komplettrestaurierung ist die wohl beste Möglichkeit, um sicherzugehen, daß man am Ende ein in allen Punkten gesundes und originalgetreu aufgebautes Fahrzeug besitzt; hierbei ist es relativ unbedeutend, ob man alle Arbeiten selbst erledigt oder sie von einem Fachmann ausführen läßt. Allerdings darf man die Kosten einer solchen Aktion nicht unterschätzen, da sie häufig den späteren Wiederverkaufswert des Wagens übersteigen. Wer auf diese Weise vorgeht, braucht zumindest für die Substanz selbst nur wenig Geld anzulegen; es ist schon allzu oft vorgekommen, daß jemand sich von glänzendem Lack und neuen Polstern blenden ließ, einen höheren Preis für ein scheinbar besseres Fahrzeug auf den Tisch blätterte und erst später feststellte, daß er um eine Totalrestaurierung nicht herumkommt.

Die zweifellos kostengünstigste, wenn auch nicht unbedingt befriedigendste Lösung besteht darin, sich einen TR im Bestzustand zu kaufen, der bereits komplett und originalgetreu restauriert wurde. Solche Fahrzeuge sind zwar sehr teuer, empfehlen sich aber für TR-Liebhaber, die weder Zeit noch Lust haben, eine Restaurierung durchzuführen oder in Auftrag zu geben. Man muß natürlich auch hier aufpassen, daß man nicht auf einen Blender hereinfällt. Bevor man sich von seinem sauer verdienten Geld trennt, sollte man (beispielsweise mit Hilfe dieses Buchs!) überprüfen, ob das betreffende Modell in allen Punkten dem Original entspricht und sich in einem Spitzenzustand befindet. Im Zweifelsfall die Markenclubs um die Adresse eines Experten bitten und diesen zu Rate ziehen! Bei Totalrestaurierungen wird in der Regel auch eine entsprechende Bilddokumentation angefertigt, die man dem Interessenten zur Verfügung stellt.

Gelegentlich werden auch originale TR mit niedrigen Fahrleistungen und unter Umständen sogar aus erster Hand angeboten, die nie eine Restaurierung über sich ergehen lassen mußten, da sie von ihren Vorbesitzern ein Leben lang liebevoll gehegt und gepflegt wurden. Solche Wagen gibt es tatsächlich, und oft können die Markenclubs Auskünfte über sie erteilen; ihr Wert läßt sich allerdings kaum in Mark und Pfennig angeben. Wer ein solches Fahrzeug findet und es sich leisten kann, sollte nicht lange überlegen, sondern zuschlagen!

TR-Modelle, deren Zustand zwischen „Restaurierungsobjekt“ und „originales Spitzenfahrzeug“ liegt, sind mit Vorsicht zu genießen. Für einen Wagen, der noch gut aussieht und auch gut läuft, zahlt man allzu leicht einen überhöhten Preis, wenn man hinterher noch enorme Summen in Instandsetzungsarbeiten stecken muß. Solche Angebote müssen sorgfältig überprüft und überdacht werden. Man sollte den Anbieter nach seinen Gründen für den Verkauf fragen und damit rechnen, daß für das betreffende Fahrzeug mehr Wartungsarbeiten erforderlich sind als für ein von Grund auf restauriertes Exemplar und daß man im Endeffekt um eine Totalrestaurierung nicht herumkommt. Ich will mit diesen Worten keineswegs die „mittelprächtigen“ Modelle herabsetzen – schließlich kann man mit ihnen durchaus glücklich werden –, sondern nur zu besonderer Vorsicht raten.

Die Mitglieder der TR-Familie gelten im allgemeinen als robust und zuverlässig. Der kräftig ausgelegte, separate Rahmen bietet für den TR entscheidende Vorteile gegenüber Fahrzeugen wie MGB oder Jaguar E-Type mit selbsttragender Karosserie, da er sich leichter restaurieren und instandhalten läßt. Auch die TR-Motoren sind recht robust, insbesondere die Vierzylindertriebwerke, auch wenn hier die Kurbelwellen bei Überbeanspruchung zum Brechen neigen; bei den Sechszylinderaggregaten kann es an den Kurbelwellen zu erhöhtem Axialspiel kommen. Wie so viele andere Fahrzeugen haben auch die TR-Modelle mit Rostbefall zu kämpfen, so daß eine gründliche Untersuchung in dieser Beziehung angeraten ist. Bei der Beurteilung eines Wagens sollte man außerdem besonders darauf achten, ob alle Teile dem Original entsprechen und welche Extras eingebaut sind; Drahtspeichenräder oder Overdrive beispielsweise tragen erheblich zur Wertsteigerung bei.

Vor dem Kauf eines jeden TR muß dieser unbedingt auf Herz und Nieren überprüft werden. Interessenten sollten möglichst die einschlägige Literatur durchforsten, sich mit einem Markenclub, die es auch typenspezifisch gibt, in Verbindung setzen und sich mit einem Kenner der Materie unterhalten; solche Experten sind in der Regel gerne bereit, aus dem Nähkästchen zu plaudern und bewahren hierdurch andere davor, womöglich dieselben Fehler zu machen wie seinerzeit sie selbst. Auch nach diesen Maßnahmen sollte man beim Kauf nichts übereilen, sondern mit Bedacht vorgehen. Man kann ruhig illusorische Angebote ablehnen, muß sich aber darauf gefaßt machen, bei der Suche Hunderte von Kilometern ohne Erfolg zurückzulegen. Es wurden viele TR gebaut, und zahlreiche Exemplare dieser Spezies haben bis heute überlebt, so daß die Auswahl doch recht groß ist.

Wo schaut man sich denn am besten um? Die Oldtimerzeitschriften bieten ein vielfältiges Angebot von Händlern und Privatleuten, und wer sich ein wenig durch die Inserate arbeitet, erhält einen guten Überblick über geforderte und bezahlte Preise. Der Anzeigenteil der Clubzeitschriften enthält ebenfalls meist eine Palette von Möglichkeiten, wobei die hier angebotenen Fahrzeuge zwar meist ein wenig preisgünstiger, aber oft schon zum Zeitpunkt des Anrufs verkauft sind. Unter den TR-Händlern gibt es durchaus ehrliche Leute, sie werden allerdings zahlenmäßig von den Halsabschneidern um mehr als das Doppelte übertroffen; dasselbe gilt übrigens auch für Restaurierungsbetriebe. Man muß daher leider darauf gefaßt sein, auf Personen zu stoßen, die nur am schnellen Geld interessiert sind. Ich persönlich habe lieber mit Enthusiasten und besonders mit Clubkameraden zu tun als mit solchen Leuten. Zweifellos kann man auf diese Art auch günstiger zu dem heißersehnten Wagen kommen, da natürlich niemand gerne Dritte an einem Verkauf profitieren lassen will. Allerdings darf man auch nicht vergessen, daß Ansprüche einem Privatverkäufer gegenüber schwerer geltend gemacht werden können als bei einem ehrlichen Händler, der daran interessiert ist, seine Kunden auch weiterhin bei Laune zu halten.

Die meisten TR-Modelle, mit Ausnahme der Einspritzversionen, gingen in die USA, und in jüngster Zeit werden Exemplare von dort nach Großbritannien und in andere Länder Europas reimportiert. Einige dieser Fahrzeuge wurden auf Rechtslenkung umgebaut, um sie in Großbritannien besser verkaufen zu können; daher sollte man sich sein Traumauto vor dem Kauf genau ansehen und sichergehen, daß ein solcher Umbau auch fachgerecht durchgeführt wurde. Bei Wagen, die nicht über die zugehörigen Papiere verfügen oder die noch nicht durch den Zoll gebracht wurden, ist Vorsicht angeraten. Da „echte“ rechtsgelenkte TR sehr selten sind, muß berücksichtigt werden, daß umgebaute Linkslenker auch bei sehr guter Restaurierung und fachmännischem Umbau vom Wert her immer unter originalen Rechtslenkern vergleichbaren Zustands anzusiedeln sind. Aus den USA stammende Fahrzeuge sind zwar mitunter bemerkenswert rostfrei, aber Amerika besteht ja bekanntermaßen aus vielen Staaten mit unterschiedlichem Klima, so daß die Angabe „aus USA“ keinesfalls immer mit „ohne Rost“ gleichzusetzen ist!

Sollte einem Leser diese Kaufberatung vielleicht etwas pessimistisch vorkommen, so möchte ich an dieser Stelle betonen, daß hierdurch lediglich Unwissende vor einem Fehlkauf geschützt werden sollen. Man entscheidet sich schnell für den falschen Wagen, bezahlt für den eigentlich richtigen Wagen einen zu hohen Preis oder (der schlimmste aller Fälle!) blättert für eine „Gurke“ die Summe auf den Tisch, die man für ein echtes „Sahnestückchen“ hinlegen müßte. Man kann es daher gar nicht oft genug wiederholen: Augen auf beim TR-Kauf! Interessenten sollten sich fragen, was sie eigentlich genau wollen und wieviel sie dafür zu zahlen bereit sind. Nicht jeder wird mit einem nach heutigen Maßstäben veralteten Automobil glücklich, auch wenn sein Zustand perfekt ist. Die Realität spielt der Fantasie allzu oft einen bösen Streich, und viele Leute haben ihr gutes Geld in den Sand gesetzt, weil ihnen erst zu spät bewußt wurde, daß ein „Euro-GTI“ eigentlich eher das Richtige für sie ist.

Ich möchte dem bereits Gesagten noch hinzufügen, daß die Praxistauglichkeit eines TR und der Spaß, den man mit ihm haben kann, ihn zu einer besseren Wahl für den Einsatz in unserer Zeit werden läßt als viele seiner Zeitgenossen. Wer trotz aller Nachteile, die ich aufgezählt habe, der Meinung ist, daß es ein TR und nichts anderes sein muß, hat eine sehr gute Entscheidung getroffen. Willkommen im Club!

Clubs

Das absolute Zentralorgan der TR-Szene ist das britische TR Register, das 1970 gegründet wurde. Dieser Club unter der Leitung von Rosy Good verfügt inzwischen über mehr als 7000 Mitglieder. Interessenten wenden sich an folgende Adresse:
TR Register
271 High Street, Berkhamsted,
Hertfordshire HP4 1AA,
Tel. (von Deutschland aus): 00 44-4 42-86 59 06

Außerdem gibt es auf der Insel noch den kleineren, 1980 gegründeten TR Drivers Club, der sich ebenfalls um alle Modelle der TR-Familie kümmert. Dieser Club hat die folgende Anschrift:
TR Drivers Club
Membership Secretary, 39 Brook Street,
Benson, Oxfordshire

Wer sich mit einem deutschen TR-Club in Verbindung setzen möchte, findet entsprechende Adressen und Telefonnummern im zweimal jährlich in der Zeitschrift *Markt* abgedruckten Clubverzeichnis oder wendet sich an das TR Register in England, das ihm entsprechende Kontaktadressen nennen kann.

Das Emblem des früheren TR-Clubs, der „Triumph Sports Owners' Association", der 1954 vom Werk selbst gegründet und wohl erst Anfang der 60er Jahre aufgelöst wurde. Das andere Emblem, das man noch teilweise erkennen kann, ist nicht original.

Spezialisten

Für Adressen von zuverlässigen Händlern, Tunern oder ähnlich wichtigen Zeitgenossen wendet man sich am besten an einen der Markenclubs; auch der Anzeigenteil in den aktuellen Ausgaben einschlägiger Fachzeitschriften wie *Markt, Oldtimer Praxis, Motor Klassik* oder *Oldtimer Magazin* ist hier eine wertvolle Hilfe. Im Anschluß eine kleine, nicht repräsentative Auswahl, die keinerlei Aussagewert hinsichtlich der Qualität des Händlers hat.

Bastuck & Co. GmbH
Gewerbegebiet
Heeresstraße-West
66822 Lebach
Tel.: 06881 9249111
Fax: 06881 9249119

Manfred Berger
Chiemgaustr. 135
81549 München
Tel.: 089 6891160
Fax: 089 6891165

Norbert Berger
Bahnhofstr. 3
40883 Ratingen
Tel.: 02102 67265
Fax: 02102 67957

British Parts
Holser Str. 27a
32257 Bünde
Tel.: 05223 63727
Fax: 05223 63527

Cargraphic Kfz-Handel GmbH
Wieslauterstr. 20
76829 Landau / Pfalz
Tel.: 06341 88088
Fax: 06341 88200

LIMORA GmbH & Co. KG
Industriepark Nord
53567 Buchholz
Tel.: 02683 7061
Fax: 02683 7059